108課綱

升科大／四技二專

專業科目 ▶ 商業與管理群

專業科目	內容綱要
商業概論	1. 商業基本概念　2. 企業家精神與創業　3. 商業現代化機能　4. 商業的經營型態　5. 連鎖企業及微型企業創業經營　6. 行銷管理　7. 人力資源管理　8. 財務管理　9. 商業法律　10. 商業未來發展
數位科技概論	1. 數位科技基本概念　2. 系統平台　3. 軟體應用　4. 通訊網路原理　5. 網路服務與應用　6. 電子商務　7. 數位科技與人類社會
數位科技應用	1. 商業文書應用　2. 商業簡報應用　3. 商業試算表應用　4. 雲端應用　5. 影像處理應用　6. 網頁設計應用　7. 電子商務應用
會計學	1. 會計基本概念　2. 會計循環及會計帳簿　3. 會計基本法則　4. 分錄與日記簿　5. 過帳與分類帳　6. 試算與試算表　7. 調整　8. 結帳　9. 財務報表　10. 加值型營業稅會計實務　11. 現金及內部控制　12. 應收款項　13. 存貨　14. 證券投資　15. 長期營業用資產　16. 負債　17. 權益
經濟學	1. 經濟基本概念　2. 需求與供給　3. 消費行為理論　4. 生產理論　5. 成本理論　6. 市場結構與廠商收益　7. 完全競爭市場產量與價格的決定　8. 完全獨占市場產量與價格的決定　9. 不完全競爭市場產量與價格的決定　10. 分配理論　11. 工資與地租　12. 利息與利潤　13. 國民所得　14. 所得水準的決定　15. 貨幣與金融　16. 政府　17. 國際貿易　18. 經濟波動　19. 經濟成長與發展

～以上資訊僅供參考，請參閱正式簡章公告為準！～

千華數位文化股份有限公司
新北市中和區中山路三段136巷10弄17號
TEL: 02-22289070　FAX: 02-22289076

目次

第四單元　應收款項

第五單元　存貨

第六單元　投資

第七單元　不動產、廠房及設備

第八單元　無形資產

第九單元　負債

第十單元　公司的基本認識

第十一單元　全真模擬考

第十二單元 近年試題

解答與解析

第十一單元 全真模擬考

第十二單元 近年試題

編寫特色

「會計學」在108新課綱的變動上，除了理解財會計基本理論外，了解國際會計準則發展，培養財務溝通協調及國際視野也是一大重點。因此，內文重點是依據**108年課綱**以及**IFRS**的變化來編寫，有助於各位能夠即時接收新知。另外，要請各位特別注意，108年課綱特別強調「**加值型營業稅**」項目，所以書中也將其獨立為一單元，讓各位能夠更瞭解在**營業稅稅務申報**這方面的新知。不僅有助你正確且效率的準備競爭激烈的四技二專考試，更能提升日後你在職場上的**實際運用**的技能！

「會計學」這一科主要分為初級會計、中級會計等部分，建議在準備考試時，應先熟讀各個初會及中會內的相關理論，且時時注意最新公布的會計公報、多做練習題，考前也應演練歷年考古題，才能充分掌握命題趨勢，獲得事半功倍之效。

全書係根據**最新會計公報**、**108課綱**及**四技**、**二專統測**之需要編寫而成，共計分為三部分，包括每單元的**重點整理**、**小試身手**、**試題演練**，帶領各位由重點整理複習起，建立正確的會計觀念，藉由試題演練熟悉題目，增強實力，試題皆有附詳細的解析，讓各位在研讀之餘，可以清楚明白**題旨**與**答案**的前因後果，培養應考的堅強實力，從容以赴。

內容不但係針對歷年來之命題趨勢加以重點整理，並配合最新的國際財務報導準則修訂，整理出最近IFRS相關考題，是你戰勝考題、拿高分的最佳輔助參考書。IFRS與本國會計準則的不同之處，絕對是未來考試的重點，各位應特別加以注意。

編者　謹誌

高分準備技巧

一、在準備考試之中，「時間」一直扮演著勝負的關鍵，決定你的命運，而時間可分成「準備時間」及「考試時間」來看：

(一) 準備時間方面：按常理而言，準備時間越長，考取勝算越大，但其實並不盡然，其中還涉及到一重要因素，即是「效率」問題，**如何在有限的時間（資源）下，更有效率的準備**，是各位當前最重要課題，其一是決定於個人的因素，其二是決定於參考書籍的因素，其中在書籍方面，理應由作者來為各位設想，亦是其主要職責之所在，基於此層面考量，故本書即是為你量身製作的參考書籍，能有效增進效率之必備用書。

(二) 考試時間方面：目前各考試之中，考試時間皆較為不足，故事先必須**親自演練試題一番，以加強其熟練度**，以致能加快其解題速度，方能考取高分，有關此層面之考量，本書即是以參考歷屆試題，研判其命題趨勢，並於內容中針對各種不同的考法舉例說明之，以增加應試的廣泛度。

二、在考試前一個月時，不論是否準備充分，必須針對該考試命題趨勢去調整自己的應考方向（巴雷特法則，因為大部分的人都是以歷屆試題為準備重點），投其所好。

三、在考試時，應先大致上閱覽過所有之考題，然後再針對自己最有把握的題目作答，掌握時間的控制，細心求算，便可考取高分。

四、解題時之三步驟：

(一) 主題（What）：題目在問什麼？主題為何？重點在哪？陷阱在哪？

(二) 個體（Who）：誰為買方；誰為賣方？

(三) 時間（Time）：時間點？

113年統測命題分析

單元	題數合計	命題比率
第一單元 會計原則及會計處理程序	9	36%
第二單元 加值型營業稅會計實務	2	8%
第三單元 現金及內部控制	1	4%
第四單元 應收款項	2	8%
第五單元 存貨	4	16%
第六單元 投資	1	4%
第七單元 不動產、廠房及設備	2	8%
第八單元 無形資產	1	4%
第九單元 負債	1	4%
第十單元 公司的基本認識	2	8%
合計	25	100%

會計學範圍大，因此各類型考試都想將各單元題型都納入題目中，但綜觀歷屆考題，可以觀察一定的重點脈絡。而統測會計學選擇題數為24～25題，重點一直都在「會計原則及會計處理程序」為主要命題範圍，因此該單元是考生必須花時間多投入的重點單元，其餘單元則都會命題1～4題不等，大部分都以基本題型為主，所以雖然範圍廣泛，但只要掌握重點單元及基礎觀念，並多加練習，會計學考試應可輕易取分。

113年統測，會計學共25題的命題內容，可歸納出命題重點落在以下單元：

1. **會計原則及會計處理程序（36%）**：綜觀歷屆試題，此單元一直是統測考試的重點命題單元。此單元主要是要讓考生建立起基礎的會計觀念及作帳能力，因此命題比重最高，考生應加強此單元的內容。本年度考點在於基本會計要素觀念、分類帳定義、傳票種類、損益表格式及本期損益計算等基礎觀念；會計錯誤對淨利的影響；另本年度對於法令適用位階的觀念以及基本財務比率的觀念也在此次出題內容。綜上，此單元基礎觀念仍為主要出題範圍，只要做好基本功，基本分數可以輕易取分。偶爾會出現錯誤更正影響、財務比率等較少考的變化題型，只要掌握基礎能力，無論題型如何變化，皆能掌握答題要點。

2. **存貨（16%）**：存貨一直是會計學最喜歡出題的部分，由於統測重點命題在會計基礎原則單元，故存貨只要掌握常考重點，並多加練習方可拿分。存貨單元主要考點為存貨所有權的認定、存貨錯誤對淨利的影響、成本流動假設觀念（何種方法容易操縱損益、物價上漲的影響）、定期盤存制及永續盤存制觀念及存貨成本計算以及備抵存貨跌價損失的計算。
3. **加值型營業稅會計處理（8%）**：加值型營業稅為108課綱特別強調的項目，故近幾年皆會有命題，只要把握重點，應可取分。綜觀近年歷屆試題，營業稅計算是主要考點，年年命題。尤其本年度係考變化題型，題目直接給與退稅金額，要考生推算其他金額。因此考生需要熟悉進項稅額扣抵之規定及外銷零稅率退稅之規定與觀念，多練習營業稅之計算，該題是屬於應納稅額、應退稅額或是留抵稅額，不論題型如何變化，都能取分。
4. **應收款項（8%）**：應收款項此單元重點在於預期信用損失率及備抵呆帳的計算，故考生需熟讀此主題，熟讀呆帳會計處理的相關分錄，利用T字帳解法，方可拿分。本年度統測除了考上述必考重點之外，考了較為冷僻的主題「不附息應收票據面額之計算」，主要注意未滿一年利率要依照期間換算後折現，就可拿分。
5. **不動產、廠房及設備（8%）**：本年度此單元考成本的原始衡量，考生要注意的是所有為使資產達可供使用狀態及地點所發生之支出及清除復原成本都是成本的一部分。此次考題為變化題，題目給提列折舊後的帳面價值，要考生推算出原始購買的買價，因此必須熟悉成本衡量之觀念，就可拿分。生物資產主題本年度仍有命題，不過是基本題型生物資產原始衡量之計算，只要熟悉生物資產基本會計處理即可。
6. **公司的基本認識（8%）**：此單元在統測的考點為基本每股盈餘的計算、流通在外在加權平均股數的計算等基本題型，因此只要掌握上述觀念及多加練習題目就可順利拿分。
7. **現金及內部控制、投資、無形資產、負債（4%）**：本年度統測其餘命題分散在這些單元，都是以基本題型為主。現金及內控控制考銀行調節表的主題；投資考透過損益按公允價值衡量之金融資產評價會計處理觀念；無形資產考專利權攤銷耐用年限的觀念；負債考應付公司債的基本觀念。上述單元都是考基本觀念考題，只要掌握基本題型，就可拿分。

01 Unit 會計原則及會計處理程序

重要度 ★★★

準備要領

此處介紹會計的重要基本概念，熟讀基本概念將有助於增進對後續內容的理解度。歷年考題中本單元最喜歡考的是：

1.公司的某項作為符合會計的哪項會計基本假設？
2.公司的某項作為違反或符合會計的哪項會計基本原則？
3.公司發生的某項交易使得哪些會計要素（資產、負債、業主權益、收入、費用）增加或減少？
4.現金基礎與權責基礎下之淨利為何？
5.調整分錄、更正分錄、轉回分錄（非常重要！）。
6.試算表能發現的錯誤與不能發現的錯誤。
7.企業因某項交易產生的現金流量是屬於現金流量表的哪種活動？
8.計算營業活動現金流量（直接法與間接法）。

主題 1 會計基本概念

1. **定義**：會計是針對經濟資訊的認定、衡量、與溝通的程序，以協助資訊使用者做審慎判斷與決策。
2. **目的**
   (1)幫助財務報表使用者之投資、授信及其他經濟決策（最主要）。
   (2)幫助財務報表使用者評估其投資與授信資金收回之金額、時間與風險。
   (3)報導企業之經濟資源、對經濟資源之請求權及資源與請求權變動之情形。
   (4)報導企業之經營績效。
   (5)報導企業之流動性、償債能力及現金流量。
   (6)幫助財務報表使用者評估企業管理當局運用資源之責任及績效。

小試身手

(　　) 關於會計的目的，下列敘述何者有誤？ (A)幫助財務報表使用者之投資、授信及其他經濟決策（最主要） (B)報導企業之經營績效 (C)幫助財務報表使用者評估企業管理當局運用資源之責任及績效 (D)無法報導企業之流動性、償債能力及現金流量。

主題 2 會計的五大要素及會計方程式

1. **會計的五大要素**
   (1) **資產**：係指企業所控制之資源，該資源係由過去交易事項所產生，並預期未來將產生經濟效益之流入。
   (2) **負債**：係指企業現有之義務，該義務係由過去交易事項所產生，並預期未來清償時將產生經濟資源之流出。
   (3) **業主權益**：係指企業之資產扣除負債後之剩餘權益。
   (4) **收益**：企業因提供勞務或出售商品所獲得之代價，進而使公司業主權益增加者。
   (5) **費損**：企業為取得收入所付出之成本或其他原因所負擔之開支，進而使企業業主權益減少者。

Note
- 與資產負債表有關的科目為實帳戶。
- 與損益表有關的科目為虛帳戶。

2. **會計方程式**
   (1) **基本會計恆等式**：資產＝負債＋業主權益
   (2) **擴充會計恆等式**：期末資產＝期末負債＋期初業主權益＋本期收入－本期費用

小試身手

( ) **1** 下列何者為實帳戶？ a.收入 b.資產 c.權益 d.費損 e.負債 (A)a、d (B)b、c、e (C)b、e (D)a、b、d。

( ) **2** 財務報表要素之敘述，下列何者不正確？ (A)收益及費損類帳戶又稱為暫時性帳戶 (B)表達企業財務狀況相關之要素包含資產、負債及權益 (C)資產是指因過去之交易或其他事項所產生，可由企業控制之經濟資源，預期將增加未來之現金流入或減少未來現金流出 (D)收益是指報導期間之交易造成資產增加或負債減少，而最後結果使得權益增加的總數，其中亦包含業主投資所增加的權益。

主題 3 會計品質特性

1. **最高品質**：決策有用性。
2. **基本品質特性**
   (1) **攸關性**：指與決策有關的資訊，具有改變決策的能力，亦即對問題之解決有幫助。其組成項目如下：
   A. **預測價值**：一項資訊能幫助資訊使用者參考過去經驗、現在環境是否改變對未來事項的可能結果加以預測，並做出最佳選擇。
   B. **確認價值**：係指提供的資訊可以確認或修正以前之預測，使資訊使用者確認或修正過去決策的評估結果，而有助於未來之決策。
   (2) **忠實表述**：忠實表述之資訊可合理避免錯誤及偏差。忠實表述的構成要素有三項：
   A. **完整性**：所謂完整性指財務報表在考量重大性與成本之限制下，為讓使用者能充分了解，所有的資訊都須完整提供。
   B. **中立性**：指對資訊的表達不為了達到預期結果或圖利而故意篩選，必須公正。
   C. **免於錯誤**：指財務資訊應避免錯誤和遺漏。
3. **強化品質特性**
   (1) **比較性**：指一種讓使用者能夠辨認出兩組以上之相似處及相異處的特性。
   (2) **可驗證性**：亦稱客觀性，對一事項使用某種方式衡量時並無錯誤或偏差，因此不同觀察者能達成資訊以忠實表述之共識。
   (3) **時效性**：資訊必須於尚能影響使用者之決策前提供，使能發揮其價值。
   (4) **可瞭解性**：財務資訊應簡潔地分類及表達，讓使用者易於瞭解。

小試身手

(　　) **1**　基本品質特性包含下列何者？　(A)攸關性及忠實表述　(B)預測價值及確認價值　(C)完整性及中立性　(D)比較性及時效性。

(　　) **2**　下列敘述何者有誤？　(A)預測價值係指提供的資訊可以確認或修正以前之預測，使資訊使用者可因確認以往評估正確而有信心執行決策　(B)完整性指財務報表在考量重大性與成本之限制下，為讓使用者能充分了解，所有的資訊都須完整提供　(C)中立性指對資訊的表達不為了達到預期結果或圖利而故意篩選，必須公正　(D)可驗證性亦稱客觀性，對一事項使用某種方式衡量時並無錯誤或偏差，因此不同觀察者能達成資訊以忠實表述之共識。

主題 4 會計的基本假設及原則

1. **會計的基本假設**

(1) **應計基礎**：不論是否收付現金，收益於實現時認列，費損於發生時承認。依IAS1號準則規定，除現金流量資訊外，企業應按應計基礎編製財務報表。

(2) **繼續經營假設**：係指企業帳上財產、債務之價值是基於預期繼續經營情況下設算存在的。

(3) **企業個體假設**：係指業主個人的財產、債務與企業的財產、債務相互獨立，各為一單獨之經濟個體。

(4) **會計期間假設**：係指於預期繼續經營情況下，將期間劃分段落，以作為計算損益的時間單位，每一段落，為一會計期間，通常以一年為會計期間，亦稱為曆年制。

(5) **貨幣評價假設**：係指會計以貨幣為量化財務資訊的工具，並假設貨幣價值不變，或變動不大可以忽略。此慣例會使得許多有價值的資訊，由於無法加以數量化而不能提供。例如：員工士氣、人力資源、研發能力、團隊精神、行銷通路、企業形象及自行創造之商譽……等。

2. **會計原則**

(1) **「實質重於形式」原則**：原則上會計的衡量是以原始成本為原則。但固定資產計價應當考慮公允價值的影響，包括資產重估和折現的影響。對改變折舊方法作為會計估計變更。

(2) **收益原則**：會計上決定何時該認列收益的標準必須同時符合以下兩條件：

A. **已實現或可實現**：即具備現金及對現金之請求權。

B. **已賺得**：為賺取收益所必須履行之活動已全部或大部分完成。

(3) **配合原則**：係指當收入認列時，相對的成本或費用應同時認列。

(4) **充分揭露原則**：會計人員應將對於企業的財務狀況及營業結果有重大影響者，應列於報表上。

(5) **一致性原則**：企業所採用的會計原則、方法或程序，一經採用，就不得隨意更改，以確保同一公司在不同年度可以互相比較。相同的會計事項前後年度應處理一致，但客觀環境改變時，採用新方法能更客觀、公正表達企業之財務狀況和經營成果，仍可採用新方法。

(6) **重要性原則**：指會計事項或金額如不具重要性，在不影響財務報表使用的原則下，可不必嚴格遵守會計原則，從簡處理。

小試身手

(　　) **1** 甲公司會計人員直接將金額不大之文具用品支出，認列為當期費用，主要是基於何種會計原則或是品質的特性？　(A)成本原則　(B)中立性　(C)配合原則　(D)重大性原則。

(　　) **2** 配合原則是指：　(A)企業與客戶的配合　(B)費用與收入的配合　(C)資產與負債的配合　(D)所有權與管理權的配合。

(　　) **3** 繼續經營假設在何時不適用？　(A)企業剛開始經營時　(B)企業清算時　(C)企業公平市價高於成本時　(D)企業業績成長時。

(　　) **4** 下列何者符合財務報表要素之定義？　(A)企業的研究發展支出　(B)企業經營者的團隊精神　(C)員工高學歷的價值　(D)經營地點的方便性。

主題 5　會計分錄之借貸法則

1. **意義**：有借必有貸，借貸必相等。
2. **借貸法則之變化**：借貸法則整個可以以下表示之：

	借方	貸方
資產	＋ 增加	－ 減少
負債	－ 減少	＋ 增加
權益	－ 減少	＋ 增加
收入	－ 減少	＋ 增加
費用	＋ 增加	－ 減少

小試身手

(　　) 下列有關借貸法則敘述何者正確？　(A)資產增加記於借方，負債減少記於借方　(B)負債增加記於借方，權益減少記於貸方　(C)收入增加記於借方，費用減少記於貸方　(D)費用增加記於借方，資產減少記於借方。

主題 6 會計基礎

1. **種類**：會計基礎有現金基礎、應計基礎、聯合基礎，茲彙總說明如下表：

以實際現金收付作為入帳之基礎。

收益以實現、費用以耗用為基準，又稱「記實轉虛制」、「權責基礎制」。（期末將「已耗」或「已實現」部分調整為虛帳戶。）

係指平時先採現金基礎記錄交易，期末再按權責基礎加以調整，又稱「記虛轉實制」。（期末將「未耗」或「未實現」部分調整為實帳戶。）

2. **會計基礎的轉換**：權責基礎之收入（費用）＝現金基礎之收入（費用）＋期初預收（付）項目－期末預收（付）項目＋期末應收（付）項目－期初應收（付）項目

小試身手

(　　) 下列敘述何者有誤？ (A)會計基礎包括現金基礎 (B)一般企業之會計處理採現金基礎 (C)會計基礎包括權責發生基礎 (D)採現金基礎，對企業營業活動所產生之未來收取現金權利與支付現金的義務，無從得知。

主題 7 會計處理程序（會計循環：分錄至結帳編表）

1. **會計循環**

(1) 會計循環係指在會計期間的假設及繼續經營的情況下，每一會計期間內的交易，自分錄開始至編表為止，各項會計工作週而復始，連續不斷。

(2) 每一會計循環所須完成的工作，包括分錄、過帳、試算、調整、結帳及編表共計六個程序。

2. **重要觀念**

(1)試算表若有借貨不平衡，即表示試算表有錯誤，但試算表借貸平衡卻不代表試算表完全正確，因為試算表有無法發現之錯誤。如下：

A. 借貸雙方同時遺漏或同時重複記帳。

B. 借貸科目誤用或借貸方向顛倒。

C. 借貸雙方發生同數之錯誤。

D. 過錯帳戶，但方向沒錯。

E. 原始憑證與分錄不符。

F. 會計原理或原則錯誤。

(2)結帳乃是把所有虛帳戶結清，轉入本期損益及保留盈餘，將資產、負債、權益結轉下期。

小試身手

(　　) **1** 下列那一個會計科目會在結帳分錄中出現：　(A)土地　(B)現金　(C)本期損益　(D)應收帳款。

(　　) **2** 一般會計處理程序包括：分錄、過帳、試算、調整、編表與結帳等六個階段，其中屬於平時的會計工作為：　(A)分錄、過帳與試算　(B)調整、編表與結帳　(C)分錄、過帳與調整　(D)分錄、過帳與編表。

(　　) **3** 關於試算表的敘述，下列何者正確？　(A)試算表為企業正式報表，需定期向主管機關公告並申報　(B)調整前試算表的餘額可允當且完整呈現企業財務狀況及績效　(C)若分錄或過帳時所發生之錯誤並不影響借貸平衡，則此類錯誤可能無法藉由編製試算表發現　(D)試算表可驗證借方與貸方金額是否平衡。因此，只要平衡即可確認分錄與過帳程序並無發生任何錯誤。

主題 8 期末調整與期初轉回

1. **調整**

(1)**意義**：期末為了能更正確的表達企業的財務狀況與經營績效，使帳面與實際情況互相符合，所作補正或修正之工作稱為調整。

(2)**應調整項目**：彙整如下表：

項目	內容	分錄
應收收益	屬資產類。本期已實現而尚未收到的各項收益。	應收xx收入　xxx 　xx收入　　xxx
應付費用	屬負債類。本期已發生而尚未支付的各項費用。	xx費用　xxx 　應付xx費用　　xxx
預付費用	屬資產類。本期已支付，但尚未發生之費用。	◆權責基礎： xx費用　xxx 　預付xx費用　　xxx ◆聯合基礎： 預付xx費用　xxx 　xx費用　　xxx
預收收入	屬負債類。本期已收取，但尚未實現之收入。	◆權責基礎： 預收xx收入　xxx 　xx收入　　xxx ◆聯合基礎： xx收入　xxx 　預收xx收入　　xxx
用品盤存	屬資產類。購入文具在本期尚未耗用之部分。	◆權責基礎： 文具用品　xxx 　用品盤存　　xxx ◆聯合基礎： 用品盤存　xxx 　文具用品　　xxx
預期信用減損損失（壞帳）	估計無法收回的應收帳款或應收票據。	預期信用減損損失（壞帳）xxx 　備抵壞帳　　xxx

項目	內容	分錄
折舊	除土地外，其餘資產在使用期間所為成本分攤的程序。	折舊 xxx 　累計折舊 xxx
攤銷	對無形資產與遞延資產以合理的方法，予以分攤各受益期間。	各項攤銷 xxx 　xx資產 xxx

2. **轉回**

哪些調整分錄可以轉回，那些不可轉回，其說明如下：

(1)估計事項的調整：不可作轉回分錄。

(2)應收及應付事項：可作亦可不作轉回分錄。

(3)預收及預付事項：要看原來的帳務處理方式而決定。

A. 先實後虛的調整：不可作轉回分錄。

B. 先虛後實的調整：可作轉回分錄。

小試身手

(　　) **1** 甲公司今年7月1日投保一年期之員工團體保險，一年保費共計$60,000。投保時入帳分錄全部列為保險費。今年底之調整分錄應為：

(A)預付保險費 $60,000
　　保險費 $60,000

(B)保險費 $60,000
　　預付保險費 $60,000

(C)預付保險費 $30,000
　　保險費 $30,000

(D)保險費 $30,000
　　預付保險費 $30,000。

(　　) **2** 漏記應付租金之調整分錄會導致： (A)費用與負債低估，權益高估 (B)費用與負債高估 (C)費用、負債與權益皆低估 (D)費用與權益低估。

(　　) **3** 關於轉回，下列敘述何者正確？ (A)轉回的對象僅限於與次期損益計算有關的調整分錄 (B)轉回是必要的會計程式 (C)本期的估計事項需要轉回 (D)以上皆非。

主題 9 國際財務報導準則（IFRS）及財務報表

企業遵循國際財務報導準則（IFRS）編製及表達一般目的財務報表。所謂一般目的財務報表，是指滿足通用目的的財務報表。完整的財務報表應包括「財務狀況表」、「綜合損益表」、「現金流量表」、「權益變動表」、「附註」。

滿分公式

我國採用IFRS所要採用的會計準則，其內容包括：

- 國際財務報導準則公報（IFRS）。
- 國際會計準則公報（IAS）。
- 國際財務報導準則解釋（IFRIC）。

會計事務處理之各項法令及準則適用位階：

1. 公開發行公司：
   (1)證券交易法。
   (2)公司法。
   (3)商業會計法。
   (4)證券發行人財務報告編製準則。
   (5)商業會計處理準則。
   (6)金管會認可之IFRSs。

*IFRSs：包括國際財務報導準則公報、國際會計準則公報及國際會計準則公報解釋及公告。

2. 非公開發行公司：
   (1)公司法。
   (2)商業會計法。
   (3)商業會計處理準則。
   (4)企業會計準則公報。
   (5)企業會計準則公報之解釋。

1. **財務狀況表**

(1)**意義**：財務狀況表以前稱為資產負債表，為了更能反映其內涵及功能，乃改名，但金管會表示仍沿用「資產負債表」，此報表乃用以代表企業在特定日期的財務狀況。

(2)**格式**：

XX公司
財務狀況表
XX年12月31日

資產		負債及權益	
流動資產		流動負債	
現金及約當現金	XXX	應付帳款	XXX

金融資產	XXX	短期借款	XXX
應收帳款	XXX	長期借款十二個月內到期部分	XXX
應收票據	XXX	應付所得稅	XXX
存貨	XXX	其他短期應付款	XXX
預付費用	XXX	其他流動負債	XXX
流動資產合計	XXX	流動負債合計	XXX
非流動資產		非流動負債	
透過其他綜合損益按公允價值衡量之金融資產	XXX	應付公司債	XXX
長期股權投資－權益法	XXX	長期借款	XXX
不動產、廠房及設備	XXX	非流動負債合計	XXX
投資性不動產	XXX	負債總計	XXX
無形資產	XXX	股東權益	
遞耗資產	XXX	股本	XXX
遞延所得稅資產	XXX	資本公積	XXX
其他資產	XXX	保留盈餘	XXX
商譽	XXX	累計其他綜合損益	XXX
非流動資產合計	XXX	權益總計	XXX
資產總計	XXX	負債及權益總計	XXX

2. **綜合損益表**

(1) **意義**：根據國際財務報導準則規定，綜合損益包括「本期損益」和「本期其他綜合損益」（例如：其他綜合損益-金融資產未實現損益、資產重估價增（減）值…）。

(2) **類型**：

A. 單站式損益表：單站式損益表係將所有本期損益區分為收益與費損兩種，分別加總，再以收益總額減費損總額即得本期淨利（淨損）。因過程中僅經一個相減之步驟，故稱單站式損益表。又稱性質別損益表。

B. 多站式損益表：係將損益表的內容作多項分類，產生一些中間性的資訊。由於從銷貨收入到本期損益，經過好幾道中間性的計算，故稱多站式損益表。又稱功能別損益表。

C. 實務上普遍以功能別編製綜合損益表。

(3)**格式：**

XX公司
綜合損益表
X2年及X1年1月1日至12月31日

	X2年	X1年
銷貨收入	XXX	XXX
銷貨成本	(XXX)	(XXX)
銷貨毛利	XXX	XXX
營業費用	(XXX)	(XXX)
營業淨利	XXX	XXX
營業外收入	XXX	XXX
營業外支出	(XXX)	(XXX)
關聯企業淨利份額	XXX	XXX
繼續營業單位稅前淨利	XXX	XXX
所得稅	(XXX)	(XXX)
繼續營業單位淨利	XXX	XXX
停業單位損失	(XXX)	(XXX)
本期純益	XXX	XXX
其他綜合損益：		
金融資產公允價值變動	(XXX)	(XXX)
現金流量避險工具未實現損益	(XXX)	(XXX)
資產重估價增（減）值	XXX	XXX
外幣換算調整數	XXX	XXX
本期綜合損益	XXX	XXX

關鍵考點

禁止列報「非常項目」

國際財務報導準則規定，在綜合損益表中或在附註中，企業不得將任何收益和費損項目列作「非常項目」。

3. 權益變動表

(1)**意義**：用以表達在報導期間權益的變動，應區分為兩大類：

A. 企業與業主以其業主身分進行的交易所產生的權益變動。

B. 其他不屬於A項的權益變動。

(2)**格式：**

XX公司
權益變動表
XX年1月1日至12月31日

	股本	資本公積		保留盈餘		金融資產	資產重估增（減）值	庫藏股票	權益總額
		股本溢價	庫藏股交易	法定公積	未分配盈餘	公允價值變動			
1/1餘額	XXX	XXX	XXX	XXX	XXX	XXX	XXX	(XXX)	XXX
前期損益調整					XXX				XXX
重編後期初餘額	XXX	XXX	XXX	XXX	XXX	XXX	XXX	(XXX)	XXX
XX年權益變動：									
盈餘分配				XXX	(XXX)				
現金股利					(XXX)				
本期綜合損益總額					XXX	XXX	XXX		XXX
12/31餘額	XXX	XXX	XXX	XXX	XXX	XXX	XXX	(XXX)	XXX

4. **現金流量表**

(1)**營業活動**

A. 項目：營業活動是指所有與創造營業收入有關的交易活動之收入，諸如進貨、銷貨等所產生的現金流量。

流入項目	流出項目
1.現銷商品及勞務收現數	1.現購商品及原物料付現數
2.應收帳款或應收票據收現金	2.償還應付帳款及應付票據
3.利息及股利收入收現	3.利息費用付現數
4.出售以交易為目的之金融資產	4.支付各項營業費用
5.出售指定公允價值變動列入損益之金融資產	5.支付各項稅捐、罰款及規費
6.其他，如訴訟賠款等	6.其他，如支付訴訟賠款等

B. 例外：

項目	活動
利息收入	營業活動
利息費用	營業活動
收到現金股利	營業活動
付出現金股利	籌資活動

滿分公式

- 國際財務報導準則規定，利息及股利之收取及支付金額，應於現金流量表中分別表達。
- 投資（出售）被公司指定為交易目的金融資產或指定為公允價值變動列為損益之金融資產之現金流量列於營業活動現金流量中。

(2)**投資活動**：係指購買及處分公司的不動產、廠房及設備、無形資產、其他資產、債權憑證及權益憑證等所產生的現金流量。

流入項目	流出項目
1.收回貸款	1.放款給他人
2.出售債權憑證	2.取得債權憑證
3.處分非以交易為目的之金融資產	3.取得非以交易為目的之金融資產
4.處分不動產、廠房及設備	4.取得不動產、廠房及設備

滿分公式

- 處分不動產、廠房及設備現金流量，包含不動產、廠房及設備的保險理賠款。
- 投資（出售）金融資產之現金流量列於投資活動現金流量中。

(3)**籌資活動**：包括股東（業主）的投資及分配股利給股東（業主）、籌資性債務的借入及償還。

流入項目	流出項目
1.現金增資 2.舉借債務	1.支付股利 2.購買庫藏股票 3.退回資本 4.償還借款 5.償付分期付款

(4)不影響現金流量的重大投資及籌資活動

係指對於不影響資金之重要投資及籌資活動均應表達，俾表達企業特定期間的活動全貌。例如：

A. 發行權益證券交換資產。

B. 發行債務證券取得資產。

C. 受贈資產。

D. 短期負債再融資為長期負債。

(5)現金流量表編製方法

A. 意義：所有營業活動都在綜合損益表中做清楚的表達，但由於綜合損益表係採應計基礎，所以當使用綜合損益表資料計算營業活動現金流量時，必須將以應計基礎計算出之損益調整為以現金基礎計算之損益。

B. 編製方法：

a. 間接法：為一般企業較普遍使用之方式。本法係將依權責基礎所編製綜合損益表中的本期淨利，調整為當期的現金流入。間接法的格式：

本期損益		$XXX
加：不支付現金的費用		
折舊費用	$XXX	
壞帳費用	XXX	
折耗	XXX	
各項攤銷	XXX	
公司債折價的攤銷	XXX	
長期債券投資溢價攤銷	XXX	
長期股權投資採權益法所認列的投資損失超出現金股利部分	XXX	XXX
減：不產生現金的收益		
公司債溢價的攤銷	$XXX	
長期債券投資折價攤銷	XXX	
遞延收益攤銷	XXX	
長期股權投資採權益法所認列的投資收益超出現金股利部分	XXX	(XXX)
加：		
非營業交易的損失	$XXX	

與營業活動有關的流動資產減少	XXX	
與營業活動有關的流動負債增加	XXX	XXX
減：		
非營業交易之利益	$XXX	
與營業活動有關的流動負債減少	XXX	
與營業活動有關的流動資產增加	XXX	(XXX)
由營業所產生的現金淨流入（出）		$XXX

（釋例）：

美美公司
現金流量表
民國X1年度

由營業活動所產生的現金流量：		
本期淨利		$160,000
加（減）調整項目：		
折舊費用	$50,000	
各項攤銷	20,000	
壞帳費用（總額法）	45,000	
公司債溢價攤銷	(5,000)	
應收帳款減少數	5,000	
存貨增加數	(30,000)	
預收貨款增加數	20,000	105,000
由營業活動所產生的現金淨流入		$265,000
由投資活動之現金流量：		
出售設備收入（含出售利益全數列入）	$150,000	
購買機器	(150,000)	
購買長期股權投資	(20,000)	
存出保證金減少數	10,000	
由投資活動所產生的現金淨流出		(10,000)
由籌資活動之現金流量：		
短期借款增加數	$80,000	
增資發行新股	150,000	

發行公司債	100,000	
償還長期借款	(100,000)	
購買庫藏股票	(50,000)	
支付現金股利	(20,000)	
由籌資活動所產生的現金淨流入		160,000
本期現金淨流入		$415,000
加：期初現金餘額		50,000
期末現金餘額		$465,000
不影響現金流量的投資及籌資活動：		
發行股票交換資產		$80,000
一年內到期的長期負債增加數		50,000
簽發長期應付票據購買土地		200,000
合　計		$330,000
本期支付利息		(15,000)
本期支付所得稅		(6,000)

b. 直接法：係將應計基礎下損益表調整為現金基礎下損益表，按現金基礎所求得的本期淨利即為由營業活動所產生的現金流量，但採用本法時另需以間接法編製附表（本期淨利及營業活動現金流量的調節）。

直接法營業活動現金流量項目	科目金額	調整項目(＋/－)	
1.銷貨收現＝	銷貨收入	＋	應收帳款減少數
		－	應收帳款增加數
		＋	預收貨款增加數
		－	預收貨款減少數
2.其他營業收入之收現＝	其他收人	－	處分資產利益
		－	權益法認列之投資收入
3.利息及股利收入收現＝	利息收入及股利收入	＋	應收利息（股利）減少數
		－	應收利息（股利）增加數
		＋	長期債券投資溢價攤銷數
		－	長期債券投資折價攤銷數

直接法營業活動 現金流量項目	科目金額	調整項目(＋/－)	
4.進貨付現＝	銷貨成本	＋	存貨增加數
		－	存貨減少數
		＋	應付帳款減少數
		－	應付帳款增加數
5.薪資付現＝	薪資費用	＋	應付薪資減少數
		－	應付薪資增加數
6.其他營業活動付現＝	其他費用	＋	應付費用減少數
		－	應付費用增加數
		＋	預付費用增加數
		－	預付費用減少數
7.利息付現＝	-	＋	應付利息減少數
		－	應付利息增加數
		＋	應付公司債溢價攤銷數
		－	應付公司債折價攤銷數

（釋例）：

美美公司
現金流量表
民國X1年度

營業活動之現金流量：		
自客戶收取的現金	$720,000	
支付供應商的現金	(250,000)	
支付營業費用的現金	(50,000)	
支付利息費用	(6,000)	
支付所得稅	(6,000)	
由營業活動所產生的現金淨流入		$408,000
投資活動之現金流量：		
出售機器收入（含出售利益）	$210,000	
出售長期股權投資	43,000	
購買土地	(500,000)	
購買政府公債	(80,000)	
由投資活動所產生的現金淨流出		(327,000)

籌資活動之現金流量：		
增資發行新股	$200,000	
發行公司債	200,000	
發放現金股利	(50,000)	
清償長期應付票據	(100,000)	
由籌資活動所產生的現金淨流入		250,000
本期現金淨流入（或本期現金增加數）		$331,000
加：期初現金餘額		120,000
期末現金餘額		$451,000
不影響現金流量的投資及籌資活動：		
發行股票交換設備		$230,000
簽發長期應付票據交換土地		120,000
合計		$350,000

小試身手

(　　) 1 一套完整的財務報表應包括：　(A)綜合損益表、資產負債表及工作底稿　(B)試算表、資產負債表及現金流量表　(C)銀行調節表、綜合損益表及現金流量表　(D)綜合損益表、資產負債表、現金流量表、權益變動表及附註。

(　　) 2 A公司X1年度淨利為$15,000，當年度來自營業活動淨現金流入為$210,000、投資活動淨現金流入$105,000、籌資活動淨現金流入$165,000，若X1年初現金餘額為$90,000，則X1年底現金餘額為何？(A)$360,000　(B)$375,000　(C)$570,000　(D)$585,000。

(　　) 3 Y公司X1年之本期淨利為$（50,000），綜合損益總額為$85,000，則下列有關該公司X1年綜合損益表中項目之敘述何者一定正確？　(A)所得稅利益$135,000　(B)所得稅利益$35,000　(C)其他綜合損益$135,000　(D)其他綜合損益$35,000。

(　　) 4 關於綜合損益表內容及格式之敘述，下列何者正確？　(A)表達格式有性質別及功能別兩種　(B)研究發展費用應於營業外支出項下表達　(C)功能別格式先表達營業損益，再列示營業毛利及本期損益　(D)主要營業活動所產生之收入，於買賣業稱為勞務收入或服務收入。

主題 10 錯誤更正

1. **錯誤之種類**

(1)僅影響資產負債表帳戶者：此類錯誤不影響損益。

(2)僅影響損益表帳戶者：此類錯誤之影響只及於當期。

(3)同時影響資產負債表帳戶及損益表帳戶者：

A. 會自動抵銷之錯誤：例如應收、應付、預收、預付及期末存貨錯誤……等，一個會自抵銷之錯誤，具備反向的轉回效果，故這個錯誤在明年底就不存在了。

B. 不會自動抵銷之錯誤：例如提列折舊錯誤、提列壞帳錯誤、資本支出與收益支出劃分錯誤……等。

2. **常發生之錯誤**

(1)**存貨錯誤**：存貨錯誤致生影響彙整如下表：

	當期損益表		當期資產負債表	
	銷貨成本	純益	存貨	保留盈餘
1.期末存貨低估	高估	低估	低估	低估
2.期末存貨高估	低估	高估	高估	高估
	下期損益表		下期資產負債表	
	銷貨成本	純益	存貨	保留盈餘
1.期初存貨低估	低估	高估	無影響	無影響
2.期初存貨高估	高估	低估	無影響	無影響

(2)**資本支出及收益（費用）支出劃分不當：**

A. 資本支出誤列收益（費用）支出：當年度費用虛增，淨利虛減；以後年度費用虛減，淨利虛增。

B. 收益（費用）支出誤列資本支出：當年度費用虛減，淨利虛增；以後年度之費用虛增，淨利虛減。

(3)**費用及收入錯誤：**

A. 若費用多計，則淨利少計；若收入多計，則淨利多計。

B. 若費用少計，則淨利多計；若收入少計，則淨利少計。

(4)**資產及負債科目錯誤**：預付費用、預收收入、應收收入、應付費用、用品盤存記錄有誤時，將會影響到當年淨利，亦會影響到次年淨利與當年業主權益，但並不會影響到次年的業主權益。

小試身手

(　　) **1** 乙公司於X1年11月支付當月房屋租金$54,000，會計人員作分錄時將金額誤植為$45,000。在X2年5月（X1年結帳後），會計人員發現該項錯誤，請問，會計人員應作何分錄以更正其錯誤？ (A)借記：租金費用$9,000；貸記：現金$9,000 (B)借記：租金費用$9,000；貸記：追溯適用及追溯重編影響數$9,000 (C)借記：現金$9,000；貸記：租金費用$9,000 (D)借記：追溯適用及追溯重編影響數$9,000；貸記：現金$9,000。

(　　) **2** A公司於X2年底查核發現，期末存貨低估$80,000，當期淨利$130,000，如不計其他因素，則該年度之正確損益為： (A)淨利$50,000 (B)淨損$210,000 (C)淨利$210,000 (D)淨損$50,000。

主題 11　會計憑證之意義及種類

「會計憑證」，指用於證明會計事項發生及會計人員憑以記帳之書面資料。此所謂之會計憑證，依據商業會計法第15條規定，分為下列二種：1.原始憑證：商業會計法第15條第1款規定：「原始憑證：證明會計事項之經過，而為造具記帳憑證所根據之憑證」。例如：進貨時所索取之發票；銷貨時所開發之發票；支付利息所取得之收據、薪資請領清冊、員工薪資扣繳憑單、買賣契約書、簽帳單。2.記帳憑證：商業會計法第15條第2款規定：「記帳憑證：證明處理會計事項人員之責任，而為記帳所根據之憑證」。茲分述如下：

1. **原始憑證**

   原則上商業會計必須先依據原始憑證，才能編製記帳憑證，而原始憑證依據商業會計法第16條規定，又分為下列三種：

   (1)**外來憑證**：商業會計法第16條第1款規定：「外來憑證：係自其商業本身以外之人取得者」。例如：繳納保險費收據、匯款回條聯、提貨單、進貨發票、向客戶收取的本票。

   (2)**對外憑證**：商業會計法第16條第2款規定：「對外憑證：係給與其商業本身以外之人者」。例如：預收保證金收據之存根或留底、退貨單、銷貨發票、償還債款之發出之票據。

(3)**內部憑證**：商業會計法第16條第3款規定：「內部憑證：係由其商業本身自行製存者」。例如：折舊攤銷及備抵呆帳提存之計算書表、領用物品清單、商品盤存單、請購單、驗收單、工資表。

2. **記帳憑證**

會計人員記帳時，除整理結算或結算後轉入帳目等事項，得不檢附原始憑證外，原則上必須根據原始憑證作成記帳憑證，此商業會計法第18條第1項有明文規定。

所謂記帳憑證，通常即稱之為「傳票」，它係以記載每一交易要旨，傳遞於各部門間，憑以記帳或審核或收付款項之單據。商業會計法第17條又分為下列三種：

(1)**收入傳票**：指收入現金事項，應記入現金簿收方者，所編製之傳票。

(2)**支出傳票**：指付出現金事項，應記入現金簿付方者，所編製之傳票。

(3)**轉帳傳票**：指記載與現金無關或僅有部分現金收支事項，而應記入普通日記簿者，所編製之傳票。因會計事項有部分現金收支之情形，若欲分別記入普通日記簿及現金簿者，則應分別編現金傳票及轉帳傳票各一張處理。

又，商業會計法第17條第2項規定：「所稱轉帳傳票得應事實需要，分為現金轉帳傳票及分錄轉帳傳票，各種傳票得以顏色或其他方法區別之」。所謂現金轉帳傳票，係商業交易中有一部分現金收付者所使用之轉帳傳票；所謂分錄轉帳係指商業交易中，無現金收付時所使用的轉帳傳票。

主題 12 財務報表分析

1. **流動比率＝$\frac{\text{流動資產}}{\text{流動負債}}$**

定義：流動比率是用來衡量企業短期償債能力，比率越大，代表企業短期償債能力越佳。

2. **速動比率＝$\frac{\text{速動資產}}{\text{流動負債}}$**

定義：用來衡量企業短期償債能力，比流動比率更可測試短期之償債能力，又稱酸性測試比率。

速動資產＝流動資產－存貨－預付費用－用品盤存

3. **毛利率＝$\frac{\text{銷貨毛利}}{\text{銷貨淨額}}$**

定義：銷貨毛利率係指在某一期間內企業銷售商品每銷售一元所賺得的毛利。

4. **純益率**$=\dfrac{\text{本期淨利（稅後淨利）}}{\text{銷貨淨額}}$

定義：純益率係指企業在某段期間之最終的獲利能力。

小試身手

( ) **1** 流動負債$100,000，流動比率為2，今悉流動負債高估$50,000，則正確之流動比率為
(A)5 (B)4
(C)3 (D)2。

( ) **2** 流動比率高表示企業
(A)資本很雄厚 (B)償債能力強
(C)財務狀況好 (D)營業成果好。

試題演練

( ) **1** 假設丙公司X7年至X9年的帳載淨利都是$100,000，但其存貨記錄曾發生錯誤且均未更正；其中X7年底存貨低估$5,000，X8年底存貨高估$8,000，X9年底存貨高估$10,000，則公司X7年至X9年正確的淨利分別為何？
(A)$105,000，$92,000，$90,000
(B)$105,000，$87,000，$98,000
(C)$95,000，$108,000，$110,000
(D)$100,000，$100,000，$100,000。 【111四技二專】

( ) **2** 下列既為原始憑證亦是內部憑證項目的個數為何？ (甲)進貨發票 (乙)銷貨發票 (丙)水電費收據 (丁)折舊分攤表 (戊)轉帳傳票 (己)領料單 (庚)請購單 (辛)訂購單
(A)2項 (B)3項
(C)4項 (D)5項。 【108四技二專】

( ) **3** 整份財務報表（a complete set of financial statements）包括下列何者：(1)綜合損益表（含損益表）(2)保留盈餘表 (3)權益變動表 (4)資產負債表 (5)現金流量表 (6)附註 (7)會計師審計報告
(A)僅(1)(2)(3)(4)(5)(6) (B)僅(1)(3)(4)(5)(6)
(C)僅(1)(2)(3)(4)(5)(6)(7) (D)僅(1)(3)(4)(5)(6)(7)。

( ) **4** 帳冊的記載應符合？
(A)業主的指示 (B)投資者及債權人的指示
(C)商業會計法規定 (D)稅法規定。

( ) **5** 我國商業會計法規定，會計基礎應採用？
(A)聯合基礎 (B)現金收付制
(C)權責發生制 (D)混合制。

( ) **6** 下列何者為會計循環（accounting cycle）的選擇性（optional）或非必要步驟？
(A)過帳 (B)調整
(C)編製工作底稿 (D)結帳。

( ) **7** 下列何者不會出現在綜合損益表中？
(A)前期損益調整
(B)停業單位的損益
(C)資產重估增值
(D)透過其他綜合損益按公允價值衡量之金融資產未實現評價損益。

( ) **8** 虛帳戶指？
(A)資產、負債及權益 (B)收益及費損
(C)收益及資產 (D)收益及權益。

( ) **9** 下列何者不屬費損類科目？
(A)投資損失 (B)預付費用
(C)出售資產損失 (D)商品盤損。

( ) **10** 下列有關會計基本假設的敘述，何者正確？
(A)在企業個體假設下，乃有期末調整事項的產生
(B)母子公司應編製合併報表，係根據權責發生基礎假設
(C)企業個體假設，為會計上流動與非流動項目之劃分提供理論基礎
(D)員工士氣是極有價值的人力資源，但傳統上基於貨幣評價假設，故不能入帳。 【108四技二專】

( ) **11** 下列有關基本會計原則的敘述，何者正確？
(A)不附息票據以票據現值入帳，係基於成本原則
(B)期末作預付費用之調整分錄，係基於收益原則
(C)收到客戶訂金以預收貨款入帳，係基於配合原則
(D)自行發展的商譽不可以入帳，係基於重大性原則。 【108四技二專】

( ) **12** 因逢不景氣，公司部分機器雖閒置，但仍應提列折舊。此項會計處理是遵守什麼會計原則？
(A)客觀性原則 (B)收益實現原則
(C)重要性原則 (D)配合原則。 【四技二專】

( ) **13** 台東便利商店業主的女兒今年要出嫁，業主以商店名義開出三個月期，金額$600,000 的本票購買一部汽車作為女兒的嫁妝。針對此一事項，該商店會計人員所作之會計分錄如下：
運輸設備 600,000
　　應付票據 600,000
請問上述分錄違反那一項會計基本假設？
(A)企業個體假設 (B)繼續經營假設
(C)會計期間假設 (D)貨幣評價假設。 【四技二專】

( ) **14** 若大寶公司將垃圾桶支出在會計報表直接認列成費用而不作資產，是基於何種會計原則？
(A)重要性原則 (B)配合原則
(C)歷史成本原則 (D)充分揭露原則。

( ) **15** 世界上兩個主要的企業會計準則制定機構為何？ (1)IASB：國際會計準則理事會（或稱委員會） (2)FASB：美國財務會計準則委員會（或稱理事會） (3)GASB：美國政府會計準則委員會 (4)IPSASB：國際公共部門會計準則委員會
(A)(1)及(2) (B)(2)及(3)
(C)(1)及(4) (D)(2)及(4)。 【107四技二專】

( ) **16** 下列簿籍何者非構成應付憑單制度之主體？
(A)現金簿 (B)支票登記簿
(C)應付憑單 (D)應付憑單登記簿。 【四技二專】

( ) **17** 下列敘述何者正確？
(A)資產＝負債－業主權益 (B)資產－負債＝業主權益
(C)應付費用屬費用類科目 (D)應收帳款屬業主權益類科目。

( ) **18** 會計帳戶的借方代表：
(A)記帳於會計帳戶左方 (B)記帳於會計帳戶右方
(C)任何會計帳戶之增加 (D)任何會計帳戶之減少。

( ) **19** 下列有關傳票之敘述，何者錯誤？
(A)複式傳票是每一會計項（科）目填製一張傳票
(B)傳票為記帳憑證，可用以證明會計人員之責任
(C)傳票應按日或按月裝訂成冊
(D)現購商品，採複式傳票應編製現金支出傳票。 【106四技二專】

( ) **20** 為達到「攸關性」，會計資訊必須具備下列那一種品質特性？
(A)時效性 (B)可驗證性
(C)中立性 (D)忠實表達。 【二技】

( ) **21** 相同的資料，如果經由受過專業訓練的不同人員以相同方法處理，而能產生相同的結果時，可謂符合下列那一項品質特性？
(A)一致性 (B)中立性
(C)忠實表達 (D)可驗證性。 【二技】

( ) **22** 我國是由哪一單位負責翻譯「國際財務報導準則（IFRSs）」，以作為財務會計準則之依據？
(A)行政院財政部
(B)中華民國會計師公會全國聯合會
(C)行政院金融監督管理委員會證券期貨局
(D)中華民國會計研究發展基金會。 【105四技二專】

( ) **23** 下列何者不是分類帳的功能？
(A)提供編製各項財務報表所需資料
(B)可表達每一會計項目的餘額
(C)表達每一會計項目的個別變動情形
(D)可完全避免會計項目重複紀錄、漏記或其他錯誤發生。
【105四技二專】

(　　) **24** 下列何者不列入其他綜合損益？（假設均為首次發生）
(A)不動產、廠房及設備重估之重估利益
(B)不動產、廠房及設備重估之重估損失
(C)透過其他綜合損益按公允價值衡量之金融資產期末按公允價值評價利益
(D)透過其他綜合損益按公允價值衡量之金融資產期末按公允價值評價損失。

(　　) **25** 財務會計中成本原則係指：
(A)資產應採歷史成本為入帳與評價之基礎
(B)資產先按成本入帳，待市價變動時再作調整
(C)採用現時成本，而不使用歷史成本
(D)交易事項須能以貨幣單位衡量，始能列入會計記錄中。　【二技】

(　　) **26** 下列有關試算表的敘述，何者錯誤？
(A)試算表無法發現借貸項目（科目）顛倒的錯誤
(B)試算表平衡也不能保證帳務處理絕對正確
(C)借貸方差額可被9除盡，表示過帳時借貸方向誤記
(D)試算表無法發現整筆交易重覆過帳的錯誤。　【104四技二專】

(　　) **27** 採備抵法處理壞帳是符合下列何項會計原則？
(A)成本原則　(B)配合原則
(C)重要性原則　(D)一致性原則。　【103四技二專】

(　　) **28** 下列有關結帳之敘述，何者為正確？
(A)在進行期末調整工作前，須先完成結帳工作
(B)結帳時本期損益產生貸方餘額，係代表本期有淨利
(C)結帳分錄主要目的，係將所有非損益科目餘額歸零
(D)結帳分錄可於隔年初作轉回分錄。　【四技二專】

(　　) **29** 台北公司經會計師查帳發現，95年財務報表有應計薪資$200,000及壞帳費用$100,000未作調整分錄，若公司配合會計師要求補作調整分錄，請問該調整對資產負債表資產總額影響金額為多少？
(A)減少$100,000　(B)減少$200,000
(C)減少$300,000　(D)增加$100,000。　【四技二專】

(　　) **30** 下列有關帳簿處理及營業循環之描述，何者不適當？
(A)以一月一日開始，十二月三十一日結束之會計年度稱為曆年制
(B)結帳時應將實帳戶與虛帳戶結清
(C)依商業會計法，會計事項應按發生順序記載於日記簿
(D)依會計科目歸屬記錄的帳簿稱為分類帳。【102四技二專】

(　　) **31** 下列何種報表可反應一公司在某一時點之財務狀況？
(A)損益表　(B)資產負債表
(C)股東權益變動表　(D)現金流量表。【二技】

(　　) **32** 營業週期是指：
(A)由現金、購貨、賒銷迄收款之循環
(B)會計工作自分錄、過帳、編表之循環
(C)商業景氣從復甦、繁榮、衰退到蕭條之循環
(D)企業業務自企劃、執行到考核之循環。

(　　) **33** 財務會計最主要目的是？
(A)強化公司內部控制與防止舞弊
(B)提供稅捐機關核定課稅所得之資料
(C)提供投資人、債權人決策所需的參考資訊
(D)提供公司管理當局財務資訊，以制訂決策。

(　　) **34** 下列何者著重於計算損益？
(A)收支會計　(B)營利會計
(C)政府會計　(D)非營利會計。

(　　) **35** 交易事項對財務報表之精確性無重大影響者
(A)不予登帳　(B)可登帳亦可不登
(C)可權宜處理　(D)仍應精確處理。

(　　) **36** 美美公司每年的年終獎金會於次年度一月五日發放，則下列敘述何者正確？
(A)如採權責發生基礎，則年終獎金應於發生當年度十二月記錄薪資費用
(B)因為是年終獎金，通常於次年度才知道應發放多少年終獎金，因此應認列為次年度一月份之薪資費用
(C)無論採權責發生基礎或現金基礎，皆應於次年度一月份認列為一月份之薪資費用

(D)因為是年終獎金，因此企業可彈性處理，可於發生當年度十二月記錄薪資費用，亦可選擇於次年度一月認列為一月份之薪資費用。

(　　) **37** 權益帳戶期初餘額$100,000，期末餘額$85,000，本期增資$25,000，業主又提領現金$30,000自用，則本期發生
(A)淨利$10,000　(B)淨損$10,000
(C)淨利$20,000　(D)淨損$20,000。

(　　) **38** 下列哪一個帳戶為資產的抵減帳戶？
(A)折舊　(B)預期信用減損損失
(C)攤銷　(D)累計減損。

(　　) **39** 「前期損益調整－會計政策變動」應歸屬於下列那一財務報表之會計科目？
(A)綜合損益表　(B)財務狀況表
(C)權益變動表　(D)現金流量表。

(　　) **40** 根據借貸法則，當費損發生時，不能配合發生的要素變化為？
(A)收益增加　(B)資產減少
(C)負債增加　(D)權益減少。

(　　) **41** 必勝美語雜誌社於 96年3月1日收到訂戶劃撥的訂閱雜誌一年12期之預付款$1,200，若該雜誌社採用權責發生基礎制，則下列分錄何者正確？
(A)借記：現金$1,200，貸記：預收貨款$1,200
(B)借記：現金$1,200，貸記：銷貨收入$1,200
(C)借記：現金$1,200，貸記：應收帳款$1,200
(D)借記：現金$1,200，貸記：存貨$1,200。　【二技】

(　　) **42** 來來公司108年度綜合損益表出現下列資訊，請問當年度綜合損益總額為何？
營業收入　$1,000,000
營業成本　$650,000
推銷費用　$50,000
管理費用　$30,000
國外營運機構財務報表換算之兌換利益$70,000
透過其他綜合損益按公允價值衡量之未實現評價利益$30,000

(A)$350,000　(B)$370,000
(C)$100,000　(D)$270,000。

( ) **43** 股利收入應如何在現金流量表表達？
(A)以各期一致的方式歸類為營業活動、投資活動或籌資活動之現金流入
(B)必須歸類為營業活動現金流入
(C)必須歸類為籌資活動現金流入
(D)必須歸類為投資活動現金流入。

( ) **44** 若銷貨收入為$20,000，銷貨成本$15,500，營業費用$3,000，則銷貨毛利為：
(A)$20,000　(B)$17,000
(C)$4,500　(D)$1,500。【二技】

( ) **45** 計算財務所得時，下列何項目不需以稅後淨額表達？
(A)非常損益項目　(B)停業部門損益
(C)營業外收入及費用　(D)會計原則變動累積影響數。
【二技】

( ) **46** 亞歷健身中心的會員在加入時便須以現金繳交長年期會費，請問在權責基礎下，亞歷健身中心在收取會費時的會計處理，應將該會費列為：
(A)業務收入　(B)投資收入
(C)預收收入　(D)雜費。【四技二專】

( ) **47** 下列有關簿記之敘述，何者為正確？
(A)「借貸法則」係指導企業資金調度的會計原則
(B)簿記中之「過帳」，係將日記簿分錄按會計科目別作分類的記載
(C)若一筆交易分錄重複過帳，會影響試算表平衡問題
(D)明細帳是特種日記簿的一種。【四技二專】

( ) **48** 大美公司 X8年現金流量之相關資料如下：支付股利$80,000，買回庫藏股票$300,000，支付日常營業借款之利息$40,000，購買小花公司普通股$100,000，以發行債券方式取得土地$600,000，購買存貨$1,000,000，發行債券收到之金額$500,000，借款給大美公司關係人$150,000，購買土地$400,000。試問採直接法編製之現金流量表

上，上述事項對營業活動、投資活動、及籌資活動現金流量之淨影響金額為何？
(A)營業活動：$（1,040,000）、投資活動：$（1,250,000）、籌資活動：$720,000
(B)營業活動：$（1,040,000）、投資活動：$（500,000）、籌資活動：$（30,000）
(C)營業活動：$（1,000,000）、投資活動：$（550,000）、籌資活動：$（70,000）
(D)營業活動：$（1,040,000）、投資活動：$（650,000）、籌資活動：$120,000。

(　) **49** 桃園公司年底有一遞延項目調整分錄借記預收租金$200,000，試問下列敘述，何者為正確？
(A)該調整分錄不可作轉回分錄
(B)公司對該遞延項目係採先虛後實法（記虛轉實法）處理
(C)該調整分錄之轉回分錄應貸記預收租金$20,000
(D)該調整分錄之轉回分錄應貸記預收租金$200,000。【四技二專】

(　) **50** 下列有關交易分錄之敘述，何者為正確？
(A)混合交易分錄之貸方應出現「現金」會計科目
(B)混合交易分錄之借方應出現「現金」會計科目
(C)轉帳交易分錄之借方應出現「現金」會計科目
(D)現金收入交易分錄之借方應出現「現金」會計科目。【四技二專】

(　) **51** 八方公司部分會計科目如下：(1)應收票據 (2)不動產、廠房及設備 (3)股東投資 (4)利息收入 (5)修繕費 (6)預收收入，以上那些會計科目是永久性（實）帳戶？
(A)(1)(2)(3)　(B)(4)(5)(6)
(C)(3)(4)(5)(6)　(D)(1)(2)(3)(6)。

(　) **52** 一把剪刀理論上應列為資產，但金額小可以直接當費用處理，係依據何種原則？
(A)穩健原則　(B)收入實現原則
(C)重要性原則　(D)成本原則。

( ) **53** 設有一筆交易，借：現金$50,000，貸：應收帳款$50,000，於過帳時，借貸方向錯誤，「試算表」所發生的差額為：
(A)$0 (B)$25,000
(C)$500,000 (D)$1,000,000。

( ) **54** 小金公司108年現金流量表中營業活動之淨現金流入為$5,500,000，已知折舊費用$1,250,000，出售設備利益$300,000，發放現金股利$980,000，透過損益按公允價值衡量之金融資產評價損失$650,000。小金公司108年之淨利為何？
(A)$3,600,000 (B)$3,900,000
(C)$4,250,000 (D)$4,550,000。

( ) **55** 總經理為了盈餘平穩化，指示會計人員，在淨利較高的年度以年數合計法提列折舊，以提高折舊費用；在淨利較低的年度以直線法提列折舊，以減少折舊費用。此一折舊方式違反會計品質特性或原則中的哪一項目？
(A)時效性 (B)完整性
(C)比較性 (D)繼續經營原則。 【二技】

( ) **56** 乙公司購入由甲公司發行之公司債，此項交易在兩家公司之現金流量表應分別列為何項活動？
(A)甲公司為投資活動，乙公司為籌資活動
(B)二家公司皆為籌資活動
(C)二家公司皆為投資活動
(D)甲公司為籌資活動，乙公司為投資活動。

( ) **57** 支付水電費應屬於現金流量表中的何種活動？
(A)銷管活動 (B)營業活動 (C)投資活動 (D)籌資活動。

( ) **58** 小山是莊園商店的唯一業主及經營者，在107年12月31日的會計期間終了日，該商店擁有資產$500,000及負債$125,000。在108年間，老王再增資$80,000，而且自商店中提取了$30,000。假設108年12月31日時，該企業之資產為$550,000，負債為$120,000，則108年度的淨利為何？
(A)$5,000 (B)$55,000 (C)$25,000 (D)$85,000。

( ) **59** 大漢銀行推出新的信用卡業務，聘請名模代言，現付廣告費$5,000,000，則下列敘述何者錯誤？

(A)此廣告支出是為日後信用卡業務之推動，使資產增加$5,000,000
(B)使業主權益減少$5,000,000
(C)廣告費用增加$5,000,000
(D)不影響負債。　【二技】

(　　) **60** 下列有關期末調整分錄之敘述，何者正確？
(A)應於日記簿作正式分錄　(B)僅屬工作底稿上之分錄
(C)不必於分類帳正式過帳　(D)全部可於次年初作轉回分錄。
【四技二專】

(　　) **61** 「產品售後服務保證費用」與產品出售收入認列在同一年度，係符合下列那一原則？
(A)重要性原則　(B)成本原則
(C)配合原則　(D)穩健原則。　【四技二專】

(　　) **62** 康乃馨公司當年度損益表所報導之淨利為$275,000，全年度之資產折舊費用與無形資產攤銷費用分別為$40,000 和$9,000。流動資產與流動負債各科目之期末與期初餘額列於下表：

	期末	期初
現金	$50,000	$60,000
應收帳款	112,000	108,000
存貨	105,000	93,000
預付費用	4,500	6,500
應付帳款（對商品供應商）	75,000	89,000

請問下列何項金額為來自營業活動的淨現金流量？
(A)$198,000　(B)$296,000
(C)$324,000　(D)$352,000。　【二技】

(　　) **63** 台中公司於95年2月初，銷售商品一批，收到現金$100,000及金額$50,000之三個月遠期支票一張，編製此項銷貨交易之傳票，下列敘述何者為正確？
(A)採「臨時存欠法」時，轉帳傳票應貸記「銷貨收入」金額$100,000
(B)採「虛收虛付法」時，現金支出傳票應貸記「銷貨收入」金額$100,000

(C)採「虛收虛付法」時，現金收入傳票應貸記「銷貨收入」金額 $100,000

(D)採「拆開分記法」時，現金收入傳票應貸記「銷貨收入」金額 $100,000。【四技二專】

( ) **64** 下列那一項會計錯誤可經由試算表發現？
(A)借、貸方科目金額總數不平衡 (B)遺漏調整分錄
(C)分錄重複過帳 (D)會計科目誤用。【二技】

( ) **65** 國際財務報導準則有那些「禁止」規定？
(1)非常損益禁止採用
(2)存貨評價禁止採用後進先出法
(3)存貨成本與淨變現價值孰低，禁止採用總額比較
(4)不動產、廠房及設備發生資產減損後，禁止減損損失的回升
(A)一項 (B)二項 (C)三項 (D)四項。

( ) **66** 圓元公司X1年度購置辦公室文具用品$10,000時，全數認列為文具用品費用。X1年底「文具用品」帳列餘額$5,000，則X1年度文具用品實際耗用金額為何？
(A)$15,000 (B)$5,000 (C)$10,000 (D)$20,000。

( ) **67** 全永公司2015年底有流動負債總計$800,000，而流動資產中包含下列科目餘額：應收帳款$700,000、用品盤存$100,000、應收票據$400,000、存貨$250,000、現金$100,000及預付租金$50,000。若該公司2015年底之流動比率為2，則該公司2015年底之速動比率為多少？
(A)1.5000 (B)1.5625 (C)1.6875 (D)1.9375。【105年四技二專】

( ) **68** 甲公司在X8年7月1日預付二年期租金費用$240,000，當時記錄為租金費用，X8年及X9年年底並未對此交易記錄作任何調整分錄，則對財務報表影響之敘述何者正確？ (A)X9年底資產高估、淨利會低估 (B)X8年底資產低估、淨利會低估 (C)X8年底權益會高估、X9年底權益正確 (D)X8年底權益會低估、X9年底權益正確。

( ) **69** 甲公司年底調整前試算表顯示：收入$30,000，費用$17,000，應調整之事項有：預收收益已實現部分為$2,500、本期折舊$1,200及已賺得但尚未入帳之收益$2,000，則本期淨利為何？ (A)$7,300 (B)$11,300 (C)$12,300 (D)$16,300。

( ) **70** 甲公司今年4月1日收到為期一年半的雜誌訂閱金$18,000，收款時貸記預收訂閱金。該公司並於7月1日預付一年期保險費$600，並以預付保險費入帳。如果期末未作調整分錄，則甲公司會產生： (A)淨利低估$ 13,200 (B)淨利高估$13,200 (C)淨利高估$8,700 (D)淨利低估$8,700。

( ) **71** 下列為甲公司X2年度之資料，當年度租金費用$15,000，則該年度實際支付租金之現金為何？

	期初	期末
預付租金	$7,000	$4,500
應付租金	2,000	2,500

(A)$18,000 (B)$17,000
(C)$13,000 (D)$12,000。

( ) **72** 甲公司年底帳載有廣告費$10,000，利息支出$20,000，薪資支出$30,000，雜項費用$5,000，應付佣金支出$35,000，預收收入$10,000，銷貨收入$65,000，租金收入$15,000，在不考慮所得稅下的結帳敘述，下列何者正確？ (A)本期損益為淨損 (B)本期損益為貸餘$15,000 (C)全部收入結清時貸方之本期損益為$90,000 (D)全部費用結清時借方之本期損益為$100,000。

加值型營業稅會計實務

重要度 ★★

準備要領

本單元為108年課綱中獨立出來的一個新單元，由此可知加值型營業稅之會計實務已被重視，需特別注意！

1.瞭解什麼是營業稅以及營業稅在稅法上的相關規定。

2.瞭解營業稅申報及會計處理程序。

3.出售土地免課徵營業稅。

主題 1 營業稅的意義（特質）及稅法相關規定

1. **意義**：按企業銷項收入與進項成本或費用兩者之差額，依一定之稅率課稅（一般營業人稅率為5%）。
2. **種類**：依照營業稅法規定，可區分為加值型營業稅及非加值型營業稅。營業稅稅率除營業稅法令有規定外，最低不得少於百分之五，最高不能超過百分之十。
3. **加值型營業稅稅制**：

營業人	稅率
一般營業人	稅率5%。
外銷營業人	零稅率。（※零稅率係指銷售貨物或勞務所適用的營業稅率為零，由於銷項稅額為零，如有溢付進項稅額，得在退稅限額內由主管稽徵機關查明後退還。）
免稅營業人	免徵銷項稅稅額，進項稅額**不得**申請退還。
兼營營業人	(1)應納或溢付稅額＝銷項稅額－（進項稅額－依規定不得扣抵之進項稅額）×（1－當期不得扣抵比例） (2)兼營營業人購買國外勞務，應依下列公式計算其應納營業稅額，併同當期營業稅額申報繳納。應納稅額＝給付額×徵收率×當期不得扣抵比例 （註：不得扣抵比例，係指各該期間免稅銷售淨額及依第4章第2節規定計算稅額部分之銷售淨額，占**全部**銷售淨額之比例。）

4. **加值型營業稅納稅義務人：**
   (1)銷售貨物或勞務之營業人。
   (2)進口貨物之收貨人或持有人。
5. **加值型營業稅報繳：**
   (1)原則上：以二個月為一期，以單位開始十五日內向主管機關申報。
   (2)例外：適用零稅率之營業人，可以申請以每月為一期，於次月十五日內向主管機關申報。
6. **不可扣抵之進項稅額及憑證：**
   (1)購進之貨物或勞務未依規定取得並保存憑證者。
   (2)非供本業及附屬業務使用之貨物或勞務。但為協助國防建設、慰勞軍隊及對政府捐獻者，不在此限。
   (3)交際應酬用之貨物或勞務。
   (4)酬勞員工個人之貨物或勞務。
   (5)自用乘人小汽車。
   (6)營業人專營免稅貨物或勞務者，其進項稅額不得申請退還。
   (7)統一發票扣抵聯經載明「違章補開」者。（但該統一發票係因買受人檢舉而補開者，不在此限）

小試身手

(　　) 下列有關我國加值型營業稅的敘述，何者正確？ (A)出售土地不必繳納營業稅 (B)營業人在銷售階段免稅，因此可減低其進貨的負擔 (C)交際應酬用之貨物或勞務為可扣抵之進項稅額 (D)目前我國以加值型營業稅來課徵各行各業的營業稅。

主題2 統一發票的總類

依統一發票使用辦法第7條第1項之規定，統一發票使用方法如下：

(1)**三聯式統一發票**：專供營業人銷售貨物或勞務與營業人，並依本法第四章第一節規定計算稅額時使用。第一聯為存根聯，由開立人保存，第二聯為扣抵聯，交付買受人作為依本法規定申報扣抵或扣減稅額之用，第三聯為收執聯，交付買受人作為記帳憑證。

(2)**二聯式統一發票**：專供營業人銷售貨物或勞務與非營業人，並依本法第四章第一節規定計算稅額時使用。第一聯為存根聯，由開立人保存，第二聯為收執聯，交付買受人收執。

(3)**特種統一發票**：專供營業人銷售貨物或勞務，並依本法第四章第二節規定計算稅額時使用。第一聯為存根聯，由開立人保存，第二聯為收執聯，交付買受人收執。

(4)**收銀機統一發票**：專供依本法第四章第一節規定計算稅額之營業人，銷售貨物或勞務，以收銀機開立統一發票時使用。其使用與申報，依「營業人使用收銀機辦法」之規定辦理。

(5)**電子發票**：指營業人銷售貨物或勞務與買受人時，以網際網路或其他電子方式開立、傳輸或接收之統一發票；其應有存根檔、收執檔及存證檔，用途如下：

A. 存根檔：由開立人自行保存。

B. 收執檔：交付買受人收執，買受人為營業人者，作為記帳憑證及依本法規定申報扣抵或扣減稅額之用。

C. 存證檔：由開立人傳輸至財政部電子發票整合服務平台（以下簡稱平台）存證。

小試身手

( ) 下列敘述何者有誤？ (A)收銀機統一發票：專供依本法第四章第一節規定計算稅額之營業人，銷售貨物或勞務，以收銀機開立統一發票時使用 (B)特種統一發票：專供營業人銷售貨物或勞務，並依本法第四章第二節規定計算稅額時使用 (C)二聯式統一發票：專供營業人銷售貨物或勞務與非營業人，並依本法第四章第一節規定計算稅額時使用 (D)三聯式統一發票：專供營業人銷售貨物或勞務與非營業人，並依本法第四章第一節規定計算稅額時使用。

主題 3 營業稅之計算及會計處理（含 401 申報書）

1. 加值型營業稅計算及會計處理：

稅額	計算方式
進項稅額	進項（購買財貨及勞務）×5%
銷項稅額	銷項（賣出財貨及勞務）×5%

應納稅額計算：採**稅額相減法**（以銷項稅額減進項稅額，決定本期是否須繳納營業稅）。

→銷項稅額＝進項稅額：無應納稅額。

→銷項稅額＞（進項稅額＋上期留抵稅額）：**本期須繳納營業稅**（401表上列應付營業稅）。

→銷項稅額＜（進項稅額+上期留抵稅額）：**溢付營業稅**（401表上列留抵稅額）。

在溢付稅額下，若有外銷收入或購買得扣抵之不動產、廠房及設備，則可申請退稅，但退稅有其上限。計算步驟如下：

步驟	說明	計算
步驟1	**計算退稅上限**	退稅上限＝（外銷收入＋得扣抵之不動產、廠房及設備）×5%
步驟2	**決定應收退稅款**	應收退稅款＝min（溢付稅額，退稅上限）
步驟3	**決定留抵稅額**	溢付稅額（含上期留抵稅額）及退稅上限之差額，記入留抵稅額。

2. 401申報書格式：

附件 5-4-2-1

第一聯：申報聯　營業人持向稽徵機關申報。
第二聯：收執聯　營業人於申報時併同申報聯交由稽徵機關核章後作為申報憑證。

（機關全銜）營業人銷售額與稅額申報書（401）

（一般稅額計算－專營應稅營業人使用）

所屬年月份：　年　－　月　　金額單位：新臺幣元

統一編號	
營業人名稱	
稅籍編號	
負責人姓名	
營業地址	縣市　鄉鎮市區　路街　段　巷　弄　號　樓　室
使用發票份數	份

註記欄		
	核准按月申報	
核准合併總繳單位	總機構彙總報繳	
	各單位分別申報	

銷項 項目 \ 區分	應稅 銷售額	應稅 稅額	零稅率銷售額
三聯式發票、電子計算機發票	1	2	3(非經海關出口應附證明文件者)
收銀機發票(三聯式)	5	6	7
二聯式發票、收銀機發票（二聯式）	9	10	11(經海關出口免附證明文件者)
免用發票	13	14	15
減：退回及折讓	17	18	19
合計	21①	22②	23③
銷售額總計 ①＋③	25⑦　元（內含銷售固定資產 27　元）		

稅額計算 代號	項目		稅額
1	本期(月)銷項稅額合計	②	101
7	得扣抵進項稅額合計	⑨＋⑩	107
8	上期(月)累積留抵稅額		108
10	小計（7+8）		110
11	本期(月)應實繳稅額(1－10)		111
12	本期(月)申報留抵稅額(10-1)		112
13	得退稅限額合計	③ ×5%＋⑩	113
14	本期(月)應退稅額(如12>13，13>12則為13，12)		114
15	本期(月)累積留抵稅額(12-14)		115

進項 項目 \ 區分		得扣抵進項稅額 金額	得扣抵進項稅額 稅額
統一發票扣抵聯	進貨及費用	28	29
	固定資產	30	31
三聯式收銀機發票扣抵聯	進貨及費用	32	33
	固定資產	34	35
載有稅額之其他憑證（包括二聯式收銀機發票）	進貨及費用	36	37
	固定資產	38	39
海關代徵營業稅繳納證扣抵聯	進貨及費用	78	79
	固定資產	80	81
減：退出、折讓及海關退還溢繳稅款	進貨及費用	40	41
	固定資產	42	43
合計	進貨及費用	44	45⑨
	固定資產	46	47⑩
進項總金額（包括不得扣抵憑證及普通收據）	進貨及費用	48　元	
	固定資產	49　元	
進口免稅貨物		73　元	
購買國外勞務		74　元	

本期（月）應退稅額處理方式	□利用存款帳戶劃撥 □領取退稅支票
保稅區營業人按進口報關程序銷售貨物至我國境內課稅區之免開立統一發票銷售額	82　元

申報單位蓋章處（統一發票專用章）	核收機關及人員蓋章處
附 1.統一發票明細表　份 2.進項憑證　冊　份 3.海關代徵營業稅繳納證　份 4.退回(出)及折讓證明單、海關退還溢繳營業稅申報單　份 5.營業稅繳款書申報聯　份 6.零稅率銷售額清單　份 申報日期：　年　月　日	核收日期：　年　月　日

申辦情形	姓名	身分證統一編號	電話	登錄文（字）號
自行申報				
委任申報				

說明：
一、本申報書適用專營應稅及零稅率之營業人填報。
二、如營業人申報當期（月）之銷售額包括有免稅、特種稅額計算銷售額者，或經稽徵機關核准辦理現場小額退稅之特定營業人，請改用（403）申報書申報。

紙張尺度(250 ×350)公厘

小試身手

(　) 甲公司為適用一般稅率之加值型營業人，本期（1、2月份）進銷項資料如下（營業稅5%皆為外加）：

1/5賒購商品一批$1,000,000

1/25內銷商品一批$500,000，如數收現

2/8廠房$200,000

2/25外銷商品一批$800,000，如數收現

若上期無留抵稅額，則本期：

(A)購買廠房時，應借記：廠房成本$210,000

(B)得退稅額最高限額$40,000

(C)應收退稅款$35,000

(D)留抵稅額$15,000。

試題演練

(　) 1 關於現行統一發票的敘述，下列何者正確？ (A)現行統一發票有四種 (B)二聯式統一發票係屬於稅額外加 (C)特種發票專供總額課徵營業稅的營業人使用 (D)電子統一發票均屬於無實體電子發票。

(　) 2 甲公司為加值型營業人，適用營業稅率5%，上期留抵稅額$150,000，1、2月份總銷項金額為$20,000,000，總進項交易金額為$15,000,000。經查詢得知，銷貨中包含已開立發票的預收貨款$6,000,000，而進項交易中包含賒購機器設備$500,000，購置一筆不動產$5,000,000（其中房屋$2,000,000，土地$3,000,000），一部董事長專用小客車$1,000,000及宴請客戶$300,000 與犒賞員工$200,000，則該公司申報1、2月份營業稅的敘述，下列何者正確？ (A)銷項稅額為$700,000 (B)進項稅額為$500,000 (C)應付營業稅為$325,000 (D)留抵稅額為$ 150,000。

(　) 3 採加值型營業稅時，若銷項稅額大於進項稅額，即產生？

(A)留抵稅額　　(B)應退稅額

(C)銷項稅額　　(D)應納稅額。

(　　) **4** 下列敘述何者為非？
(A)我國現行營業稅計算係採稅額相減法
(B)出售土地不必繳納營業稅
(C)交際費之進項稅額，不得扣抵銷項稅額
(D)營業人自用或贈送的貨物、勞務，可免徵營業稅。

(　　) **5** 下列哪些交易可申請退稅？　A購買機器；B購買商品；C購買建築物；D支付運費之進項稅額可申請退稅
(A)A、B　(B)A、C
(C)B、C　(D)C、D。

(　　) **6** 新竹公司93年2月初購進應課營業稅商品一批，金額$100,000，該金額並不含營業稅，三天後全部出售，出售價款含營業稅共收到$210,000。若營業稅稅率為5%，則銷售毛利為多少？
(A)$110,000　(B)$105,000
(C)$100,000　(D)$99,500。　【四技二專】

(　　) **7** 小華公司5月與6月之銷項稅額為$20,000，進項稅額為$12,000，上期留抵稅額為$2,000，則本期稅額結算後之餘額應為多少？
(A)應納稅額$8,000　(B)應納稅額$6,000
(C)留抵稅額$7,000　(D)留抵稅額$5,000。

(　　) **8** 下列有關我國加值型營業稅的敘述，何者正確？
(A)出售土地不必繳納營業稅
(B)營業人在銷售階段免稅，因此可減低其進貨的負擔
(C)零稅率指適用的稅率為零，不用繳稅也無退稅問題
(D)目前我國以加值型營業稅來課徵各行各業的營業稅。
【108四技二專】

(　　) **9** 下列有關我國營業稅的敘述，何者錯誤？
(A)進項稅額的扣抵，若未經取得符合營業稅法規定之憑證者，不得扣抵
(B)加值型營業稅計算係採稅額相減法
(C)交際應酬用之貨物，其進項稅額不得扣抵銷項稅額
(D)加值型營業稅之稅率一律為5%。　【107四技二專】

( ) **10** 有關加值型營業稅的敘述，下列何者正確？
(A)加值型營業稅稅率分為一般、外銷及金融保險業等三大類
(B)加值型營業稅係依銷售總額計算營業稅
(C)加值型營業稅對外銷貨物或勞務適用稅率為0%
(D)加值型營業稅實際負擔者為營業人。【105四技二專】

( ) **11** 甲商店為一般稅率加值型營業人，5、6月份進貨總額$3,000,000，進項稅額$150,000，外銷$1,000,000，內銷$1,500,000，銷項稅額$75,000，上期留抵稅額$50,000，期間並購置一部自用乘人小汽車$1,000,000與機器設備$1,000,000，營業稅5%皆為外加，則甲商店於7月15日報繳營業稅，將產生：
(A)應收退稅額$125,000 (B)應收退稅額$150,000
(C)累積留抵稅額$25,000 (D)累積留抵稅額$75,000。
【104四技二專】

( ) **12** 平記公司上期有留抵稅額$3,000，本期銷項稅額為$10,000，另有外銷金額$100,000，進項稅額為$6,000，且本期未購買任何固定資產，則本期結算營業稅後應有：
(A)應納稅額$6,000 (B)應退稅額$5,000
(C)留抵稅額$4,000 (D)應納稅額$1,000。【103四技二專】

( ) **13** 甲公司為適用一般稅率之加值型營業人，本期（3、4月份）進銷項資料如下（營業稅5%皆為外加）：
3/5 賒購商品一批$1,000,000
3/15付清3/5賒購全部貨款，取得2%現金折扣
3/25內銷商品一批$500,000，如數收現
4/8 購買土地$300,000，廠房$200,000
4/15購買機器一部$500,000
4/25外銷商品一批$800,000，如數收現
若上期無留抵稅額，則本期：
(A)購買土地與廠房時，應借記：土地成本$300,000、廠房成本$210,000
(B)得退稅額最高限額$65,000
(C)應收退稅款$59,000
(D)留抵稅額$15,000。【106四技二專】

(　　) **14** 下列敘述何者錯誤？
(A)營業稅是指對營業人銷售貨物或勞務所課徵的一種銷售稅
(B)目前我國加值型營業稅係採「稅額相減法」
(C)外銷貨物適用零稅率，其產生進項稅額不可申請扣抵
(D)當銷售貨物或勞務買受人為營業人需開立三聯式統一發票。
【109四技二專】

(　　) **15** 安心公司出售一批商品予安安公司，含稅價為$105,000。假設營業稅率為5%，下列敘述何者正確？
(A)銷項稅額$5,000　(B)認列銷貨收入$105,000
(C)應向客戶收取現金$100,000　(D)進項稅額$8,138。

(　　) **16** 小華公司三、四月份的銷貨額為$220,000，進貨額為$200,000；若小華公司為「加值型營業人」，且其所售商品為應稅商品，假設營業稅率為5%，則三、四月份加值型營業稅之結算金額為何？
(A)$11,000　(B)$1,000　(C)$10,000　(D)$20,000。

(　　) **17** 承上題，該筆稅款應記入下列何種會計項目中？
(A)銷項稅額　(B)應納稅額　(C)進項稅額　(D)留抵稅額。

(　　) **18** 關於我國加值型營業稅之敘述，下列何者錯誤？
(A)針對銷售總額課徵營業稅
(B)目前我國加值型營業稅係採「稅額相減法」
(C)一般稅率為5%
(D)可消除重複課稅。

(　　) **19** 若成功企業7－8月份銷貨$1,000,000，進貨及費用合計$1,200,000目前營業稅率是5%，則當月應納或溢付營業稅額為
(A)應納稅額$10,000　(B)應納稅額$50,000
(C)溢付稅額$60,000　(D)溢付稅額$10,000。

(　　) **20** 外銷營業人稅率為多少？
(A)1%　(B)5%　(C)10%　(D)0%　。

(　　) **21** 下列進項稅額何者依法規定准予扣抵？
(A)購進之貨物或勞務未依規定取得並保存憑證者
(B)交際應酬用之貨物或勞務

(C)依規定取得公司使用文具用品之發票
(D)自用乘人小汽車。

( ) **22** 有關營業稅之「零稅率」與「免稅」規定，下列敘述何者正確？
(A)適用「免稅」者須檢附規定文件，「零稅率」無需檢附相關文件
(B)「零稅率」為應稅但稅率為零，「免稅」則為不課稅
(C)二者之進項稅額皆可申報扣抵
(D)二者之進項稅額皆不可扣抵。

Notes

03 Unit 現金及內部控制

重要度 ★★

準備要領

相對於會計學各單元而言，本處是較為簡單的一個單元。各位同學只要能熟記重點內容，加上歷屆考題練習，要從本單元取得分數相當容易。歷年考題中本處最喜歡考的是：

1.會計學上「現金」的內容為何？那些項目不可稱為「現金」？

2.現金的內部控制原則？

3.零用金的會計處理（特別是零用金的使用與撥補時的分錄做法）。

4.銀行往來調節表：屬於公司帳或銀行帳調節的項目各有哪些（加項及減項各有那些項目）？調節完畢後的調整分錄？

主題 1 現金之意義及內部控制

1. **現金之定義**：會計學上所稱的現金，應同時具備以下幾個特性：
   (1)**自由流通性（通用性）**：係指在**本國**可以自由流通，任何人不得拒絕接受。
   (2)**貨幣性**：係指可作為**交易之媒介**及**支付之工具**。
   (3)**自由支配性**：係指可以**無限制**的在當地流通使用。
2. **現金的內容**：

可稱為現金者	不可稱為現金者
(1)庫存現金。 (2)零用金、找零金。 (3)即期支票。 (4)即期本票。 (5)即期匯票。 (6)郵政匯票。 (7)支存、活存、活儲。	(1)郵票→應記為「預付費用」。 (2)印花稅票：列為「預付稅捐」。 (3)借條→應記為「其他應收款」。 (4)遠期票據→應記為「應收票據」。 (5)定期存款→依其期限列為「短期投資」或「長期投資」。 (6)受限制的存款→應記為「長期投資」及「基金」或「其他資產」（例如：存在外國或已倒閉銀行的存款）。 (7)指定用途的現金→應記為「基金」。 (8)存出保證金→應記為「其他資產」。

3. **內部控制**：現金的內部控制最主要的原則如下：
   (1)工作的劃分：一筆交易**不能**由一人或一個單位，從頭包辦到底。
   (2)**會計**與**出納**的嚴格獨立，不得同為一人承辦。
   (3)每筆現金收入應立即入帳。
   (4)每筆現金支出應事先經過核准。
   (5)全部現金收入應全數存入銀行。
   (6)所有現金支出應簽發支票付款。
   (7)設置**限額零用金**以支付日常零星開支。

小試身手

(　) **1** 有關現金保管控制之敘述，下列何者錯誤？ (A)現金保管人員須定期編製銀行調節表 (B)應縮短現金留置手中時間，儘早存入銀行 (C)現金如無法立即存入銀行須存放於保險箱中 (D)獨立驗證人員須定期、不定期稽核現金餘額及相關資料。

(　) **2** 下列問答題何項不屬於會計上所謂現金的範圍？ (A)銀行活期存款 (B)支票存款 (C)郵政匯票 (D)印花稅票。

主題 2 零用金制度

1. **零用金制度之意義**：公司為簡化管理流程，對於日常零星開支，設置**定額之零用金**，交專人保管支付之管理制度，如此當使用零用金時便無須透過請款流程。
2. **零用金程序及會計處理**

程序	會計處理	說明
設置	零用金　xxx 　現金　　xxx	「零用金」屬現金性質為流動資產。
平時使用	（不作分錄）	當使用零用金時，不需要作分錄，但為求備忘起見，可由保管人自行設置零用金備查簿記錄，並將發票或憑證留存。等到一定時間要撥補零用金時，再將各項的費用記錄，補充至一樣的金額即可。

程序	會計處理	說明
撥補零用金	xx費用　xxx 　現金　　xxx	注意分錄貸方不可貸記零用金。
期末處理	（分錄作法同上）	無論零用金使用多寡，均應予以補充，並作分錄認列已發生之費用。
增加或減少零用金	增加： 零用金　xxx 　現金　　xxx 減少： 現金　xxx 　零用金　　xxx	——
（憑證＋現金）＞零用金額度	xx費用　xxx 　現金　　xxx 　現金短溢　　xxx	「現金短溢」貸餘為營業外收入。
（憑證＋現金）＜零用金額度	xx費用　xxx 現金短溢　xxx 　現金　　xxx	「現金短溢」借餘為營業外費用。

小試身手

(　　) **1**　零用金制度的主要目的為：　(A)正確性　(B)簡化管理流程　(C)內部控制　(D)穩健原則。

(　　) **2**　三山公司零用金額度為$70,000，撥補前零用金之內容如下：手存現金$30,000；報銷費用$40,500；旅費預支$1,000。則撥補分錄應為：(A)借記現金缺溢$500　(B)貸記現金缺溢$500　(C)借記現金缺溢$1,500　(D)貸記現金缺溢$1,500。

主題 3　銀行存款調節表

1. **意義**

(1)「銀行存款」為公司的資產，銀行的負債，原則上**兩邊紀錄之金額應該相等**。但實際上部分交易並無法於交易當下同時就調整公司與銀行帳戶的餘額，因此兩邊的餘額常會有差異存在。

(2)銀行調節表的編製就是要確定兩邊帳戶發生差異的原因。

2. **差異原因**

常見差異原因如下：

原因	項目	公司餘額→	正確餘額	銀行對帳單餘額←
銀行已入帳但公司未入帳	(1)銀行代收票款	＋		
	(2)公司未入帳利息	＋		
	(3)銀行手續費	－		
	(4)客戶存款不足退票	－		
公司已入帳但銀行未入帳	(1)在途存款			＋
	(2)未兌現支票			－
錯誤	(1)銀行錯誤			＋or－
	(2)公司錯誤	＋or－		

（"＋"及"－"分別表示該欄上對應的項目要加（減）錯誤金額才會變成正確餘額）

3. **銀行調節表格式**

銀行調節表格式（採正確餘額法）如下：

XX公司
銀行調節表
XX年X月X日

銀行對帳單餘額	$xxx	公司帳上餘額	$xxx
加：在途存款	xxx	加：利息收入	xxx
減：未兌現支票	(xxx)	代收票據	xxx
加減：錯誤更正	xxx	減：手續費	(xxx)
		存款不足退票	(xxx)
		代付款項	(xxx)
		加減：錯誤更正	xxx
正確餘額	$xxx	正確餘額	$xxx

4. **調整分錄**

調整分錄如下：

減項	手續費	xxx	
	催收款項	xxx	
	銀行存款（現金）		xxx
加項	銀行存款（現金）	xxx	
	應收票據		xxx
	利息收入		xxx

註 催收款項用來紀錄存款不足退票之金額，若有拒絕付款證明書的費用，應加入催收款項之金額記帳。

小試身手

( ) **1** 味元公司收到X1年6月份銀行對帳單，列示如下：
對帳單餘額$18,050 在途存款$3,250 存款不足退回支票 600
未兌現支票 2,750 銀行8月份服務費 100
味元公司6月30日現金的正確金額為多少？
(A)$18,550 (B)$17,950 (C)$17,850 (D)$17,550。

( ) **2** 完成銀行存款調節表後，下列那一項交易不須作調整分錄？ (A)未兌現支票 (B)存款不足支票 (C)銀行代收票據 (D)銀行印製支票費用。

( ) **3** 在編製銀行往來調節表後，公司作：借記「現金」、貸記「其他收入」之調整分錄，此分錄最可能代表下列哪一事項之調整？ (A)銀行手續費 (B)託收票據收訖 (C)存款不足支票 (D)銀行代收款項。

4 （計算題）小花公司6月底帳面銀行存款金額為$159,700，銀行結單存款金額為$157,240，並悉有關資料如下：
(1)在途存款為$24,500。
(2)6月底客戶小草償還$8,500帳款，銀行已入帳，公司尚未入帳。
(3)未兌現支票$28,400（不含保付支票＄1,000）。
(4)購買文具正確金額為$7,800，公司誤記為$8,700。
(5)銀行將小花公司支票$12,400，誤列入本公司帳戶。
(6)銀行扣收手續費$360，公司尚未入帳。

(7)存入客戶支票$3,000，因存款不足遭退票。

試根據上述資料，作：

a.編製真實餘額之銀行往來調節表。b.做應有之補正分錄。

試題演練

( ) **1** 關於銀行調節表各自獨立的調節項目之敘述，下列何者正確？

①未兌現支票會造成公司帳載銀行存款餘額較正確餘額為低

②在途存款會造成銀行對帳單餘額較正確餘額為低

③銀行託收票據收現會造成公司帳載銀行存款餘額較銀行對帳單餘額為低

④存款不足遭退票會造成銀行對帳單餘額較正確餘額為高

⑤銀行代扣手續費會造成銀行對帳單餘額較公司帳載銀行存款餘額為高

⑥未兌現的保付支票會造成銀行對帳單餘額較正確餘額為高

(A)②③ (B)②④⑤ (B)④⑤ (D)③④⑤。

( ) **2** 甲公司本月底帳載存款餘額$125,000，其他相關資料如下：存款不足退票$30,000、銀行手續費$800、在途存款$21,000、未兌現支票$100,000（含保付支票$12,000）、銀行代收票據$3,600已收現。下列敘述何者錯誤？

(A)銀行對帳單餘額比正確餘額多$79,000

(B)公司帳載存款餘額比正確餘額多$27,200

(C)公司帳載存款餘額比銀行對帳單餘額少$39,800

(D)保付支票不是造成公司帳載存款餘額與銀行對帳單餘額差異的原因。 【108四技二專】

( ) **3** 甲公司本月底帳面存款餘額$104,000，並有以下未達帳：存款不足退票$20,000、銀行手續費$600、在途存款$16,000、未兌現支票$120,000（含保付支票$12,000）、銀行代收票據$14,400。請問銀行寄來之對帳單餘額應為多少？

(A)$178,200 (B)$189,800

(C)$202,200 (D)$221,800。 【107四技二專】

(　　) **4** 甲公司於本年6月底收到之銀行對帳單顯示，對帳單上存款餘額為調整前公司帳上存款餘額之2倍。經查核相關資料，發現除公司一些未達帳之外，銀行方面之未達帳包括：(1)月底存入銀行之即期支票$500，銀行尚未入帳　(2)未兌現支票合計$1,000公司並依其所編製之銀行存款調節表作如下補正分錄：

應收帳款　1,000
銀行存款　2,000
　利息收入　　　1,000
　應收票據　　　2,000

由上述資料可知：
(A)銀行對帳單上餘額為$2,500
(B)銀行對帳單上餘額為$4,500
(C)調整前公司帳上銀行存款餘額為$5,000
(D)銀行存款調節表正確餘額為$4,500。　【106四技二專】

(　　) **5** 大大公司12月31日銀行調節表有關項目金額為：調整前銀行對帳單餘額為$25,580，在途存款為$76,000；若12月31日正確餘額為$20,500，則 12 月底未兌現支票為多少？
(A)$17,980　(B)$38,400
(C)$53,680　(D)$81,080。　【105四技二專】

(　　) **6** 甲公司8月初設置定額零用金$5,000，管理員於8月底提出付款清單及憑證請求撥補，該月份各項收據分別為郵電費$820，文具用品$2,500，雜費$1,270，手存現金尚有$420。下列有關8月底撥補零用金分錄的敘述，何者正確？
(A)貸：現金短溢$10　(B)貸：銀行存款$4,590
(C)貸：零用金$4,590　(D)不作正式分錄，僅作備忘記錄。
【104四技二專】

(　　) **7** 甲公司7月底帳面銀行存款餘額$3,250，與銀行對帳單金額不符，經查雙方差異原因如下：
(1)7月底在途存款$1,600
(2)7月底未兌現支票$2,400，其中銀行保付支票$500
(3)銀行代收票據兌現$2,000
(4)客戶李某所開支票$800，因存款不足遭退票
(5)銀行扣繳電話費$150、計算存款利息$700，公司均未入帳

(6)公司所開立支票償付貨款金額$210，公司帳簿誤記為$120

根據上述資料，7月底銀行對帳單甲公司存款餘額為何？

(A)$5,210　　(B)$5,390

(C)$5,710　　(D)$5,890。　　【104四技二專】

(　　) **8** 甲公司設置零用金$400.00，在撥補日餘額為$21.60，各項費用支出憑證總和為$382.40，則撥補分錄為何？

(A)借記零用金$382.40　　(B)借記現金短溢$4.00

(C)貸記現金短溢$4.00　　(D)貸記現金$382.40。

【103四技二專】

(　　) **9** 丁公司於2013年2月底的銀行對帳單餘額為$90,000，未兌現支票為$9,000，在途存款為$4,500，惟銀行代收票據$750及存款不足退票$3,000此兩項公司均未入帳，則2月底正確之銀行存款為何？

(A)$83,250　　(B)$85,500

(C)$86,250　　(D)$87,750。　　【103四技二專】

(　　) **10** 墾丁公司編製102年3月份的銀行存款調節表，調整後公司帳上的正確餘額為$53,800，並作補正分錄如下：

3/31　銀行存款 3,400

應收帳款　　6,710

銀行手續費　　90

　應收票據　　10,200

另外，銀行存款調節表中有一筆銀行尚未入帳的在途存款$18,000，以及未兌現支票$32,000，請問，3月底墾丁公司的銀行對帳單餘額與調整前公司帳上餘額各為若干？

(A)$50,400、$53,800　　(B)$50,400、$67,800

(C)$53,800、$67,800　　(D)$67,800、$50,400。

【102四技二專】

(　　) **11** 下列對於現金之內部控制，何者不適當？

(A)由同一位員工負責應收帳款及應付帳款明細帳

(B)由出納定期編製銀行往來調節表

(C)當日收到現金應立即存入銀行

(D)除零星支出外，付款儘可能以支票支付。　　【四技二專】

( ) **12** 若零用金定額設為$5,000，期末撥補時手存現金為$1,000，報銷憑證共計$4,200，則撥補時之貸記分錄為何？
(A)零用金$5,000 (B)現金$3,800
(C)現金$4,000，現金短溢$200 (D)現金$4,000。 【四技二專】

( ) **13** 在仁愛公司100年7月底台灣銀行往來調節表中，在途存款$2,000，未兌現支票$1,550。仁愛公司根據調節表的資料作更正分錄，借：應收帳款$2,700，雜項費用$50，銀行存款$2,750；貸：應收票據$5,000，利息收入$500。若調整前公司帳列存款餘額為$27,680，請問7月底台灣銀行對帳單餘額是多少？
(A)$24,480 (B)$27,230
(C)$28,480 (D)$29,980。 【四技二專】

( ) **14** 下列何者不利於現金之內部控制？
(A)職務分工，管錢不管帳
(B)除了小額支出外，一律以支票付款
(C)當日收到現金，當日存入銀行
(D)盡量說服客戶不要索取發票或收銀機收據，可以精簡開立收據之業務。 【四技二專】

( ) **15** 企業以零用金支付員工的出差費時，應作下列哪一項分錄？
(A)借：差旅費，貸：銀行存款
(B)借：差旅費，貸：零用金
(C)作備忘記錄即可，暫時不作分錄
(D)借：零用金，貸：差旅費。 【四技二專】

( ) **16** 山丘公司保險箱內有：郵票$200、員工借條$1,000、遠期支票$15,000、庫存現金$2,000、銀行活期存款$5,500、即期支票$2,000，試問甲公司之現金應為若干？
(A)$9,500 (B)$25,500 (C)$10,500 (D)$10,300。

( ) **17** 下列何者可視為現金：
(A)銀行定期存款 (B)銀行支票存款
(C)遠期支票 (D)償債基金。

( ) **18** 在下列何種情況之下，須貸記「零用金」科目？
(A)增設時 (B)減設時 (C)撥補時 (D)支付時。

( ) **19** 零用金制度的主要目的為：

(A)簡化管理流程 (B)穩健原則 (C)內部控制 (D)正確性。

( ) **20** 小芳公司採用零用金制度，需要提高零用金額度時，下列會計分錄何者正確？

(A)借記「零用金」，貸記「現金」

(B)借記「現金」，貸記「零用金」

(C)借記「現金短溢」，貸記「現金」

(D)借記「現金」，貸記「現金短溢」。

( ) **21** 小玲公司民國X1年6月底資料如下：

(1)6月底銀行對帳單餘額$131,803，公司帳上餘額$131,510。

(2)對於小珠公司所開出支票$4,610，銀行誤以為是小玲公司開出而扣除。

(3)銀行退回存款不足之支票$6,000。

(4)6月份銀行匯費$300。

(5)小玲公司所開出支票期末仍流通在外共計$13,620。

(6)小玲公司在X1年6月29日存入款項$2,617，銀行對帳單卻沒有記入。

試作小玲公司6月底必要之調整分錄為：

(A)應收帳款 6,200
　　銀行存款 5,900
　　匯費 300

(B)應收帳款 6,000
　　銀行存款 6,000

(C)匯費 300
　應收帳款 6,000
　　銀行存款 6,300

(D)以上皆錯。

( ) **22** 公司財會人員支付$480報費時，不小心記成$840，這項錯誤銀行調節表應作何種處理：

(A)應列為銀行對帳單餘額的加項

(B)應列為銀行對帳單餘額的減項

(C)應列為公司帳上存款餘額的加項

(D)應列為公司帳上存款餘額的減項。

(　　) **23** 在編製銀行往來調節表時，若係從公司帳上餘額調整到正確金額，則下列何者不會出現在調整過程當中？
(A)銀行代收票據　(B)存款不足支票
(C)銀行代付款項　(D)在途存款。

(　　) **24** 圓山公司8月底帳列銀行存款餘額$50,100，銀行對帳單餘額$51,200，經查8/31在途存款$800，8/28銀行代收票據$2,100收訖，以及8/11簽發支票$1,500尚未兌現，則銀行存款之正確餘額為：
(A)$52,200　(B)$52,600　(C)$50,500　(D)$51,500。

(　　) **25** 下列有關銀行透支之敘述，何者正確？
(A)係指銀行存款餘額出現借餘
(B)原則上應與銀行存款相抵銷，以相抵後餘額列為資產或負債
(C)為一異常狀況，故應列為非流動負債
(D)原則上不得與銀行存款相抵銷，除非兩者在同一銀行。

(　　) **26** 安安公司的97年12月份銀行存款相關資料如下：
(1)12月31日銀行對帳單上存款餘額為$29,000
(2)12月31日公司帳上銀行存款餘額為$18,000
(3)12月31日之未兌現支票$2,000
(4)12月由銀行託收的一張票據業已由銀行收妥入帳$9,000，公司尚未入帳。請問：安安公司97年12月31日應作之調整分錄為何？
(A)銀行存款　9,000
　　應收票據　　9,000
(B)銀行存款　2,000
　　應付票據　　2,000
(C)銀行存款　11,000
　　應付票據　　2,000
　　應收票據　　9,000
(D)應付票據　2,000
　　銀行存款　　2,000。　【二技】

(　　) **27** 小新公司8月31日帳上銀行存款餘額$75,000，銀行對帳單餘額$80,900，經查證得知銀行誤將兌付其他公司之支票$2,000誤記入小新公司帳戶，銀行代收票據$8,000，銀行手續費$100，則甲公司8月31日銀行存款正確金額應為多少？
(A)$80,900　(B)$82,900　(C)$84,900　(D)$90,800。

(　　) **28** 下列何種情況下，符合資產負債表中「現金及約當現金」之定義：
(A)已指定用途之銀行存款
(B)銀行本票
(C)四個月內到期之國庫券
(D)補償性存款（借款回存，compensating balance）。

(　　) **29** 台中公司7月31日帳上銀行存款餘額$25,600，在途存款$2,500，未兌現支票$1,000，銀行代收票據$4,400，銀行手續費$600，請問7月31日之正確銀行存款金額為多少？
(A)$29,400　　(B)$30,900
(C)$30,500　　(D)$27,100。

(　　) **30** 神岡公司99年5月31日銀行存款帳面餘額為$22,600，但銀行對帳單餘額為$25,470，經雙方核對後，發現差異之原因如下：
(1)5月31日送存之存款$2,000，銀行尚未入帳。
(2)銀行扣除5月份的手續費$100，但神岡公司尚未入帳。
(3)收自顧客的支票，金額為$3,600，存入銀行後，因存款不足遭銀行退票。
(4)神岡公司委託銀行代收一張本票，金額為$3,000，銀行已收現，神岡公司尚未入帳。
(5)神岡公司所開的支票有三張尚未兌現：第106號$3,500、第115號$2,340、第142號$1,000，其中第142號支票為保付支票。
(6)銀行對帳單有一筆利息支出，公司帳記錄的金額為$250，與銀行對帳單記錄的金額不符，經查明後，雙方確定是公司的利息支出少計，銀行記錄的金額則正確無誤。
請問在(6)中，這筆利息支出的實際金額是多少？
(A)$270　　(B)$520
(C)$6,010　　(D)$7,720。　　【四技二專】

04 Unit 應收款項

重要度 ★★

準備要領

應收帳款是會計上很重要的一個單元，當然也就成為考試的熱門主題之一。此處雖然是很重要的單元，但相對於會計學各單元而言，是較為簡單的，回顧歷年考題，我們可以大致歸納出應收帳款幾個主要考試的重點：

1.現金折扣代表的意義(2/10，n/30)？商業折扣是否應入帳？

2.估計壞帳的方法：損益表觀點以及資產負債表觀點下壞帳費用。

3.應收票據貼現的計算。

主題 1 應收款項的意義及內容

應收款項來源	種類	在資產負債表上的表達方式
企業從事主要的經營活動所產生對顧客的債權請求權	1.應收帳款：因**出售商品**或**提供勞務**而發生對客戶的貨幣請求權。 2.應收票據：發票人或付款人在**特定日無條件支付**一定金額給本企業之承諾。包括遠期支票，本票及承兌匯票。有正式債權憑證。	依收現時間長短區分為流動資產或其他資產。
企業非從事主要的經營活動所產生的債權請求權	1.應收利息。 2.應收租金。 3.其他應收款。	依收現**時間長短**區分為流動資產或其他資產。

小試身手

(　　) 下列敘述何者有誤？ (A)應收帳款一律列為流動資產 (B)應收款項依收現時間長短區分為流動資產或其他資產 (C)企業從事主要經營活動所產生對顧客的債權請求權為應收帳款、應收票據 (D)企業非從事主要經營活動所產生的債權請求權為其他應收款、應收利息……等。

主題 2 應收帳款（含認列及衡量）

1. 應收帳款之認列

(1) **入帳時間**

A. **起運點交貨**：在**將貨品交付指定的運送人**後，即可承認入帳。

B. **目的地交貨**：須待**貨品運達買方指定地點**後，始可承認入帳。

(2) **壞帳（預期信用減損損失）**

A. **發生原因**：企業因賒銷交易，產生應收帳款可能無法收回的壞帳，應該在銷貨年度認列為費用，才能符合成本與收入配合原則，茲將壞帳重要觀念整理如下：

a. **壞帳認列時間**：銷貨發生當期。

b. **期末估計壞帳原因**：符合成本與收入配合原則。

c. **壞帳多（少）計之影響**：費用多（少）計、淨利少（多）計、業主權益少（多）計、資產少（多）計。

B. **備抵損失的估計**：按簡化法估計，衡量期間包括2種，按存續期間預估減損損失或按12個月預估減損損失。

種類	備抵損失衡量
1年以內收現的應收帳款	按存續期間衡量。
1年以上收現的應收帳款	擇一適用： 1. 按存續期間衡量。 2. (1)減損風險顯著增加→按存續期間衡量。 (2)減損風險未顯著增加→按12個月衡量。

1年以內收現的應收帳款，例如，對於2個月期的應收帳款，按未來2個月存續期間預估減損損失。一般而言，營業產生的應收帳款其存續期間通常為12個月以內，因此，按存續期間預估的減損損失，1年以上收現的應收帳款，例如，對於2年期的應收帳款，此時得選擇按2年的整個存續期間預估損失；或是依照應收帳款認列後發生減損的風險是否顯著增加，分別按存續期間或未來12個月預估損失。衡量方式如下：

存續期間預期信用損失率	應收帳款帳面金額	備抵存續期間預期信用損失
0.3%	$20,000	$60
1.6%	5,200	83
3.6%	5,000	180

存續期間預期信用損失率	應收帳款帳面金額	備抵存續期間預期信用損失
6.6%	4,000	264
10.6%	5,800	615
-	$40,000	$1,202

C. **計算本期應提列之壞帳金額：**

壞帳費用＝期末備抵壞帳應有餘額

｛＋調整前備抵壞帳借方餘額
　－調整前備抵壞帳貸方餘額

＝本期應提列的壞帳

D. **會計處理：**

a. 期末估計：

預期信用減損損失　　xxx
　　備抵損失－應收帳款　　xxx

（次年估計備抵損失比前年少時）

備抵損失－應收帳款　　xxx
　　預期信用減損利益　　xxx

b. 壞帳實際發生時沖銷壞帳：

備抵損失－應收帳款　　xxx
　　應收帳款　　xxx

c. 沖銷後收回：

應收帳款　　xxx
　　備抵損失－應收帳款　　xxx

現金　　xxx
　　應收帳款　　xxx

2. **應收帳款之評價**

(1)**原始評價**

A. **商業折扣**：其**扣除**之後才是真正的交易價格（例如：按定價八折成交），通常不入帳。

B. **現金折扣**：為鼓勵顧客提早還款而給予的折扣，如2/10，n/30，意思是若在10天內付款，可只付98%的貨款；若超過10天付款則必須在此10天後的20天內以原價付款。也就是10天內只需付本金98元，11至30天需受付利息2元，故付款條件2/10，n/30的隱含利率為（2/98）×（365/20）＝37.2%（年利），要入帳。

(2)**續後評價**

A. **我國規定**：一般應收帳款的授信期間大多不超過1年，故**不需考慮現值**（因為現值與到期值差異不大）。應收帳款通常以原始認列金額評價，無續後評價的問題。

B. **國際會計準則公報規定**：應收帳款是國際財務報導準則第九號公報所規範的金融工具之一，應收帳款減損（呆帳）程序採預期信用損失模式，預期損失估計採三階段評估方式，評估金融資產之預期信用損失：

a. **第一階段**：金融資產自原始認列後，若信用風險並未顯著增加，應按報導日12個月預期信用損失衡量該金融資產之備抵損失。

b. **第二階段**：金融資產自原始認列後，若信用風險已顯著增加，應按存續期間預期信用損失衡量該金融資產之備抵損失。

c. **第三階段**：金融資產已發生信用減損之時，亦應按存續期間預期信用損失衡量該金融資產之備抵損失。

● 應收帳款減損的估計及會計處理彙整說明如下表：

減損損失的衡量	減損損失＝應收帳款的帳面金額－應收帳款估計未來現金流量按原始有效利率折算的現值。	
認列減損損失	直接法： 減損損失　　　xxx 　應收帳款　　　　xxx	備抵法： 減損損失　　　xxx 　備抵壞帳　　　　xxx

小試身手

( ) **1** 年底調整前應收帳款借方餘額為$150,000，備抵壞帳借方餘額為$500，估計應收帳款約有2%無法收回，本年應提列壞帳為：(A)$15 (B)$2,950 (C)$3,000 (D)$3,500。

( ) **2** 在正常情況下以「備抵法」進行壞帳沖銷時，對於財務報表之影響為何？ (A)費用增加，資產減少 (B)費用增加，資產增加 (C)費用減少，資產減少 (D)費用不變，資產不變。

( ) **3** 已沖銷之壞帳因客戶財務狀況好轉收回時，將使當時「應收帳款帳面價值」： (A)增加 (B)減少 (C)不變 (D)視實際發生之金額而變動。

4 （計算題）甲公司期初應收帳款餘額為借方$100,000，公司所有買賣交易都是用信用交易。本年度銷貨總額$1,000,000，銷貨退回

$80,000，銷貨讓價$70,000，銷貨折扣$20,000，假設期末應收帳款餘額$150,000，年度中客戶乙企業破產，應收帳款$20,000確定無法收回。問題：

(一)請問今年度應收帳款收現金額總數為多少（請列出算式）？

(二)請寫出今年度乙企業壞帳發生之分錄。

(三)如果甲公司壞帳估計方式為資產負債表法，以應收帳款餘額金額5%來估計，請寫出甲公司本年度期末壞帳調整分錄。

主題 3　應收票據(含認列及衡量)及應收票據貼現

1. 應收票據之意義及種類

種類	意義
附息票據	票據上**有**利息之記載者；票據到期時要清償**本金**及**利息**。
不附息票據	票據上**無**利息之記載者；票據到期時，僅償還**票面金額**即可。

2. 應收票據之會計處理

(1)**原始評價**：應收票據的原始評價，依票據是否為附息票據及不附息票據而有所不同，茲將兩者的作法整理如下表：

項目	附息票據	不附息票據
收到票據時	應收票據　xxx 　　應收帳款　xxx	應收票據　xxx 　　應收票據折價　xxx 　　應收帳款　xxx
年底收息時	現金　xxx 　　利息收入　xxx	應收票據折價　xxx 　　利息收入　xxx
發票人拒付時	催收款項　xxx 　　利息收入　xxx 　　應收利息　xxx 　　應收票據　xxx	催收款項　xxx 應收票據折價　xxx 　　利息收入　xxx 　　應收利息　xxx 　　應收票據　xxx
經催收後收回部分時	現金　xxx 備抵損失 －應收帳款　xxx 　　催收款項　xxx	現金　xxx 備抵損失 －應收帳款　xxx 　　催收款項　xxx

項目	附息票據	不附息票據
經催收後全數收回時	現金 xxx 催收款項 xxx	現金 xxx 催收款項 xxx

(2)**續後評價**

A. **我國規定**：一般應收帳款的授信期間大多不超過1年，故**不需考慮現值**（因為現值與到期值差異不大）。應收帳款通常以原始認列金額評價，無續後評價的問題。

B. **國際會計準則公報規定**：應收帳款是國際財務報導準則第九號公報所規範的金融工具之一，應收帳款減損（呆帳）程序採預期信用損失模式，預期損失估計採三階段評估方式，評估金融資產之預期信用損失：

a. **第一階段**：金融資產自原始認列後，若信用風險並未顯著增加，應按報導日12個月預期信用損失衡量該金融資產之備抵損失。

b. **第二階段**：金融資產自原始認列後，若信用風險已顯著增加，應按存續期間預期信用損失衡量該金融資產之備抵損失。

c. **第三階段**：金融資產已發生信用減損之時，亦應按存續期間預期信用損失衡量該金融資產之備抵損失。

應收帳款減損的估計及會計處理彙整說明如下表：

減損損失的衡量	減損損失＝應收帳款的帳面金額－應收帳款估計未來現金流量按原始有效利率折算的現值。	
認列減損損失	直接法： 減損損失 xxx 應收帳款 xxx	備抵法： 減損損失 xxx 備抵壞帳 xxx

3. **應收票據貼現**

(1)**意義**：應收票據貼現係指企業將未到期的應收票據支付利息給銀行以提早取得現金，為應收票據融通資金之一種手段。票據向銀行貼現後，銀行享有**追索權**，若付款人拒付，公司有償還銀行之義務，故在貼現日至到期日間，貼現票據為公司之或有負債。

(2)**計算公式**：貼現值之計算公式如下：

A. 計算到期值＝面值（不附息）or＝面值＋利息（附息）

B. 計算貼現息＝到期值×貼現率×貼現期間

C. 計算貼現值＝到期值－貼現息

D. 計算應收票據貼現折價＝貼現日應收票據現值－貼現金額

(3) **相關分錄**

例如下表：

項目	分錄
貼現日	現金　xxx 應收票據貼現折價　xxx（差額） 　　應收票據貼現　xxx（面值） 　　利息收入　xxx（持有期間利息收入）
發票人如數付款時	應收票據貼現　xxx 　　應收票據　xxx
發票人拒付時	應收票據貼現　xxx 　　應收票據　xxx 催收款項　xxx 　　現金　xxx

小試身手

(　　) **1** 關於應收票據之敘述，下列何者正確？　(A)當票面利率等於有效利率時，附息票據之現值會等於面值　(B)非因營業活動所產生之不附息票據得按面值入帳，因現值與面值差異不大　(C)因營業活動所產生之應收票據，無論票據期間是否超過一年，均應按面值入帳　(D)企業將票據貼現時，應在貼現日除列該應收票據，因為該票據的風險於該日已完全移轉至金融機構。

(　　) **2** 關於應收帳款預期信用減損損益之衡量程序及表達的敘述，下列何者正確？　(A)該損益應列為營業費用之加、減項　(B)實際發生帳款無法收回時，應貸記備抵損失　(C)期末調整前備抵損失帳戶餘額一定是貸方餘額　(D)企業若採準備矩陣法（帳齡分析法）估計預期信用減損損益時，該金額等於準備矩陣中各組應收帳款餘額乘以各組估計損失率。

(　　) **3** 下列敘述何者正確？　(A)附息票據之入帳金額為面額　(B)不附息票據應以折現後金額入帳　(C)不附息票據之面額與現值之差額為應付票據折價，到期償付時應 將應付票據折價轉列為利息費用　(D)以上皆正確。

(　) **4** 彰化公司於X1年4月1日收到一張某公司附息8%，6個月期的本票$500,000，彰化公司於同年6月1日持該票據向銀行貼現，貼現率9%，則彰化公司在票據貼現時應認列多少應收票據貼現折價？ (A)借方$2,267 (B)貸方$2,267 (C)借方$4,400 (D)貸方$4,400。

試題演練

(　) **1** 甲公司之應收帳款係採帳齡分析法估計壞帳，X7年底之資產負債表中顯示應收帳款淨額為$500,000，其他資料如右：
試問甲公司X7年度認列之壞帳損失為何？

X7年初應收帳款總額	$480,000
X7年初備抵壞帳（貸餘）	60,000
X7年底應收帳款總額	540,000
X7年間沖銷應收帳款	70,000

(A)$30,000　(B)$40,000
(C)$50,000　(D)$60,000。【108四技二專】

(　) **2** 麟苔公司X4年期初備抵壞帳有貸餘$500，已知X4年度實際發生壞帳$800，且收回以前年度已沖銷之應收帳款$1,000，若該公司X4年底有應收帳款借餘$100,000，經評估以應收帳款餘額百分比法應提列1%之備抵壞帳，則本期應提列多少壞帳損失？
(A)$300　(B)$500
(C)$700　(D)$1,300。【107四技二專】

(　) **3** 甲公司X5年期初備抵壞帳金額為$40,000。X5年間，實際發生壞帳$45,000，X4年收回已沖銷之壞帳$3,000，X5年期末評估備抵壞帳金額應為$50,000。下列有關壞帳會計處理之敘述，何者錯誤？
(A)甲公司X5年應認列壞帳損失$52,000
(B)收回已沖銷之壞帳時，會使應收帳款淨額減少
(C)實際發生壞帳時，會使應收帳款淨額減少
(D)收回已沖銷之壞帳時，不會影響資產總額。【106四技二專】

( ) **4** 金源公司依國際會計準則的規定，對於應收帳款壞帳進行提列，該公司於 2015年12月31日，調整前應收帳款借餘為$4,280,000，備抵壞帳貸餘為$50,000。該公司有以下個別重大客戶資料：

客戶名稱	應收帳款金額	估計減損金額
台北公司	$900,000	
高雄公司	660,000	
桃園公司	1,000,000	$200,000
台中公司	1,340,000	140,000

該公司另有以下非個別重大客戶資料：

客戶名稱	應收帳款金額
彰化公司	$100,000
南投公司	130,000
雲林公司	150,000

台北公司與高雄公司之信用經個別評估後，並未發現有減損之客觀證據，這兩家客戶之信用與非個別重大客戶者相接近，金源公司評估後估計壞帳率為應收帳款金額的 1 %。請問該公司年底所提列之壞帳損失金額應為多少？

(A)$19,400 (B)$309,400
(C)$359,400 (D)$409,400。 【105四技二專】

( ) **5** 本年度銷貨收入$1,000,000，期末應收帳款總額$300,000，估計應收帳款總額1%無法收回，試問下列敘述何者錯誤？

(A)若調整前備抵壞帳借餘$1,200，則本年度之壞帳損失金額為$4,200
(B)若調整前備抵壞帳貸餘$1,200，則本年度之壞帳損失金額為$1,800
(C)若調整前備抵壞帳借餘$1,200，則期末備抵壞帳金額為$3,000（貸餘）
(D)若調整前備抵壞帳貸餘$1,200，則期末備抵壞帳金額為$4,200（貸餘）。 【104四技二專】

( ) **6** 東引公司於101年2月1日收到客戶償付帳款的六個月到期，年利率6%的附息票據一張，5月1日東引公司將該票據持往台灣銀行貼現，貼現率8%，取得貼現金額$50,470。8月1日票據到期時，付款人拒付，台灣銀行連同拒絕證書費$100，向東引公司請求清償，東引公司於8月1日付款給台灣銀行後，所作分錄應借記「催收款項」金額為：

(A)$50,570 (B)$51,500

(C)$51,579 (D)$51,600。 【102四技二專】

( ) **7** 乙公司於100年7月1日借$30,000給丙公司，當時收到丙公司所開100年11月1日到期，年利率3%票據一張。100年11月1日到期時該票據未獲兌現。乙公司於100年11月1日應有之分錄為何？

(A)借記：應收票據$30,300

(B)借記：應收帳款$30,000

(C)貸記：利息收入$300及應收票據$30,000

(D)貸記：利息費用$300及應收帳款$30,000。 【四技二專】

( ) **8** 西方公司採帳款餘額百分比法提列壞帳，壞帳率4%。該公司在100年初備抵壞帳餘額為貸餘$100,000，當年度實際發生的壞帳金額為$110,000，損益表上壞帳費用為$90,000。請問該公司100年底應收帳款餘額為何？

(A)$2,000,000 (B)$2,250,000

(C)$2,500,000 (D)$2,750,000。 【四技二專】

( ) **9** 淡水公司今年曾作一個沖銷壞帳的分錄（實際發生壞帳時的分錄）、一個收回已沖銷壞帳的分錄、以及期末提列壞帳的分錄。表(一)是備抵壞帳之T字帳，請問淡水公司作11月15日的分錄時，下列何者可能是借方科目？

表(一)

備抵壞帳

日期	金額	日期	金額
2/10	1,000	1/1	1,500
		11/15	500
		12/31	800
		12/31	1,800

(A)其他收入 (B)備抵壞帳

(C)壞帳費用 (D)應收帳款。 【四技二專】

( ) **10** 下列敘述，何者錯誤？

(A)企業訂有商業折扣，其目的為鼓勵顧客提早付款

(B)商業折扣並非銷貨折扣，無須入帳

(C)企業給予顧客的現金折扣，會計上稱為銷貨折扣

(D)甲商品每件定價$200，若一次購買100件（含）以上，則可享受20%的折扣。若實際購買100件，則須支付賣方的金額為$16,000（不考慮營業稅的情況下）。 【四技二專】

(　　) **11** 藍天公司於8月1日收到一張面額$95,000，票面利率8%，一年後到期票據，並於同年11月1日向銀行貼現，認列貼現損失$1,995，請問貼現率是多少？

(A)8%　(B)9%
(C)10%　(D)11%。　【四技二專】

(　　) **12** 秋風公司於X1年4月1日收到一張某公司附息8%，6個月期的本票$1,000,000，金妮公司於同年6月1日持該票據向銀行貼現，貼現率9%，則金妮公司在票據貼現時應認列多少應收票據貼現折價？

(A)貸方$4,533　(B)借方$4,533
(C)借方$8,800　(D)貸方$8,800。

(　　) **13** 持應收票據向銀行貼現，對貼現人而言會產生：

(A)流動負債　(B)估計負債
(C)遞延負債　(D)或有負債。

(　　) **14** 在應收帳款壞帳採用備抵法之做法下，壞帳之沖銷會導致：

(A)應收帳款淨額減少　(B)淨利減少
(C)淨利不變　(D)增加壞帳費用。

(　　) **15** 辛公司X1年度應收帳款餘額為$200,000，調整前備抵壞帳借餘為$4,300，本年度應收帳款餘的3%提列壞帳，則調整後備抵壞帳貸餘為：

(A)$6,000　(B)$4,300
(C)$10,300　(D)$1,700。

(　　) **16** 下列敘述何者正確？

(A)附息票據之入帳金額為面額
(B)不附息票據應以折現後金額入帳
(C)不附息票據之面額與現值之差額為應付票據折價，到期償付時應將應付票據折價轉列為利息費用
(D)以上皆正確。

(　　) **17** 已沖銷之壞帳因客戶財務狀況好轉收回時，將使當時「應收帳款帳面價值」：

(A)增加 (B)減少
(C)不變 (D)視實際發生之金額而變動。

( ) **18** 劍潭公司於X1年10月1日因銷貨收到一張面額$100,000，年息6%，三個月後到期之票據一紙，X1年11月1日持票向銀行貼現，貼現率7%，則貼現收到金額為：
(A)$101,500 (B)$100,316
(C)$98,816 (D)$100,000。

( ) **19** 假設一年有365天，當付款條件為2/10、n/30時，則現金折扣的隱含利率為：
(A)37.81% (B)37.24%
(C)36.42% (D)36.21%。

( ) **20** 在正常情況下，備抵壞帳之沖銷對資產總額之影響為：
(A)增加 (B)減少
(C)不變 (D)視估計壞帳費用的方法而定。

( ) **21** 如採「備抵壞帳法」處理壞帳，當發生壞帳並實際沖銷時，對於財務報表之影響為何？
(A)資產總額減少，權益總額減少
(B)資產總額減少，權益總額無影響
(C)資產總額無影響，權益總額無影響
(D)資產總額無影響，權益總額減少。

( ) **22** 百合公司採應收帳款百分比法提列壞帳，估計壞帳率為2%，X1年底應收帳款餘額為$1,000,000，調整前備抵壞帳有貸方餘額$5,000，請問X1年底應提列多少壞帳？
(A)$25,000 (B)$20,000
(C)$5,000 (D)$15,000。

( ) **23** 下列何者交易發生時會影響應收帳款之帳面金額？(1)認列壞帳損失 (2)沖銷壞帳 (3)已沖銷之壞帳全額收回 (4)已沖銷之壞帳部分收回
(A)僅(1) (B)僅(1)(4)
(C)僅(1)(3)(4) (D)僅(1)(2)(4)。

( ) **24** 玫瑰公司於沖銷對甲客戶之應收帳款$1,000前的應收帳款為$50,000、備抵壞帳為$7,000（皆為正常餘額）；則在沖銷之前與沖銷之後應收帳款的淨變現價值（Net Realizable Value）分別為：

(A)$43,000及$43,000　(B)$42,000及$43,000
(C)$50,000及$43,000　(D)$50,000及$52,000。

(　) **25** 向日葵公司X1年初備抵壞帳為貸餘$5,200，年中發生沖銷壞帳$7,000，之後壞帳收回$1,100，若期末估計應收帳款有$4,900無法收回。下列有關X1年底的壞帳分錄何者正確？
(A)借：壞帳費用$5,200，貸：備抵壞帳$5,200
(B)借：壞帳費用$5,600，貸：備抵壞帳$5,600
(C)借：壞帳費用$4,600，貸：備抵壞帳$4,600
(D)借：壞帳費用$4,200，貸：備抵壞帳$4,200。

(　) **26** 蓮花公司民國107年底部分帳戶餘額如下：應收帳款$150,000 銷貨退回$180,000 備抵壞帳（貸餘）500 銷貨折扣 6,000 銷貨收入 3,000,000 銷貨運費 20,000 估計壞帳為銷貨淨額之0.5%，該公司107年應提列之壞帳金額為：
(A)$14,570　(B)$13,970
(C)$13,570　(D)$14,070。

(　) **27** 達觀公司對於應收帳款壞帳之認列採用備抵法，該公司於銷貨發生當期即估計壞帳約佔賒銷淨額之5%，並予以認列，請問：這是符合下列哪一項會計原則？
(A)重要性原則　(B)成本效益考量原則
(C)費用與收入配合原則　(D)充分揭露原則。　【二技】

(　) **28** 下列有關應收帳款之敘述，何者正確？
(A)應收帳款通常在商品出售、所有權移轉或勞務提供時，與相關收入同時認列
(B)銷貨退回或折扣，會使應收帳款可收現金額增加
(C)備抵法是在應收帳款確定無法收回時，才認列壞帳損失
(D)採直接沖銷法時，其會計分錄為：借記「壞帳費用」，貸記「備抵壞帳」。　【二技】

(　) **29** 梅山公司於 99年初收到二年期不附息票據一張，當時的市場利率為10%，該公司依利息法攤銷折價。若99年底攤銷的應收票據折價為$30,000，請問應收票據的面值是多少？
(A)$300,000　(B)$330,000
(C)$360,000　(D)$363,000。　【四技二專】

( ) **30** 馬刺公司 94年度與應收帳款相關之資料列示如下：

應收帳款餘額（年初）	$1,500,000
備抵壞帳貸餘（年初）	75,000
整年度賒銷	7,000,000
收取帳款	6,700,000
沖銷壞帳	30,000

收回已沖銷之壞帳 20,000 若採應收帳款餘額百分比法提列壞帳，壞帳率為 5%，則 94年提列壞帳 金額應為多少？

(A)$22,500　(B)$23,500
(C)$24,500　(D)$43,500。【二技】

( ) **31** 朱雀公司 98年1月1日出售一套設備，收到一張三年到期金額$266,200之不附息票據，當時市場上類似票據之利率為10%，則朱雀公司99年度應計之利息收入為多少？

(A)$8,873　(B)$22,000
(C)$26,620　(D)$29,282。【二技】

( ) **32** 馬啦桑小米酒公司銷貨全部採用賒銷方式。97年與銷貨及應收帳款相關之資料如下：(1)97年1月1日應收帳款$230,000。(2)97年度賒銷收入金額為$600,000。(3)97年應收帳款收現$580,000。(4)97年實際發生壞帳，沖銷無法收現之應收帳款$14,000。(5)97年度銷貨退回$16,000。請問：馬啦桑小米酒公司 97年12月31日應收帳款餘額（總額）應為多少？

(A)$220,000　(B)$236,000
(C)$240,000　(D)$250,000。【二技】

( ) **33** 信義公司採備抵法處理應收帳款可能發生之壞帳，試問：當(1)確定應收帳款無法收回，及(2)期末提列壞帳費用時，對應收帳款帳面價值之影響分別為：

(A)(1)不變、(2)減少　(B)(1)不變、(2)不變
(C)(1)減少、(2)減少　(D)(1)增加、(2)減少。【四技二專】

( ) **34** 甲公司3月29日賒銷商品給乙公司共計$500,000，乙公司3月30日收到貨品並於4月13日清償甲公司全部貨款共付現金$495,000，則付款條件最有可能的是：

(A)1 / 10 , n / 30 (B)2 / 10 , 1 / 20 , n / 30
(C)1 / 10 , n / 20 , EOM (D)1 / 10 , n / 20。 【四技二專】

( ) **35** 甲公司將一年期，年息 4%，面額為$10,000 之應收票據，於到期前一個月持向銀行貼現，獲得現金$10,348。請問貼現率為多少？

(A)3% (B)4%
(C)5% (D)6%。 【四技二專】

( ) **36** 曉君公司96年期初備抵壞帳為$450,000，期末調整後備抵壞帳貸方餘額為$500,000，當年度損益表之壞帳費用為$80,000。請問：若以應收帳款餘額百分比法估計壞帳時，曉君公司96年實際沖銷多少壞帳？

(A)$30,000 (B)$50,000
(C)$80,000 (D)$130,000。 【二技】

( ) **37** 東大公司按年底應收帳款餘額百分比法提列壞帳，99年底應收帳款餘額為$800,000，調整前備抵壞帳為借餘$20,000，99年度提列壞帳$60,000，試問：東大公司應收帳款估計壞帳率為多少？

(A)2.5% (B)5%
(C)7.5% (D)10%。 【二技】

( ) **38** 中一公司於 91年12月31日應收帳款餘額$400,000，備抵壞帳貸餘$19,000。於 92年間共賒銷$2,000,000，收取帳款$1,400,000，並沖銷$25,000壞帳，惟已沖銷壞帳中$5,000 經證實可收回，並已回收$3,000。請問依賒銷之 2% 提列壞帳後，92年底備抵壞帳餘款應為多少？

(A)$84,000 (B)$44,000
(C)$19,000 (D)$39,000。 【四技二專】

( ) **39** 承前題。若中一公司採帳款餘額百分比法提列備抵壞帳，92年底以5% 提列，則應提列壞帳多少？

(A)$47,850 (B)$48,850
(C)$49,850 (D)$50,850。 【四技二專】

05 Unit 存貨

重要度 ★★★

準備要領

存貨為會計學考試的一大熱門單元。但由於考題還蠻平均分散在各主題，所以千萬不能只專注在準備某一兩節，必須將整個單元徹底的讀通，才能有效掌握分數。歷年考題中本章最喜歡考的是：

1. 存貨取得時成本的認定。
2. 定期盤存制度與永續盤存制的意義與比較。
3. 存貨成本流動的計算（例如：先進先出法下期末存貨？及本期銷貨成本？）。
4. 存貨估計的方法（包含毛利法及零售價法）。
5. 存貨錯誤：存貨的高估（低估）會對當期及下期財務報表的數字帶來哪些影響。

主題 1 存貨之定義

1. 意義

存貨需符合下列兩個條件：

(1) 以出售為目的：

例如：

A. 汽車經銷商購入之汽車，因為是以出售為目的，所以可以列為存貨。

B. 購入之汽車若為公司營業用途，則應列為運輸設備，不可列為存貨。

(2) 擁有所有權。

關鍵考點

依據國際財務報導準則，所謂存貨是指下列資產之一：

A. 在正常經營過程中持有待售，也就是備供出售的資產。

B. 為出售而仍處在生產過程中，將於加工完成後出售者（亦即在製品）。

C. 在生產或提供勞務過程中將消耗的材料或物料。

2. **存貨之內容判斷**

以下針對幾種商品所有權的歸屬作一歸納：

項目	所有權之歸屬
在途商品	起運點交貨－買方存貨。 目的地交貨－賣方存貨。
承銷品	寄銷人存貨。
寄銷品	寄銷人存貨，但應按買入成本計算存貨成本。
分期付款銷貨	買方存貨－在買方尚未繳清貨款時，所有權仍屬賣方，但經濟效益事實上已移轉給買方，若能估計收現性，則屬買方存貨。

3. **重要性**

存貨正確計價的重要性：

(1) 對當期損益表的影響：由「銷貨成本＝期初存貨＋本期進貨－期末存貨」，又「銷貨毛利＝銷貨收入－銷貨成本」這二個公式可知，假設期初存貨與本期進貨無誤，期末存貨的低估將會造成銷貨成本的高估，銷貨成本高估造成銷貨毛利低估，進而使本期淨利低估；反之，期末存貨的高估將會造成銷貨成本的低估，銷貨成本低估造成銷貨毛利高估，進而使本期淨利高估。

(2) 對當期資產負債表的影響：期末存貨的錯誤將連帶影響期末資產負債表的存貨金額。對次期資產負債表的影響：由於每個會計期間結束時，都會對該期之期末存貨重新評價，因此本期期末存貨的錯誤，不會影響次期資產負債表中的存貨。又本期期末存貨錯誤對本期淨利的影響，將與次期期初存貨錯誤對次期淨利的影響互相抵銷，而使次期末之業主權益正確無誤。

(3) 對損益表的影響：因本期之期末存貨又為次期之期初存貨，故存貨計價錯誤所產生的錯誤會波及連續兩期。

本期期末存貨低估→本期銷貨成本高估→本期淨利低估→本期保留盈餘低估→次期期初存貨低估→次期銷貨成本低估→次期淨利高估→次期保留盈餘正確。

本期期末存貨高估→本期銷貨成本低估→本期淨利高估→本期保留盈餘高估→次期期初存貨高估→次期銷貨成本高估→次期淨利低估→次期保留盈餘正確。

彙整以上說明如下表：

	當期損益表		當期資產負債表	
	銷貨成本	純益	存貨（期末）	保留盈餘
期末存貨低估	高估	低估	低估	低估
期末存貨高估	低估	高估	高估	高估

	下期損益表		下期資產負債表	
	銷貨成本	純益	存貨（期末）	保留盈餘
期初存貨低估	低估	高估	無影響	無影響
期初存貨高估	高估	低估	無影響	無影響

小試身手

( ) **1** 下列關於存貨的敘述何者正確？ (A)採永續盤存制的企業，隨時可掌控存貨的資料，故期末不必實地盤點存貨 (B)「承銷品」屬於承銷公司的存貨 (C)如進價不變動，則無論採用何種成本公式，算得的期末存貨金額相同 (D)在「目的地交貨」的情況下，「在途存貨」屬於買方的存貨。

( ) **2** 期初存貨少記$1,000，期末存貨少記$1,500，將使本期淨利： (A)少記$2,500 (B)多記$2,500 (C)多計$500 (D)少記$500。

( ) **3** 下列有關期末存貨錯誤影響之敘述，何者有誤？ (A)將導致本期與下一期的期末保留盈餘均不正確 (B)將導致下一期的銷貨成本不正確 (C)將導致本期與下一期的淨利均不正確 (D)將導致本期的銷貨成本不正確。

主題 2 存貨數量之衡量(定期盤存制、永續盤存制)

1. **定期盤存制**

 (1) **意義：固定**每隔一段時間（例如：每年期末）盤點存貨。

 (2) **作法：**

  A. 平時進貨時：以「**進貨**」科目入帳，而不記「**存貨**」。

  B. 銷貨時：銷貨時記「**銷貨收入**」，不記錄「**存貨**」數量、成本之減少。

  C. 至**期末結帳**時，再實地盤點存貨，以求得存貨（期末存貨）。

 (3) **期末存貨金額之計算：**將年終實地盤點而得之存貨數量，乘上單位成本，即可得出期末存貨之金額。

 (4) **特色：**

  A. 期末存貨先決定，再求出銷貨成本。

  B. 適用於低單價的商品。

 (5) **優點：**帳務簡單處理。

 (6) **缺點：**

  A. 平常無庫存存貨之資料，無法控制存貨數量。

  B. 存貨若有損壞失竊，將包含於銷貨成本中，如此混在一起，並無法評估管理當局控制存貨的績效。

 (7) **會計處理：**

 定期盤存制之會計處理，彙整如下：

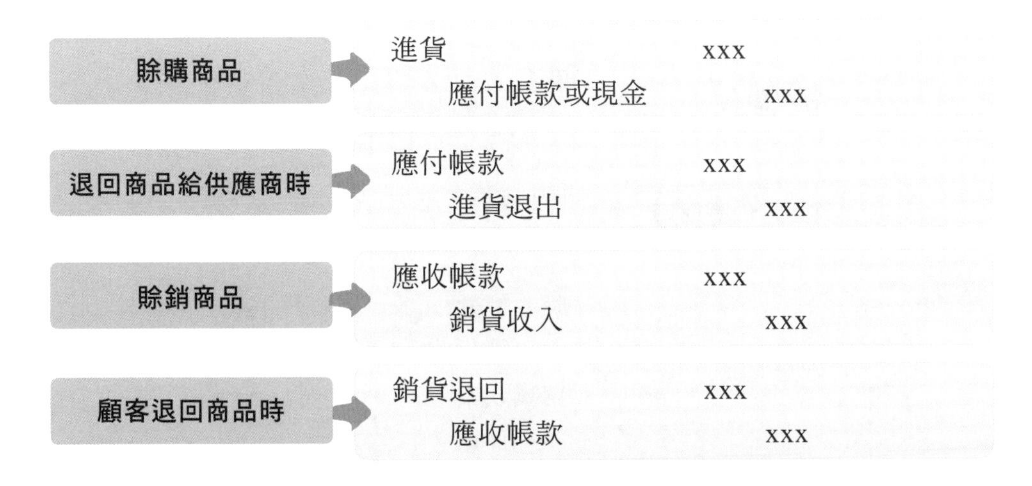

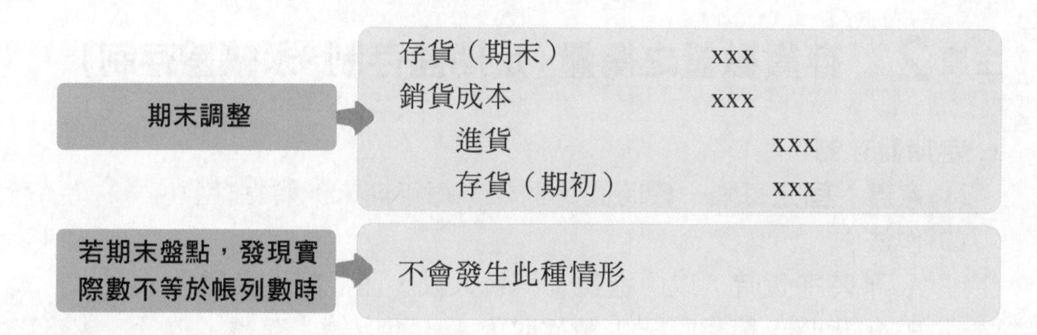

2. **永續盤存制**

(1) **意義**：隨時持續不斷盤點存貨。

(2) **作法**：平時的進貨與銷貨：除總分類帳中隨時紀錄各項「存貨」的進貨或銷貨外，另設「存貨」明細帳隨時紀錄，因此帳上可隨時查知應有之存貨量。

(3) **期末存貨金額之計算**：由於平時已經隨時紀錄存貨的變動，因此至期末時，存貨科目之餘額即為期末存貨金額。

(4) **特色**：「銷貨成本」及期末「存貨」均即為期末結算之參考金額。

(5) **優點**：

A. 便於期中報表之編製，且有助於**存貨之管理控制**。

B. 年終實地盤點存貨，以便與帳上餘額相較，可發現存貨之差異，並可將**存貨損失**與**銷貨成本**分開，以明管理當局之責任。

(6) **缺點**：帳務處理**成本較高**。

(7) **會計處理**：

永續盤存制之會計處理，彙整如下：

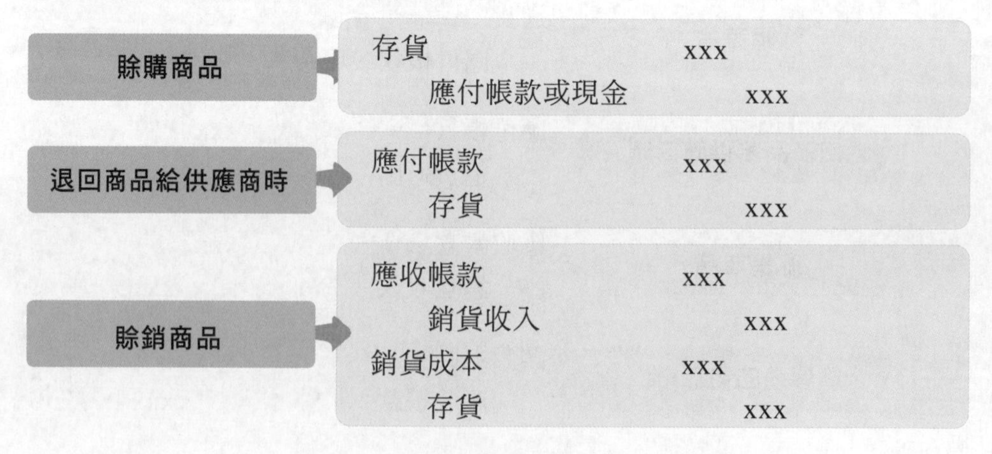

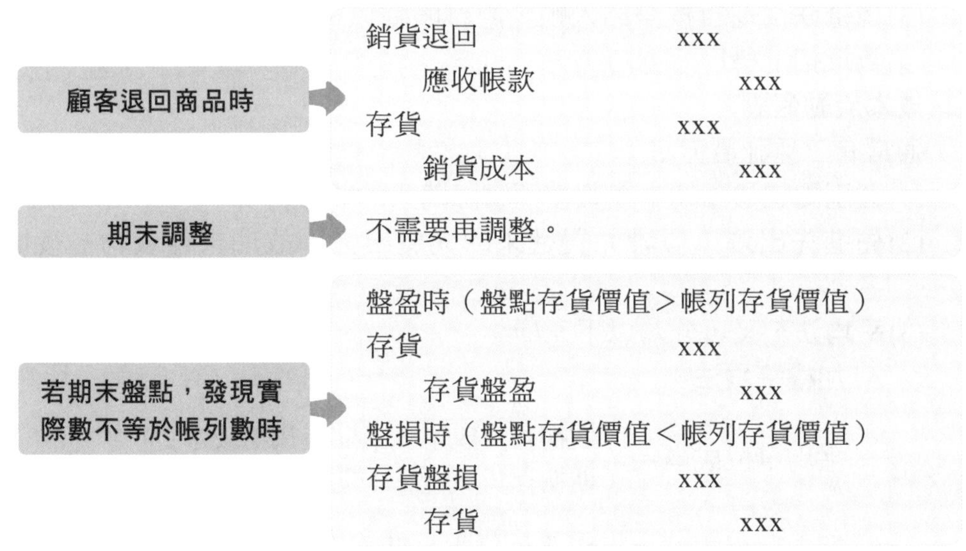

小試身手

(　　) **1**　有關存貨定期盤存制之計算，係先決定：(1)銷貨成本　(2)期末存貨　(A)(1)　(B)(2)　(C)以上皆是　(D)以上皆非。

(　　) **2**　有關桃源公司存貨之敘述，下列何者正確？　(A)採定期盤存制可以隨時計算銷貨成本　(B)採定期盤存制，銷貨時必須作兩個分錄　(C)採永續盤存制不需設立存貨明細帳　(D)採永續盤存制，可對存貨數量作較佳之管理與控制。

主題 3　存貨成本之衡量

1. **原始成本**

原始成本決定採成本基礎：到達可出售狀態及地點前之一切必要支出。

(1)成本＝購價－折讓＋「與進貨有關」的附加費用（運費、保險……等稅）。

(2)但因進貨過程中發生之意外損失，非屬必要支出，一般不得列入成本中。

會計處理有以下三種方法：

(1)**總額法**：進貨按發票價格入帳，取得折扣時，則貸記「進貨折扣」。

(2)**淨額法**：進貨按發票價格減去折扣額後入帳。未取得折扣時，則借記「未享進貨折扣」（其他費用科目）。

(3) **備抵法**：進貨按淨額入帳，應付帳款以總額入帳，差額另設「可享進貨折扣」科目。

2. **成本流動假設**

通常有三種計價方法：

(1) **個別認定法**：期末存貨按照實際購入的成本計算。

(2) **先進先出法**：假設先買進來的先賣出去，故期末存貨均為後期購買者。

(3) **平均法**，又可分為以下三種：

A. **加權平均法**：

$$平均單位成本=\frac{（期初存貨成本+本期進貨總成本）}{（期初存貨數量+本期進貨總數量）}$$

期末存貨成本＝平均單位成本×期末存貨數量

B. **移動平均法**：

平均單位成本＝未售商品總成本÷未售商品總數量

期末存貨成本＝平均單位成本×期末存貨數

3. **重要觀念彙總**

(1) 最易操縱損益之方法－個別認定法。

(2) 就資產評價觀點，期末存貨與市價最接近之方法－先進先出法。

(3) 在物價上漲前提下，存貨成本最大，最容易虛盈實虧－先進先出法。

(4) 兩種存貨盤存制度所求得結果均相同之方法－個別認定法及先進先出法。

(5) 不適合實地盤存制之方法－移動加權平均法。

(6) 不適合永續盤存制之方法－加權平均法。

小試身手

(　) **1** 草山公司在定期盤存制下，X1年期初存貨100件@$11，4月2日進貨80件@$14，6月10日進貨150件@$16，11月13日進貨100件@$17，若期末存貨數量為100件，按加權平均法，則期末存貨價值為：（取至小數點後二位，並四捨五入） (A)$1,100 (B)$1,470 (C)$1,582 (D)$1,700。

(　) **2** 依據國際會計準則，在衡量存貨成本時，那一種方式不允許採用？ (A)後進先出法 (B)零售價法 (C)平均法 (D)個別認定法。

(　　) **3** 陽明公司5月份資料如下：5/1存貨80件@$100，5/10銷售30件@$200，5/21進貨90件@$160，5/28銷售50件@$210，若採永續盤存制，先進先出法下5月的銷貨成本為：　(A)$8,000　(B)$16,500　(C)$12,800　(D)$11,000。

主題 4　存貨之後續衡量

1. **財務會計準則公報規定**

(1)期末存貨應按「成本與淨變現價值孰低法」評價。

(2)所謂「淨變現價值」是指企業在正常營業情況下的估計售價，減除至完工尚需投入的製造成本及銷售費用後的餘額。

(3)當期末存貨的淨變現價值低於成本時，需將差額列為「存貨跌價損失」，作為當期銷貨成本的一部分。相反的，當淨變價值高於成本時，仍使用原始衡量之成本評價，不認列價值上升的利益，以符合會計上的審慎原則。

(4)存貨評價可採逐項或分類比較，以逐項比較最保守，IFRS禁用總額比較法。

2. **淨變現價值的決定**

淨變現價值的決定依製成品、在製品、原材料而所有不同，茲分別列示如下表：

項目	淨變現價值
製成品和商品存貨	淨變現價值＝該存貨在正常營業情況下的估計售價－估計的銷售費用和相關稅費
在製品	淨變現價值＝所生產的製成品在正常營業情況下的估計售價－至完工時估計將要發生的成本－估計銷售費用和相關稅費
原材料（物料）	淨變現價值＝原材料（物料）等的重置成本

小試身手

( ) **1** 馬祖公司年底有A、B、C三類不同性質存貨，其成本分別為$72,500、$14,800及$33,000。重置成本分別為$72,000、$15,000及$30,000。淨變現價值分別為$71,000、$15,200及$32,600。請問資產負債表上的存貨金額應為何？ (A)$115,800 (B)$116,800 (C)$117,000 (D)$118,400。

( ) **2** 有關存貨「成本與淨變現價值孰低法」之運用，下列敘述何者正確？(A)期末存貨成本低於淨變現價值時，以成本評價，兩者差額認列為跌價損失 (B)期末存貨成本高於淨變現價值時，以成本評價，兩者差額認列為跌價損失 (C)期末存貨成本低於淨變現價值時，以淨變現價值評價，兩者差額認列為跌價損失 (D)期末存貨成本高於淨變現價值時，以淨變現價值評價，兩者差額認列為跌價損失。

主題 5 存貨之估計方法

1. **毛利率法**

(1)**意義**：係指運用過去之銷貨毛利率百分比，以估計本期的銷貨成本及期末存貨。

(2)**運用時機**

A. 為編製期中財務報表而節省人力。

B. 因災害致無法盤點。

(3)**計算步驟**

A. **求出可供銷售商品總額**：可供銷售商品總額＝期初存貨＋進貨＋進貨運費－進貨退出與讓價－進貨折扣

B. **求得銷貨毛利率**：銷貨毛利率（r）$=\dfrac{\text{銷貨毛利}}{\text{銷貨淨額}}$

C. **估計本期之銷貨毛利**：本期之銷貨毛利之估計數＝本期之銷貨淨額×銷貨毛利率

D. **估計本期之銷貨成本**：本期之銷貨成本之估計數＝本期銷貨淨額－本期銷貨毛利估計數

E. **估計本期之期末存貨**：本期期末存貨之估計數＝可售商品總額－本期銷貨成本估計數

2. **零售價法**

(1)**意義**：本法係利用存貨成本與售價間的百分比（亦即成本率）來計算期末存貨成本。

(2)**運用時機**：零售業產品種類眾多，如採永續盤存制度，逐一記錄商品存貨的進、銷、存，將相當耗費成本；採定期盤存制度，無法經常盤點存貨，了解其變動情況，故衍生出一零售價法，估計存貨成本（即透過成本與零售價之間的特定關係，加以轉換）。

(3)**計算方式**：

A. 計算可供銷售商品成本＝期初存貨＋本期進貨淨額

B. 取得本期可供商品零售價

C. 取得本期銷售金額

D. 計算平均成本率＝可供銷售商品成本/本期可供銷售商品零售價

E. 計算期末存貨零售價＝本期可供銷售商品零售價－本期銷售金額

F. 推算期末存貨成本＝成本率×期末存貨零售價

(4)**零售價法之方法應用**：

零售價法之方法應用整理如下表：

方法	成本率之計算	期末存貨成本
平均成本零售價法	期初存貨及本期進貨合併，計算平均成本率。	將期末存貨零售價乘平均成本率。
平均成本與市價孰低零售價法	期初存貨與本期進貨合併計算平均成本率，但淨減價不列入計算。	將期末存貨零售價乘平均成本率。
先進先出成本零售價法	分別計算期初存貨及本期進貨之成本率。	按先進先出法判斷期末存貨層次，再分別乘上適當之成本率。

小試身手

(　　) **1** 設銷貨收入為$6,000,000，進貨運費$30,000，銷貨折讓$50,000，銷貨運費$35,000及銷貨退回$55,000，已知毛利率為20%，則銷貨成本為：　(A)$4,800,000　(B)$4,744,000　(C)$4,688,000　(D)$4,716,000。

( ) **2** 竹山公司存貨全部遭火災損毀，火災前會計帳上資料顯示：本期銷貨淨額$10,000,000，本期進貨淨額$7,800,000，期初存貨$500,000。若估計毛利率為35%，竹山公司估計的期末存貨應為多少？(A)$500,000 (B)$1,800,000 (C)$1,700,000 (D)$3,500,000。

3 （計算題）美美百貨公司X1年度存貨之成本及零售價資料如下：

	成 本	零售價
期初存貨	$400	$1,000
本期進貨	4,500	6,050
加 價		350
減 價		420
銷 貨		5,600

試用零售價法推估期末存貨之成本。（四捨五入至小數第二位）

試題演練

( ) **1** 某商店期初存貨$50,000、本期進貨$225,000、進貨折讓$45,000、進貨運費$ 20,000。若該商店今年營業毛利率為40%、銷貨收入及銷貨退回分別為$315,000及$15,000，則該商店期末存貨金額為何？(A)$70,000 (B)$90,000 (C)$85,000 (D)$105,000。

( ) **2** 甲公司於12月31日將一批商品委託其他公司寄銷，公司誤記為賒銷並將該批商品從存貨中扣除，甲公司存貨採永續盤存制，則對12月31日財務報表的影響為何？ (A)淨利及流動資產皆低估 (B)淨利及流動資產皆高估 (C)淨利高估，但流動資產低估 (D)淨利低估，但流動資產高估。

( ) **3** 乙公司 X2 年度進銷貨資料如下：

1月5日	存貨	7,000 單位	單位成本	$5
2月28日	出售商品	5,000 單位	單位售價	$12
6月15日	進貨	20,000 單位	單位成本	$6
10月31日	出售商品	15,000 單位	單位售價	$10

若該公司存貨採定期盤存制之先進先出法，則該年度銷貨毛利為何？(A)$97,000 (B)$113,000 (C)$150,000 (D)$210,000。

(　　) **4** 甲公司X8年度相關資料如下：銷貨淨額$750,000，銷貨毛利率20%，銷貨成本為進貨淨額的75%，已知期初存貨為$250,000，則該公司期末存貨為期初存貨的多少倍？
(A)0.4倍　(B)0.5倍
(C)1.8倍　(D)2.25倍。【108四技二專】

(　　) **5** 忠麟公司本期淨利多計$12,000的原因，係由於期初及期末存貨帳載記錄有誤所致，已知期初存貨多計$9,000，則期末存貨可能的錯誤為何？
(A)少計$3,000　(B)多計$3,000
(C)少計$21,000　(D)多計$21,000。【107四技二專】

(　　) **6** 珂際公司只進銷一種商品且採定期盤存制，X3年底期末存貨數量為200件。X4年度銷貨成本若按先進先出法計算為$11,000，若按加權平均法計算為$11,520，且X4年度採加權平均法計算之單位成本為$48，已知X4年度該公司只進貨一次，進貨單價為$50，則X4年度的進貨數量為：
(A)240件　(B)300件
(C)440件　(D)500件。【107四技二專】

(　　) **7** 甲公司X1年12月31日之資產負債表，存貨$100,000係由年底盤點而來。X2年初查核發現下列存貨盤點錯誤：
(1)X1年12月31日起運點交貨商品一批$2,000，盤點時未列入。
(2)盤點存貨中包括以售價計入存貨成本之承銷品一批，售價$1,000，毛利率20%。
(3)盤點存貨中包括過時商品一批，以成本$5,000列入，但估計只能以成本六折出售。
上述錯誤若未更正，在不考慮所得稅因素下，對財務報表的影響為：
(A)X1年銷貨成本少計$1,000
(B)X1年底流動資產多計$800
(C)X2年淨利多計$1,000
(D)X2年底保留盈餘多計$1,000。【106四技二專】

(　　) **8** 甲公司於X1年初成立，1月份存貨相關資訊如下：
1/5 進貨500單位，單位成本$10
1/15出售400單位，單位售價$18

1/25進貨300單位，單位成本$15

1/31盤點得知商品實際庫存量為400單位。

下列有關甲公司X1年1月底期末存貨之敘述，何者正確？

(A)存貨成本流動假設若採平均法，不論採永續盤存制或定期盤存制，期末存貨金額均相同

(B)存貨成本流動假設若採先進先出法，不論採永續盤存制或定期盤存制，期末存貨金額均相同

(C)在永續盤存制下，存貨成本流動假設若採平均法，其期末存貨金額較採先進先出法為高

(D)在定期盤存制下，存貨成本流動假設若採平均法，其期末存貨金額較採先進先出法為高。 【106四技二專】

( ) **9** 屏燁公司對存貨之會計處理採先進先出法，假設物價持續性上漲時，則下列敘述何者正確？

(A)與其他可使用之存貨會計處理方法比較下，帳面上會顯示較低的毛利

(B)以最近的存貨成本與最近的收入相配合

(C)與其他可使用之存貨會計處理方法比較下，所得稅費用較低

(D)評價前的期末存貨價值與淨變現價值或市價相近。 【105四技二專】

( ) **10** 春友公司 2015年期初存貨$125,000、進貨$500,000、進貨折讓$15,000、進貨運費$20,000、期末存貨$90,000，假設以銷貨淨額為基礎的毛利率為40%，請問該公司2015年度銷貨毛利為多少？

(A)$360,000 (B)$810,000

(C)$900,000 (D)$1,350,094。 【105四技二專】

( ) **11** 甲公司存貨評價採成本與淨變現價值孰低法，X1、X2、X3年期末存貨資料如下：

成　本：$85,000、$60,000、$100,000

淨變現價值：$80,000、$58,000、$93,000。

X3年度調整前銷貨成本為$900,000，試問存貨評價調整後，X3年度銷貨成本和X3年底備抵存貨跌價應有餘額，下列何者正確？

(A)銷貨成本$905,000，備抵存貨跌價$7,000

(B)銷貨成本$107,000，備抵存貨跌價$7,000

(C)銷貨成本$905,000，備抵存貨跌價$9,000

(D)銷貨成本$107,000，備抵存貨跌價$14,000。 【104四技二專】

(　　) **12** 甲公司X3年底盤點存貨，成本計$30,000，另知悉下列資料：
(1)進貨的在途商品（起運點交貨）$1,000，未列入存貨中
(2)委託賣場代銷的寄銷品成本$2,500，未列入存貨中
(3)銷貨的在途商品（目的地交貨）成本$1,800，列入存貨中
(4)乙公司委託銷售的承銷品$3,500，列入存貨中
(5)所有權屬於甲公司之分期付款銷售商品，成本$2,200，列入存貨中
依上述資料，甲公司正確存貨金額為何？
(A)$29,600　(B)$28,200
(C)$27,800　(D)$31,700。【104四技二專】

(　　) **13** 有春公司2013年有銷貨淨額$720,000、進貨$460,000、進貨折讓$10,000、進貨運費$18,000、期末存貨$60,000，假設銷貨毛利為銷貨淨額的40%，請問該公司2013年期初存貨之金額為何？
(A)$432,000　(B)$288,000
(C)$60,000　(D)$24,000。【103四技二專】

(　　) **14** 下列有關存貨帳務處理之敘述，何者不適當？
(A)他人委託代售的商品，不可列為存貨
(B)分期付款銷貨，在客戶支付所有款項前，商品應認列為公司存貨
(C)永續盤存制下，公司隨時記錄存貨的變動
(D)定期盤存制下，銷貨時不需認列銷貨成本。【102四技二專】

(　　) **15** 永康公司採永續盤存制，於102年3月1日賒購商品一批，進貨價格$200,000，付款條件為1/10，n/30，起運點交貨，永康公司於3月10日支付全部貨款及運費$3,000，永康公司3月10日帳列該批存貨成本為若干？
(A)$198,000　(B)$200,000
(C)$201,000　(D)$203,000。【102四技二專】

(　　) **16** 西港公司採用定期盤存制，101年期初存貨為$100,000，全年進貨淨額$500,000，期末經實地盤點後得知期末存貨金額為$80,000，年度結算後，西港公司101年度營業淨利為$90,000。後經查帳，發現期末盤點時漏記一批在途存貨，該批存貨的成本為$30,000，銷貨條件為目的地交貨，運費$2,000由西港公司負擔。請問，西港公司101年度正確的銷貨成本為多少？
(A)$488,000　(B)$490,000
(C)$492,000　(D)$520,000。【102四技二專】

( ) **17** 下列有關存貨之敘述，何者正確？
(A)採永續盤存制，須於期末盤點存貨時方知庫存盈虧
(B)採定期盤存制，銷貨時必須作兩個分錄
(C)採永續盤存制不需設立存貨明細帳
(D)採定期盤存制可以隨時計算銷貨成本。 【四技二專】

( ) **18** 今年8月北台公司發生存貨管理人員監守自盜的事件，存貨失竊經盤點後只剩下$18,000的存貨。清查公司帳冊有關資料如下：期初存貨$80,000、進貨$330,000、進貨退出$10,000、進貨折扣$6,000、進貨運費$10,000、銷貨$512,000、銷貨退回$22,000、銷貨折扣$10,000、銷貨運費$20,000。公司近年來的平均毛利率為25%，請問公司因此造成多少存貨損失？
(A)$22,000 (B)$26,000
(C)$32,000 (D)$41,000。 【四技二專】

( ) **19** 北方百貨公司採平均成本零售價法估計期末存貨，該公司100年度相關資料如下：

	成 本	零 售 價
期初存貨	$ 60,000	$ 100,000
進　貨	320,000	535,000
進貨退出	30,000	50,000
進貨運費	10,000	—
加　價		30,000
加價取消		10,000
減　價		10,000
減價取消		5,000
銷　貨		480,000
銷貨退回		24,000
銷貨折讓		8,000
銷貨運費		15,000

請問該公司100年底的期末存貨成本是多少？
(A)$72,600 (B)$80,400
(C)$82,400 (D)$86,400。 【四技二專】

(　　) **20** 有關存貨續後評價採成本與淨變現價值孰低法，下列敘述何者錯誤？
(A)當淨變現價值低於成本時，分錄的貸方科目為「備抵存貨跌價損失」
(B)「備抵存貨跌價損失」在資產負債表上應列為存貨之加項
(C)當淨變現價值低於成本時，分錄的借方科目為「存貨跌價損失」
(D)「存貨跌價損失」在損益表上可列為銷貨成本之加項。

【四技二專】

(　　) **21** 斗南公司平時設置「備抵存貨跌價損失」科目，作為「存貨」科目的抵銷帳戶，存貨帳面價值等於「存貨」減掉「備抵存貨跌價損失」的餘額。和年初相比，年底存貨帳面價值減少$2,400，年底「存貨」的餘額減少$3,000。若「備抵存貨跌價損失」的期初餘額為$800，請問年底作調整分錄時，下列何者是借方的科目與金額？
(A)備抵存貨跌價損失、$200　(B)備抵存貨跌價損失、$600
(C)銷貨成本、$200　(D)銷貨成本、$600。【四技二專】

(　　) **22** 丁公司過去三年的平均毛利率為38%，年中發生火災，導致存貨全毀。公司帳冊有關資料如下：期初存貨$136,600、進貨$397,500、進貨運費$3,680、進貨折扣$4,000、銷貨收入$645,600、銷貨退回$4,600、銷貨運費$10,000，請問丁公司的存貨損失金額是多少？
(A)$129,950　(B)$136,250
(C)$136,360　(D)$142,560。【四技二專】

(　　) **23** 大林公司100年度有關商品成本及零售價的資料如表(二)，請問以傳統零售價法估計的期末存貨成本是多少？

表(二)

	成本	零售價
期初存貨	$ 0	$ 0
本期進貨	130,000	190,000
進貨運費	17,000	
加價		30,000
加價取消		10,000
減價		15,000
減價取消		5,000
銷貨		150,000
銷貨運費		14,000

(A)$35,000　(B)$36,750
(C)$42,000　(D)$48,000。【四技二專】

( ) **24** 下列運費，何者係由賣方負擔？

	起運點交貨之運費	目的地交貨之運費
(A)	是	是
(B)	是	否
(C)	否	是
(D)	否	否。

( ) **25** 下列何者不得用來調整進貨成本？
(A)進貨折扣 (B)運費
(C)運送途中的保險費 (D)匯率變動造成的成本增減。

( ) **26** 名屋公司賒購商品一批，商品的定價為$20,000，名屋公司驗收時因有瑕疵退回$2,000的商品，於支付貨款時取得折扣$324，試計算進貨折扣率：
(A)5% (B)1.8% (C)2% (D)10%。

( ) **27** 有關存貨定期盤存制之計算，係先決定(1)銷貨成本(2)期末存貨
(A)(1) (B)(2) (C)以上皆是 (D)以上皆非。

( ) **28** 在永續盤存制下，是以下列哪一種方式決定銷貨成本：
(A)以每天為基礎 (B)以每月為基礎
(C)以每年為基礎 (D)以每次銷貨為基礎。

( ) **29** 山間公司於X1年7月31日發生火災，倉庫存貨幾乎全毀，經搶救後，存貨估計殘值為$25,000。下列為該公司有關資料：

期初存貨	$ 75,000
進貨,1至7月（含7月30日起運點交貨的在途存貨$25,000）	401,500
銷貨	520,000

若銷貨成本表達的毛利率25%，則存貨的損失數為：
(A)$86,500 (B)$61,500
(C)$43,500 (D)$11,500。

( ) **30** 三民公司去年的進貨成本為250,000，銷貨收入為600,000，以前年度平均毛利率為40%。但年底發生火災，倉庫存貨全部燒毀，該公司以毛利法估計存貨損失為$40,000。請問去年期初存貨是多少？
(A)$30,000 (B)$110,000
(C)$150,000 (D)$390,000。

(　　) **31** 仙台公司5月份資料如下：
5/1 存貨80件@$52
5/5 銷售50件@$85
5/12進貨90件@$55
5/28銷售60件@$90
仙台公司採定期盤存制，在先進先出法下之銷貨毛利為：
(A)$3,300　(B)$6,240
(C)$3,840　(D)$5,810。

(　　) **32** 下列何種行業的存貨評價方式較適合採用個別認定法？
(A)鋼鐵業　(B)食品業
(C)建築公司　(D)電子業。

(　　) **33** 在定期盤存制下，當公司賒購商品以供銷售之用時，應貸記應付帳款，並借記下列哪一科目？
(A)「商品存貨」　(B)「進貨退出與折讓」
(C)「進貨運費」　(D)「進貨」。

(　　) **34** 依據國際會計準則，在衡量存貨成本時，那一種方式不允許採用？
(A)後進先出法　(B)零售價法
(C)平均法　(D)個別認定法。

(　　) **35** 有關永續盤存制之敘述，下列何者正確？
(A)平時進貨時，借記「進貨」科目
(B)平時不需設置存貨明細帳
(C)期末不需實地盤點存貨
(D)可隨時查詢存貨與銷貨成本金額。　【四技二專】

(　　) **36** 假設蜜桃公司X1年至X3年的淨利都是$100,000，若X1年底存貨低估$10,000，X2年底存貨高估$10,000，X3年底存貨高估$10,000，請問究竟蜜桃公司X1年至X3年正確淨利應是：
(A)$100,000，$100,000，$100,000
(B)$105,000，$90,000，$95,000
(C)$95,000，$110,000，$105,000
(D)以上皆非。

( ) **37** 甲公司於5月1日向乙公司賒購存貨$50,000，付款條件為2/10，n/30，起運點交貨，運費$500由乙公司先代為墊付；5月3日甲公司退回不符合規格的存貨$15,000，5月10日用現金付清相關之應付帳款。請問甲公司支付予乙公司之總金額為若干？
(A)$35,500 (B)$34,800
(C)$35,000 (D)$34,300。

( ) **38** 公司購進商品一批，共計$77,700，公司若立即支付現金，則賣方同意讓免尾數，只要付款$77,000，則應貸記：
(A)現金$77,700
(B)現金$77,000、進貨退出$700
(C)現金$77,000、進貨折讓$700
(D)現金$77,000。

( ) **39** 元華公司期末盤點存貨時，期末存貨漏列在途存貨，進貨也漏列。試問上述情形會造成元華公司當年財務報表：
(A)淨利高估 (B)淨利低估
(C)資產低估 (D)運用資金不受影響。

( ) **40** 有關「存貨」的會計處理，下列何項敘述錯誤？
(A)企業對性質或用途不同之存貨，仍採用相同成本計算方法
(B)因產能較低或設備閒置導致之未分攤固定製造費用，應於發生當期認列為銷貨成本
(C)異常耗損之原料、人工或其他製造成本，宜於發生時認列為費用，而不列入存貨成本
(D)特殊情況例如因水災、火災等致會計憑證或帳簿毀損滅失，成本計算困難時，得採用毛利法評價。

( ) **41** 存貨記錄採用淨額法時，未享進貨折扣是屬於：
(A)其他收入 (B)應付帳款之加項
(C)應付帳款之減項 (D)財務費用。

( ) **42** 若銷貨運費被誤記為進貨運費，則將使損益表上：
(A)營業費用多計 (B)銷貨毛利少計
(C)銷貨毛利多計 (D)營業費用不變。

( ) **43** 甲公司將產品寄放於乙公司由其承銷。當商品運送至乙公司時，甲公司應作之會計分錄為：
(A)借記：應收帳款，貸記：未實現收入
(B)借記：應收帳款，貸記：銷貨收入
(C)借記：銷貨成本，貸記：存貨
(D)不需作會計分錄。

( ) **44** 高尚公司107年銷貨淨額為$100,000，期初存貨為$10,000，本期進貨為$110,000，該公司以毛利法估計107年期末存貨金額為$40,000，請問台南公司平均毛利率為多少？
(A)18% (B)20%
(C)25% (D)30%。 【四技二專】

( ) **45** 在使用成本與淨變現價值孰低法來評估期末存貨時，通常是哪一種方法計算出來的金額最低？
(A)逐項比較法 (B)分類比較法
(C)總額比較法 (D)加權平均比較法。

( ) **46** 對於存貨之定期盤存制與永續盤存制兩者間之差異，下列敘述何者正確？
(A)資產負債表上之期末存貨金額，定期盤存制以「實際盤點庫存金額」為準；而永續盤存制以「帳載金額」為準
(B)進貨時，定期盤存制需借記「存貨」；而永續盤存制需借記「進貨」
(C)定期盤存制的「存貨」科目餘額可隨時反映庫存商品的數量；而永續盤存制的「存貨」科目餘額無法反映庫存商品的數量
(D)銷貨時，定期盤存制不需借記「銷貨成本」；而永續盤存制需借記「銷貨成本」。 【二技】

( ) **47** 山崎公司97年1月份有關存貨、進貨及銷貨資料如下：

	成本	零售價	
期初存貨	$70,000	$120,000	
本期進貨	200,000	440,000	
進貨運費	10,000	－	
銷貨		－	410,000

山崎公司採用平均成本零售價法估計期末存貨，請問該公司97年1月底之期末存貨金額為多少？
(A)$55,000 (B)$75,000
(C)$85,000 (D)$86,120。【二技】

( ) **48** 明德公司於99年底查核發現，期末存貨少計了$240,000，當期帳列淨利$460,000，如不計所得稅等其他因素，則99年度損益表上之正確損益應為：
(A)淨利$220,000 (B)淨利$700,000
(C)淨損$220,000 (D)淨損$700,000。【二技】

( ) **49** 「存貨盤盈」科目會出現在下列何種財務報表？
(A)財務狀況表 (B)股東權益變動表
(C)現金流量表 (D)綜合損益表。【二技】

( ) **50** 某公司於98年底，發現97年期末存貨因漏盤而低估$22,000，97年及98年之淨利原為$200,000及$250,000，則97年及98年之正確淨利應分別為：
(A)$222,000；$250,000 (B)$222,000；$228,000
(C)$178,000；$272,000 (D)$178,000；$228,000。【四技二專】

( ) **51** 頭城公司的期末存貨餘額為$50,000，但期末存貨包括起運點交貨之在途進貨、承銷其他公司的商品、以及分期付款銷售的商品。分期付款銷售的商品才剛賣出，該商品的所有權仍屬於頭城公司。若在途進貨的商品成本為$8,000，承銷商品的成本為$5,000，分期付款銷售商品的成本為$10,000，請問期末存貨的正確餘額應該是多少？
(A)$27,000 (B)$35,000
(C)$40,000 (D)$45,000。【四技二專】

( ) **52** 南台公司99年的期初存貨為$200,000，本期進貨為$2,000,000，銷貨淨額為$2,500,000，銷貨毛利為銷貨成本的25%，請估計期末存貨的餘額為何？
(A)$200,000 (B)$250,000
(C)$275,000 (D)$325,000。【二技】

(　　) **53** 下列何者為非？
(A)相較於先進先出法，在商品物價上漲的年代，移動平均法的銷貨成本較高
(B)目前，後進先出法並不是一般公認會計原則認可的方法
(C)結帳前，永續盤存制的紀錄較存貨盤點制更為精確，所以上市公司多採永續盤存制
(D)期末的存貨採成本市價孰低法列帳，而市價應採三數值（售價、重置成本、淨變現價值）排序居中的數字。【二技】

(　　) **54** 銷貨毛利多，但營業淨利卻很低，主要係因為：
(A)銷貨淨額太少　(B)營業費用太多
(C)銷貨淨額太多　(D)銷貨退回太多。

(　　) **55** 方元公司期初存貨$25,000，本期進貨$356,000，進貨折讓$2,000，進貨運費$10,000，銷貨$520,000，銷貨退回$20,000，銷貨運費$15,000，期末存貨$83,000，則銷貨毛利為：
(A)$131,000　(B)$214,000
(C)$194,000　(D)$209,000。

(　　) **56** 在永續盤存制下，進口商品繳付「關稅」，理論上應記入何科目？
(A)進貨　(B)存貨
(C)銷貨成本　(D)關稅費用。【四技二專】

(　　) **57** 柯南公司過去二年平均銷貨成本率75%，惟本年景氣較佳，估計毛利率可提升5%。公司不幸於6月10日發生火災，存貨及會計記錄均遭焚毀。有關存貨進銷資料多方查證後得知如下所示：

年初存貨	$30,000	銷貨	$250,000
本期進貨	200,000	銷貨運費	10,000
進貨運費	5,000	銷貨折讓	20,000
進貨折讓	6,000	銷貨退回	10,000

請問若柯南公司以毛利法估計損失，則存貨之火災損失應為：（註：本題之毛利率及銷貨成本率均以銷貨淨額為分母）
(A)$64,000　(B)$68,000　(C)$75,000　(D)$76,000。

(　　) **58** 招財貓公司平時的進貨分錄均借記「進貨」，貸記「應付帳款」或「現金」。若年底期末存貨的帳面數量有1000單位，實地盤點後，發現實際數量只有950單位（單位成本均為$10），請問該公司年底應作下列那一項分錄？

(A)存貨 500
　存貨盤損 500
(B)存貨盤損 500
　存貨 500
(C)銷貨成本 9,500
　存貨（期末） 9,500
(D)存貨（期末）9,500
　銷貨成本 9,500

( ) **59** 力大建設公司購入土地一筆，擬作為5年後興建住宅出售所用，則目前應列於資產負債表中何項目？
(A)存貨 (B)固定資產 (C)準備 (D)投資。

( ) **60** 尼斯公司在97年12月中向供應商訂貨，12月31日尚有下列三批在途存貨，到貨日期皆在98年1月2日。供應商甲公司之交易條件為起運點交貨，金額$10,000；供應商乙與丙公司之交易條件為目的地交貨，金額分別為$30,000 與$50,000。請問：這三批商品有多少金額應記入尼斯公司97年12月31日之存貨中？
(A)$0 (B)$10,000
(C)$80,000 (D)$90,000。 【二技】

( ) **61** 以平均成本零售價法估算期末存貨成本，在計算成本比率時，以下那一個項目不作為存貨零售價之加減項？
(A)期初存貨 (B)本期進貨
(C)進貨退回 (D)銷貨退回。 【二技】

( ) **62** 甲公司之存貨紀錄採用定期盤存制，以下為甲公司 X8年度進銷貨相關資訊：1月1日期初存貨 200 單位，每單位$10
4月25日 進貨 300 單位，每單位$12
7月18日 進貨 100 單位，每單位$13
9月14日 銷貨 500 單位，每單位$20
12月9日 進貨 100 單位，每單位$15。
若甲公司存貨採用加權平均法，則該公司期末存貨為何？
(A)$2,000 (B)$2,400
(C)$2,500 (D)$2,800。

( ) **63** 下列有關永續盤存制之期末盤點的敘述，何者錯誤？
(A)盤點後方可結出銷貨成本之金額
(B)盤點可強化存貨管理
(C)盤點的目的是為了使帳載記錄與實際庫存數一致
(D)若有盤虧，則應借記：存貨盈虧；貸記：存貨。【四技二專】

( ) **64** 正義公司採淨額法入帳，98年6月15日向大仁公司賒購商品$40,000，付款條件為2／15，n／30，正義公司於6月30日支付6月15日所欠大仁公司進貨款的四分之一。請問正義公司6月30日應作之分錄為：

(A)應付帳款 10,000
　　現金 10,000

(B)應付帳款 9,800
　　現金 9,800

(C)應付帳款 9,800
　進貨折扣 200
　　現金 10,000

(D)應付帳款 10,000
　　進貨折扣 200
　　現金 9,800 【二技】

( ) **65** 巴達雅公司自印度進口貨物一批，條件為目的地交貨。該批貨品定價$200,000，商業折扣20%，船運費$20,000，進口關稅$5,000，貨物稅$500，則該批貨品之帳列進貨成本應為多少？
(A)$165,500 (B)$185,500
(C)$205,500 (D)$225,500。【二技】

( ) **66** 採永續盤存制的公司，當發生銷貨退回的情況時，應作之分錄為：
(A)借：銷貨收入，貸：應收帳款
(B)借：存貨，貸：應收帳款
(C)借：銷貨退回，貸：應收帳款；借：存貨，貸：銷貨成本
(D)借：銷貨收入，貸：應收帳款；借：銷貨成本，貸：進貨。
【二技】

( ) **67** 紅帽公司年底盤點存貨時，未計入一批向草帽公司所購買且正在運送途中之進貨$10,000，此批進貨之條件為起運點交貨（FOB shipping point），對於此批在途存貨之敘述，下列何者正確？

(A)此批在途存貨不計入紅帽及草帽公司之期末存貨
(B)此批在途存貨應計入紅帽公司之期末存貨
(C)此批在途存貨應計入草帽公司之期末存貨
(D)此批在途存貨計入負責運送之貨運公司的期末存貨。

( ) **68** 甲公司於 X1年5月1日購入商品一批，金額為$25,000，付款條件為3/10，n/30，若於 5月9日付款，則支付之款項為：
(A)$24,250 (B)$24,500 (C)$25,000 (D)$17,500。

( ) **69** 仁愛公司1月1日至9月1日的帳載財務資料為：期初存貨$40,000，進貨$200,000，進貨折讓$3,000，進貨費用$6,000，銷貨收入$250,000，銷貨折讓$2,000，預估銷貨毛利率為 25%，該公司同年9月2日發生火災，存貨全部燒毀無殘值，但該存貨燒毀損失可獲得保險公司全部賠償，請問保險公司應該賠償多少？
(A)$45,000 (B)$57,000
(C)$60,000 (D)$63,000。 【四技二專】

( ) **70** 八卦公司期初存貨為$25,000，購貨運費為$2,000，購貨折扣為$500，期末存貨為$8,000，銷貨運費為$800，銷貨收入為$30,000，銷貨毛利為$9,000。八卦公司本期購貨金額為：
(A)$1,700 (B)$3,300 (C)$2,500 (D)$14,500。

06 Unit 投資

重要度 ★★

準備要領

近來考試最愛出投資的部分。這裡最喜歡考的是：

1.投資成本的計算（包含透過損益按公允價值衡量之金融資產投資及備供出售證券投資）。

2.透過其他綜合損益按公允價值衡量之金融資產期末評價的變動列入「股東權益」項下。

3.權益法下的認定與分錄的做法。

主題 1 投資之意義及類別

1. **意義**：企業資金除了用於擴充規模、償還負債、及維持營運所需外，如仍有閒置資金，通常用於買賣股票、債券、基金等金融商品，此即所謂投資。
2. **類別**：依對所投資公司的影響力不同而會有以下不同的會計處理方法：

持股百分比	對被投資公司	會計處理方法
低於20%	不具重大影響力	市價法
低於20%	但具重大影響力（如：投資公司人員擔任被投資公司高階主管）	權益法
20%~50%	具重大影響力	權益法
50%以上	有控制力	權益法＋合併報表

3. **國際會計準則公報規定**：依對所投資公司的影響力不同，而有不同的會計處理方法，彙整如下表：

持股百分比	對被投資公司	會計處理方法
低於20%	不具重大影響力	市價法
20%~50%	有影響力但無控制能力	權益法
50%以上	有控制力	權益法＋合併報表

小試身手

( ) 採權益法評價的情況包括： (A)投資公司對被投資公司具有控制力 (B)投資公司持有被投資公司有表決權股份20%以上，50%以下者，且沒有證據顯示對被投資公司不具重大影響力 (C)投資公司持有被投資公司有表決權股份雖未達20%，但具有重大影響力 (D)以上皆是。

主題2 權益證券投資之會計處理

1. **投資（企業會計準則第15號公報第二次修訂）：**

(1) **以攤銷後成本衡量的金融資產：**

種類	原始認列	資產負債表上評價	折溢價攤銷
債務證券	公允價值+交易成本	攤銷後成本－減損損失	要

(2) **按公允價值衡量且公允價值變動計入其他綜合損益的金融資產：**

種類	原始認列	資產負債表上評價	折溢價攤銷
權益證券	公允價值＋交易成本	公允價值	要

(3) **按公允價值衡量且公允價值變動計入損益的金融資產：**

種類	原始認列	資產負債表上評價	折溢價攤銷
債務證券	公允價值 （交易成本列為當期費用）	公允價值	不要
權益證券	公允價值 （交易成本列為當期費用）	公允價值	不要

(4) **分錄：**

時點	以攤銷後成本衡量的金融資產	按公允價值衡量且公允價值變動計入其他綜合損益的金融資產	按公允價值衡量且公允價值變動計入損益的金融資產
定義	當下列二條件均符合時，金融資產應按攤銷後成本衡量： 1.該資產是在一種經營模式下所持有，該經營模式的目的是持有資產以收取合約現金流量。	凡不屬於「以攤銷後成本衡量的金融資產」及「按公允價值衡量且公允價值變動計入損益的金融資產」之金融資產，皆屬於此項。	所有為交易目的而持有的金融資產均應按公允價值衡量，且公允價值變動計入損益。所謂交易目的的金融資產，包括： 1.取得的主要目的是在短期內再出售。

時點	以攤銷後成本衡量的金融資產	按公允價值衡量且公允價值變動計入其他綜合損益的金融資產	按公允價值衡量且公允價值變動計入損益的金融資產
定義	2.該金融資產的合約條款規定在各特定日期產生純屬償還本金及支付按照流通本金的金額所計算的利息的現金流量。		2.該金融資產屬合併管理的一組可辨認金融工具投資組合的一部分，且有證據顯示近期該組合實際上為短期獲利的操作模式。 3.未被指定為有效避險工具的所有衍生性金融工具。
購入證券：	金融資產－按攤銷後成本衡量 xxx 現金 xxx ※手續費：成本	金融資產－按公允價值衡量 xxx 現金 xxx ※手續費：成本	金融資產－按公允價值衡量 xxx 現金 xxx ※手續費：當期費用
收到股息： 1.當年度	無	現金 xxx 金融資產－按公允價值衡量（其他綜合損益）xxx	現金 xxx 股利收入 xxx
2.以後年度	無	現金 xxx 股利收入 xxx	現金 xxx 股利收入 xxx
收到債息	現金 xxx 利息收入 xxx	無	現金 xxx 利息收入 xxx
折溢價攤銷： 1.折價	金融資產－按攤銷後成本衡量 xxx 利息收入 xxx	無	金融資產－按公允價值衡量 xxx 利息收入 xxx
2.溢價	利息收入 xxx 金融資產－按攤銷後成本衡量 xxx	無	利息收入 xxx 金融資產－按公允價值衡量 xxx ※為方便處理，可不必攤銷折、溢價。

時點	以攤銷後成本衡量的金融資產	按公允價值衡量且公允價值變動計入其他綜合損益的金融資產	按公允價值衡量且公允價值變動計入損益的金融資產
年底評價： 1.市價＞帳面金額 2.市價＜帳面金額	無 無	金融資產－ 按公允價值衡量 （其他綜合損益）xxx 其他綜合損益－ 金融資產公允價值 變動 xxx 其他綜合損益－金融資產公允價值變動 xxx 金融資產－ 按公允價值衡量（其他綜合損益） xxx	金融資產－按公允價值衡量 xxx 金融資產公允價值變動損益 xxx 金融資產公允價值變動損益 xxx 金融資產－按公允價值衡量 xxx
發生減損	減損損失 xxx 金融資產－按攤銷後成本衡量 xxx		

(5)與IFRS9之主要差異

A. 保留「以成本衡量之金融資產」之會計項目

仍保留「以成本衡量之金融資產」會計項目名稱，因此，若屬無活絡市場公開報價之權益工具，或與此種權益工具連結且須以交付該等權益工具交割之衍生工具，其公允價值無法可靠衡量者，企業得以成本衡量該等金融資產。

B. 客觀證據顯示已經減損時始認列減損損失

未採用IFRS9的預期減損模式，仍維持現行的已發生減損損失模式，因而企業應於每一報導期間結束日，評估金融資產已經減損之客觀證據，若有減損之證據存在，則依金融資產類別分別按EAS第15號公報第57至59條之規定決定減損損失金額。

(6)修訂主要差異－分類與衡量方式改變

	修訂前	修訂後
種類	5類 1. 透過損益按公允價值衡量之金融資產。 2. 放款及應收款。 3. 備供出售金融資產。 4. 持有至期日金融資產。 5. 以成本衡量之金融資產。	3類： 1. 透過損益按公允價值衡量之金融資產。(註) 2. 透過其他綜合損益按公允價值衡量之金融資產。(註) 3. 按攤銷銷後成本衡量之金融資產。 註：公允價值無法可靠衡量者，得以成本衡量

2. 投資（IFRS 9規定）

(1)以攤銷後成本衡量的金融資產：

種類	原始認列	資產負債表上評價	折溢價攤銷
債務證券	公允價值+交易成本	攤銷後成本－減損損失	要

(2)按公允價值衡量且公允價值變動計入其他綜合損益的金融資產：

種類	原始認列	資產負債表上評價	折溢價攤銷
權益證券	公允價值＋交易成本	公允價值	要

(3)按公允價值衡量且公允價值變動計入損益的金融資產：

種類	原始認列	資產負債表上評價	折溢價攤銷
債務證券	公允價值 （交易成本列為當期費用）	公允價值	不要
權益證券	公允價值 （交易成本列為當期費用）	公允價值	不要

(4)分錄：

時點	以攤銷後成本衡量的金融資產	按公允價值衡量且公允價值變動計入其他綜合損益的金融資產	按公允價值衡量且公允價值變動計入損益的金融資產
定義	當下列二條件均符合時，金融資產應按攤銷後成本衡量： 1.該資產是在一種經營模式下所持有，該經營模式的目的是持有資產以收取合約現金流量。 2.該金融資產的合約條款規定在各特定日期產生純屬償還本金及支付按照流通本金的金額所計算的利息的現金流量。	凡不屬於「以攤銷後成本衡量的金融資產」及「按公允價值衡量且公允價值變動計入損益的金融資產」之金融資產，皆屬於此項。	所有為交易目的而持有的金融資產均應按公允價值衡量，且公允價值變動計入損益。所謂交易目的的金融資產，包括： 1.取得的主要目的是在短期內再出售。 2.該金融資產屬合併管理的一組可辨認金融工具投資組合的一部分，且有證據顯示近期該組合實際上為短期獲利的操作模式。 3.未被指定為有效避險工具的所有衍生性金融工具。
購入證券：	金融資產－按攤銷後成本衡量 xxx 現金 xxx ※手續費：成本	金融資產－按公允價值衡量 xxx 現金 xxx ※手續費：成本	金融資產－按公允價值衡量 xxx 現金 xxx ※手續費：當期費用

時點	以攤銷後成本衡量的金融資產	按公允價值衡量且公允價值變動計入其他綜合損益的金融資產	按公允價值衡量且公允價值變動計入損益的金融資產
收到股息： 1.當年度	無	現金 xxx 金融資產－按公允價值衡量（其他綜合損益）xxx	現金 xxx 股利收入 xxx
2.以後年度	無	現金 xxx 股利收入 xxx	現金 xxx 股利收入 xxx
收到債息	現金 xxx 利息收入 xxx	無	現金 xxx 利息收入 xxx
折溢價攤銷： 1.折價	金融資產－按攤銷後成本衡量 xxx 利息收入 xxx	無	金融資產－按公允價值衡量 xxx 利息收入 xxx
2.溢價	利息收入 xxx 金融資產－按攤銷後成本衡量 xxx	無	利息收入 xxx 金融資產－按公允價值衡量 xxx ※為方便處理，可不必攤銷折、溢價。
年底評價： 1.市價＞帳面金額 2.市價＜帳面金額	無 無	金融資產－按公允價值衡量（其他綜合損益）xxx 其他綜合損益－金融資產公允價值變動 xxx 其他綜合損益－金融資產公允價值變動 xxx 金融資產－按公允價值衡量（其他綜合損益） xxx	金融資產－按公允價值衡量 xxx 金融資產公允價值變動損益 xxx 金融資產公允價值變動損益 xxx 金融資產－按公允價值衡量 xxx
發生減損	減損損失 xxx 金融資產－按攤銷後成本衡量 xxx		

滿分公式

證券投資之評價損益及減損認列：

證券投資類別			評價損益認列	減損認列
債券	公允價值衡量		當期損益	不認列
債券	以攤銷後成本		不認列	應認列
股票	不具重大影響力	交易目的	當期損益	不認列
股票	不具重大影響力	非交易目的	其他綜合損益	不認列
股票	具重大影響力		不認列	不認列
股票	具控制力（需編合併報表）		不認列	不認列

3. **採權益法之長期股權投資**

(1)**意義**：指被投資公司股東權益發生增減變化時，投資公司按投資比例增減長期股權投資之帳面價值。

(2)**原始成本**：包括買價及一切必要而合理的支出。但借款買進時，其利息成本列為利息費用。

A. 如在宣告發放股利日及除息日間買入時，應承認「應收股利」。

B. 以一總成本買入各種股票，應以各種股票的相對市價比例來分攤共同成本。

(3)**會計處理**

權益法之會計處理，彙整如下表：

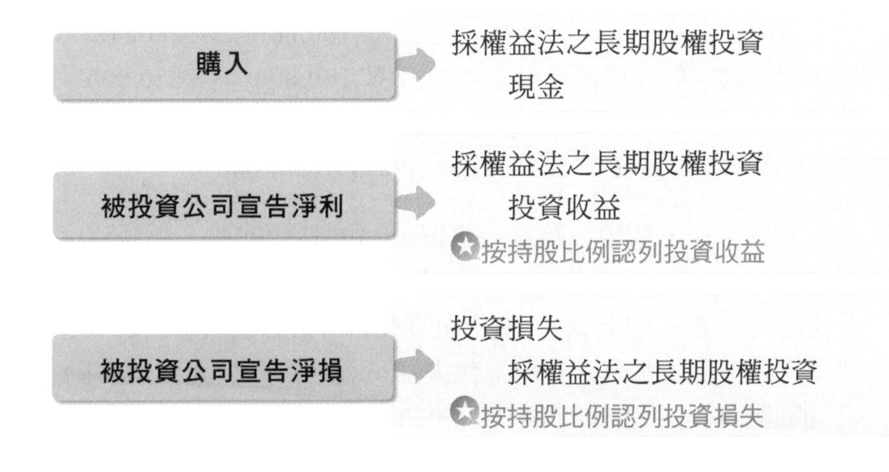

被投資公司發放現金股利	現金 　　採權益法之長期股權投資
被投資公司發放股票股利	不作分錄，僅註記股數增加，每股成本降低。

小試身手

( ) **1** 力麗公司持有國內分公司30%的股權，採權益法會計處理，當國內分公司發放現金股利時，力麗公司應有會計處理為： (A)貸記股利收入 (B)貸記長期股權投資 (C)僅作備忘記錄，註明取得股數 (D)貸記現金。

( ) **2** 甲公司X1年購買乙公司30%之普通股而依權益法進行相關之會計處理，X2年初該投資之帳面金額$100,000，X2年度乙公司淨利$50,000，並宣告$20,000現金股利，甲公司X2年底資產負債表之投資列報金額為何？ (A)$106,000 (B)$109,000 (C)$120,000 (D)$130,000。

( ) **3** 大正公司於X1年7月1日開始營業，X1年底其投資組合相關資料如下：

	交易目的	備供出售
成本總額	$180,000	300,000
公允價值總額	160,000	280,000
個別證券成本與公允價值較低者合計數	140,000	270,000

大正公司X1年度本期損益中應列示之評價損失為：
(A)$20,000 (B)$40,000 (C)$60,000 (D)$70,000。

( ) **4** A公司X1年初，利用多餘資金購買B公司股票200股，每股$100，及C公司股票300股，每股$60，並分類為透過其他綜合損益按公允價值衡量之金融資產。X1年底B、C公司股票之市價分別為$97及$70，則 X1年底A公司之調整後「其他綜合損益－金融資產公允價值變動」帳戶之餘額應為多少？ (A)$600 (B)$3,000 (C)$0 (D)$2,400。

( ) **5** 華中公司以$38,000的價金另加$500的佣金取得面額$40,000、8%的公司債，華中公司打算持有該公司債至到期。請問到期時，華中公司將收到多少金額？ (A)$38,000 (B)$38,500 (C)$40,000 (D)$40,500。

( ) **6** 當溢價購入其他公司發行的公司債並列為按攤銷後成本衡量之金融資產，採用利息法攤銷，則： (A)計入利息收入的金額逐期增加 (B)計入利息收入的金額每期相同 (C)備供出售金融資產－公司債之溢價攤銷金額逐期增加 (D)按攤銷後成本衡量之金融資產－公司債之溢價攤銷金額逐期減少。

試題演練

( ) **1** 甲公司於X1年初以每股$25購入乙公司股票10,000股，該投資係以短期內出售為目的。X1年中收到乙公司現金股利$11,000及10%的股票股利；X2年中收到現金股利$22,000。已知X1年底該投資之「透過損益按公允價值衡量之金融資產評價調整」為借餘$14,000，X2 年底該投資認列「透過損益按公允價值衡量之金融資產損失」$ 22,000，則下列有關該投資的敘述，何者正確？（依金融監督管理委員會認可之國際財務報導準則第9號（IFRS 9）「金融工具」之會計處理）

(A)X2年底該投資之公允價值每股$22

(B)X1年底該投資之公允價值每股$23

(C)X1年度綜合損益表上，該投資不應認列股利收入

(D)X2年底資產負債表上，該投資之「透過損益按公允價值衡量之金融資產評價調整」餘額為貸餘$19,000。

( ) **2** 甲食品公司以短期內出售為目的，於X8年初購入乙公司股票，投資成本$340,000，該項投資X8年底公允價值為$280,000；X9年底公允價值為$292,000。X8年中甲公司收到乙公司股利$40,000；X9年中收到股利$90,000。有關該項投資的會計處理，何者錯誤？（依金融監督管理委員會認可之國際財務報導準則第9號（IFRS 9）「金融工具」之會計處理）

(A)X8年底綜合損益表上，應於營業外收入段認列股利收入$40,000

(B)X9年底綜合損益表上，應於營業外收入段認列股利收入$90,000

(C)X8年底資產負債表上，「透過損益按公允價值衡量之金融資產」餘額應為$340,000

(D)X9年底資產負債表上，「透過損益按公允價值衡量之金融資產」餘額應為$292,000。【108四技二專】

(　　) **3** 乙公司於X8年初，以每股$70購入甲公司普通股100,000股，作為「透過其他綜合損益按公允價值衡量之金融資產」投資，X8年與X9年均無購入或出售之情形，甲公司普通股每股公允價值如下：X8年底$60；X9年底$66。有關該項投資的會計處理，何者正確？（依金融監督管理委員會認可之國際財務報導準則第9號（IFRS 9）「金融工具」之會計處理）

(A)X8年底資產負債表，應認列「透過其他綜合損益按公允價值衡量之金融資產」$7,000,000

(B)X9年底資產負債表，應認列「透過其他綜合損益按公允價值衡量之金融資產」$7,000,000

(C)如對被投資公司無重大影響力，X8年底應承認該金融資產投資之公允價值變動損失$1,000,000，且應列入綜合損益表，作為營業外損失

(D)如對被投資公司無重大影響力，X9年底應承認該金融資產投資之公允價值變動利益$600,000，且應列入綜合損益表，作為其他綜合損益。【108四技二專】

(　　) **4** 下列關於股票投資會計處理之敘述，何者正確？

(A)透過其他綜合損益按公允價值衡量之金融資產，於投資後續年度收到之現金股利，應列為營業外收入

(B)「透過損益按公允價值衡量之金融資產」項（科）目應都列在非流動資產項下

(C)採透過損益按公允價值衡量時，當期公允價值變動需認列其他綜合損益

(D)透過其他綜合損益按公允價值衡量之金融資產，於被投資公司發生虧損時，需認列資產減少。【106四技二專】

(　　) **5** 甲公司在X1年初以每股$30購入乙公司普通股股票10,000股，乙公司X1年淨利為$500,000，並於8月1日宣告及發放每股現金股利$2，X1年底乙公司普通股之每股公允價值為$40，全年流通在外普通股股數

均為50,000股。若該股票投資符合各類權益證券投資之分類條件，則下列何種分類可使甲公司X1年淨利最高？
(A)分類為「持有供交易之金融資產」
(B)分類為「透過其他綜合損益按公允價值衡量之金融資產」
(C)分類為「採用權益法之投資」
(D)不論何種分類，甲公司X1年淨利均相同。　【106四技二專】

(　) **6** 丙公司2015年1月1日以每股$20購入丁公司30%普通股共2,000股，作為長期股權投資，且對丁公司具有重大影響力。2015年7月31日收到丁公司發放每股$1現金股利，丁公司當年度稅後淨利為$10,000，請問丙公司2015年底帳列採權益法之長期股權投資金額為何？
(A)$38,000　(B)$40,000
(C)$41,000　(D)$43,000。　【105四技二專】

(　) **7** 甲公司2015年以每股$30購入乙公司股票2,000股並支付手續費$3,000，作為透過其他綜合損益按公允價值衡量投資。甲公司2015年7月31日收到乙公司發放每股現金股利$1及股票股利500股，2015年底乙公司股票每股市價為$25，請問當年底該投資期末評價後餘額為多少？
(A)$61,000　(B)$62,500
(C)$63,000　(D)$63,500。　【105四技二專】

(　) **8** 甲公司在X1年初以每股$30購入乙公司普通股股票1,000股，占乙公司股權之25%，故該股票投資係列為採用權益法之投資。乙公司X1年及X2年淨利均為$20,000，並於每年8月宣告及發放每股現金股利$2，X2年年底乙公司普通股之每股市價為$40。X3年初甲公司以$40,000全數售出乙公司之股票，應認列處分投資損益為何？
(A)利益$1,000　(B)利益$4,000
(C)利益$10,000　(D)$0。　【104四技二專】

(　) **9** 泰安公司101年7月1日以每股$30，合計$9,000,000，取得禾鑫公司30%的普通股作為長期股權投資，泰安公司於10月10日收到禾鑫公司發放給泰安公司的現金股利$100,000，股票股利$20,000，禾鑫公司101年度淨利為$2,000,000，泰安公司針對上述交易進行會計處理，下列何者正確？

(A)將該證券投資列為「透過損益按公允價值衡量之金融資產」
(B)收到現金股利時，貸記「股利收入」$100,000
(C)收到股票股利時，僅註明增加股數，重新計算每股成本
(D)對於禾鑫公司101年度淨利，應貸記「投資收益」$600,000。

【102四技二專】

( ) **10** 聰優公司於100年初以$9,000,000購入崇明公司普通股150,000股，作為長期股權投資，此一持股佔崇明公司30%股權，採權益法處理。100年底崇明公司發生淨利$1,000,000，101年4月1日崇明公司發放現金股利每股$6,101年底有證據顯示崇明公司之投資發生減損，經評估後該投資之可回收金額為$8,000,000，請問該投資的減損金額為多少？

(A)$300,000　(B)$400,000
(C)$500,000　(D)$600,000。【四技二專】

( ) **11** 和平公司購買2,000股，面額$10之國泰公司股票，支付購買價$143,000及手續費$375，作為備供出售投資。並分類為透過其他綜合損益按公允價值衡量之金融資產在和平公司購買股票的分錄中，下列敘述何者正確？

(A)借記：透過其他綜合損益按公允價值衡量之金融資產$143,000
(B)借記：透過其他綜合損益按公允價值衡量之金融資產$143,375
(C)借記：手續費$375
(D)貸記：普通股股本$143,375。【四技二專】

( ) **12** 台北公司於今年初以每股$40的價格購入台南公司的普通股3,000股（每股面額為$10），台南公司流通在外普通股股數為10,000股。台南公司於今年5月底發放現金股利每股$2，又於6月初發放30%股票股利。若台南公司今年的淨利為$50,000，年底每股市價為$40，請問在今年底，台北公司長期股權投資的期末餘額是多少？

(A)$120,000　(B)$129,000
(C)$138,000　(D)$156,000。【四技二專】

( ) **13** 甲公司在X1年以$30,000購入股票投資，並將之歸類為透過其他綜合損益按公允價值衡量之金融資產。X1年底該股票投資之公允價值為$35,500，則甲公司應做之會計處理為：

(A)貸記其他綜合損益$5,500　(B)借記金融資產評價利益$5,500
(C)借記其他綜合損益$5,500　(D)貸記金融資產評價損失$5,500。

(　　) **14** 下列何項金融資產之公允價值增加，會使企業之本期淨利增加：
(A)透過損益按公允價值衡量之金融資產
(B)透過其他綜合損益按公允價值衡量之金融資產
(C)按攤銷後成本衡量之金融資產
(D)以成本衡量之金融資產。

(　　) **15** 採權益法評價的情況包括：
(A)投資公司對被投資公司具有控制力
(B)投資公司持有被投資公司有表決權股份20%以上，50%以下者，且沒有證據顯示對被投資公司不具重大影響力
(C)投資公司持有被投資公司有表決權股份雖未達20%，但具有重大影響力
(D)以上皆是。

(　　) **16** 取得下列何種金融資產投資，所支付之手續費可做為取得成本：
(1)透過損益按公允價值衡量
(2)透過其他綜合損益按公允價值衡量
(3)按攤銷後成本衡量
(A)僅(1)(2)　(B)僅(1)(3)　(C)僅(2)(3)　(D)(1)(2)(3)。

(　　) **17** 梅花公司持有之長期股權投資，若獲配發股票股利，則會計分錄應：
(A)貸記股利收入
(B)貸記投資收益
(C)貸記長期投資
(D)僅備註註明取得股數不需作分錄。

(　　) **18** 在權益法下，當收到被投資公司發放之現金股利時，應：
(A)貸記股利收入　(B)減少投資科目
(C)增加投資科目　(D)貸記清算股利。

(　　) **19** 甲公司購買某公司普通股為投資標的，下列何者並非此項投資可能之分類？
(A)透過損益按公允價值衡量之金融資產
(B)按攤銷後成本衡量之金融資產
(C)按成本衡量之金融資產
(D)透過其他綜合損益按公允價值衡量之金融資產。

( ) **20** 下列何者屬於「股權投資」之取得成本？
(A)融資買入應付之利息 (B)銀行保證費用
(C)證券商之手續費 (D)保管箱租金。

( ) **21** 玫瑰公司於106年1月1日以成本$500,000 購入花園公司普通股股權30%，作為長期投資。若 107年花園公司之淨利為$200,000 且曾於107年3月1日宣告並發放現金股利$50,000，則在權益法下，107年玫瑰公司的投資收益為何？
(A)$60,000 (B)$45,000
(C)$50,000 (D)$200,000。

( ) **22** 當投資公司對於被投資公司不能發生重大影響力時，應採用：
(A)權益法 (B)市價法
(C)以上皆可 (D)以上皆非。

( ) **23** 向日葵公司於X1年1月1日購買日光公司發行的公司債$550,000，交易收續費為$1,000，向日葵公司將債券投資列為按攤銷後成本衡量之金融資產，請問X1年1月1日分錄為何？
(A)按攤銷後成本衡量之金融資產 $550,000
手續費 1,000
現金 $551,000
(B)透過損益按公允價值衡量之金融資產 $551,000
現金 $551,000
(C)按攤銷後成本衡量之金融資產 $551,000
現金 $551,000
(D)透過損益按公允價值衡量之金融資產 $550,000
手續費 1,000
現金 $551,000

( ) **24** 下列何項金融資產之公允價值增加，會使企業之本期淨利增加？
(A)透過其他綜合損益按公允價值衡量之金融資產
(B)採用權益法之投資
(C)按攤銷後成本衡量之金融資產
(D)透過損益按公允價值衡量之金融資產。

( ) **25** 蘭花公司X8年6月1日以每股$10購買竹園公司普通股票10,000股作為投資，手續費$500，蘭花公司將此投資分類為透過其他綜合損益按公允價值衡量證券投資。X8年12月31日竹園公司普通股每股市價$13。X9年3月1日蘭花公司以每股$18處份竹園公司股票$5,000股，則蘭花公司X9年3月1日應認列處分投資損益是多少？
(A)$0　(B)利益$40,000
(C)利益$39,750　(D)利益$40,250。

(　) **26** 該金融資產經營模式目的是收取合約現金流量以及支付按照流通本金的金額所計算的利息現金流量，則此種投資屬於：
(A)放款及應收款
(B)透過其他綜合損益按公允價值衡量之金融資產
(C)透過損益按公允價值衡量之金融資產
(D)按攤銷後成本衡量之金融資產。

(　) **27** 長期股權投資按其對被投資公司之影響力，可分為下列那幾類？
(A)有合併能力、有影響力、無重大影響力
(B)有控制能力、有重大影響力、無重大影響力
(C)有合併能力、有控制能力、有影響力
(D)有合併能力、有控制能力、有重大影響力、無重大影響力。

(　) **28** 下列哪一項資產之續後評價並非以公允價值為衡量基礎？
(A)按攤銷後成本衡量之金融資產
(B)透過損益按公允價值衡量之金融資產
(C)透過其他綜合損益按公允價值衡量之金融資產
(D)指定透過損益按公允價值衡量之金融資產。

(　) **29** 下列會計科目所採用的衡量方法中，那一個方法較重視資產的評價？
(A)存貨－後進先出法　(B)壞帳－銷貨百分比法
(C)證券投資－公允價值　(D)設備－歷史成本。

(　) **30** 已提足額「償債基金」之公司債，到其清償時，應借記「應付公司債」；貸記：
(A)償債基金　(B)現金或銀行存款
(C)償債準備　(D)保留盈餘。

(　) **31** 南園的銀行定期存款可賺得5%之利息，若半年複利一次，總共存5年，南園應使用複利終值表中的哪一項因子？
(A)5期、5%　(B)5期、2.5%
(C)10期、5%　(D)10期、2.5%。

( ) **32** 秋楓公司X1年12月1日以$25,000購入夏晴公司之普通股作為「透過損益按公允價值衡量之金融資產」，若該投資X1年底之公允價值為$30,000，而X2年1月23日秋楓公司出售時之公允價值為$33,000，請問X2年應認列之相關利益為？

(A)$0 (B)$5,000 (C)$3,000 (D)$8,000。

( ) **33** 名古屋公司希望於兩年後可有$551,250供更新辦公設備之用，若銀行存款利率為5%，每年複利一次，兩年後領取本息，則該公司現在應於銀行存款若干？

(A)$525,000 (B)$490,000 (C)$500,000 (D)$501,250。

( ) **34** 甲公司年初即持有乙公司40%股權，乙公司今年盈餘$100,000，而乙公司亦有10%累積特別股$300,000流通在外，甲公司應認列投資收益為何？

(A)$100,000 (B)$40,000
(C)$28,000 (D)$0。

( ) **35** 持有至到期日之債券投資，若採用利息法攤銷溢價時，將使：

(A)前期之利息收入較後期少
(B)前期所攤銷之溢價比後期多
(C)各期所攤銷之溢價一致
(D)前期所攤銷之溢價比後期少。 【二技】

( ) **36** 北方公司於106年7月1日購買南方公司股票30,000 股，每股$20，手續費$855，並歸類為「透過其他綜合損益按公允價值衡量之金融資產」，106年12月31日此股票每股市價為$25，至107年12月31日北方公司仍持有此股票而每股市價為$22，則北方公司於107年12月31日此筆「透過其他綜合損益按公允價值衡量之金融資產」帳戶餘額為何？

(A)$600,000 (B)$660,000
(C)$660,855 (D)$750,000。

( ) **37** 下列那一種證券投資之公允價值變動應在綜合損益表上報導？

(A)採權益法之長期股權投資
(B)透過損益按公允價值衡量之金融資產
(C)按攤銷後成本衡量之金融資產
(D)透過其他綜合損益按公允價值衡量之金融資產。

【二技】

(　　) **38** 持有至到期日的債務證券投資，如何在資產負債表上表達其溢價或折價？
(A)當做投資成本的一部份，並且在剩餘存續年限內攤銷
(B)當做投資成本的一部份，並且在未超過五年的期限內攤銷
(C)以與債務證券投資不同的科目表達，並且於購入年度一次攤銷
(D)以與債務證券投資不同的科目表達，並且不必攤銷。　【二技】

(　　) **39** 下列何者非屬「金融資產」？
(A)應收票據　(B)持有至到期日金融資產
(C)現金　(D)預付費用。

(　　) **40** 東台公司於95年1月1日以每股$40買入南台公司普通股50,000股。南台公司共有200,000股流通在外，其他資料如下：南台公司95年支付每股$2的現金股利南台公司95年稅後淨利為$1,000,000 若東台公司以權益法處理此一投資行為，則東台公司95年12月31日之「採權益法之長期股權投資」科目餘額是多少？
(A)$1,900,000　(B)$2,150,000
(C)$2,250,000　(D)$2,350,000。　【四技二專】

(　　) **41** 屏東公司於去年初購買墾丁公司的股票作為投資，墾丁公司在去年6月10日發放現金股利，每股$0.4，墾丁公司去年底的股價為每股$9。如果屏東公司在購入時將此投資分類為交易目的金融資產，則去年應認列股利收入$4,000和金融資產評價損失$14,000。如果屏東公司在購入時將此投資分類為採權益法之長期股權投資，則去年應認列投資收益$9,000。屏東公司沒有其他投資，墾丁公司去年也沒有發放股票股利或股票分割。請問：如果屏東公司對墾丁公司具有重大影響力，並在購入時將此投資採權益法評價，則該投資在去年底的帳面價值是多少？（假設購買股票沒有手續費或其他交易成本）
(A)$99,000　(B)$109,000
(C)$113,000　(D)$123,000。　【四技二專】

(　　) **42** 小雁公司於98年底以$840,000，購買大明宮公司80%的普通股股權，此一投資成本等於股權淨值。99年度大明宮公司淨利$400,000，發放現金股利$100,000，則小雁公司99年底帳上之長期股權投資帳戶金額為：
(A)$840,000　(B)$1,080,000
(C)$1,160,000　(D)$1,240,000。　【二技】

(　) **43** A公司於20X6年1月1日以$112,000 購入B公司債券，面額$100,000，票面利率7%，每年年底付息一次。A公司購買債券當時之市場利率為5%，並將此債券投資分類為透過損益按公允價值衡量之金融資產。若20X6年12月31日該債券之市價為$110,000，關於此債券投資，A公司20X6年之本期淨利：
(A)減少$2,000　(B)增加$7,000　(C)增加$5,000　(D)增加$5,600。

(　) **44** 下列5項敘述，可同時適用於備供出售債券投資與持有至到期日債券投資者共有幾項？
(1)通常不另設折溢價科目
(2)持有期間不需攤銷折溢價
(3)購入手續費得列為投資成本，亦得列為當期費用
(4)期末須採用公平價值評價，但均不影響當期淨利
(5)出售時所發生之證券交易稅及手續費為處分所得之減少
(A)2項　(B)3項　(C)4項　(D)5項。

(　) **45** 當企業取得金融資產的目的是打算近期內就要將它處分，或企業將以短期獲利的操作模式持有，則此類金融資產應歸屬於下列哪一項？
(A)以成本衡量之金融資產
(B)透過其他損益按公允價值衡量之金融資產
(C)按攤銷後成本衡量之金融資產
(D)透過損益按公允價值衡量之金融資產。

(　) **46** 下列對權益法之敘述，何者錯誤？
(A)被投資公司若有淨利，投資公司應持股比率認列投資收益
(B)被投資公司即使有淨利，未發放股利前不可認列任何投資收益
(C)被投資公司現金股利除息時，應借記「應收股利」同時並貸記「採權益法之長期股權投資」
(D)投資收益屬損益表中「營業外收入與利益」。

(　) **47** 透過損益按公允價值衡量的金融資產，其未實現損失在財務報表上應如何表達？
(A)綜合損益表之營業外損失
(B)財務狀況表流動負債的減項
(C)保留盈餘表前期損益的減項
(D)財務狀況表股東權益的減項。

(　　) **48** 透過其他綜合損益按公允價值衡量之金融資產進行續後評價時，因公允價值變動產生之「金融商品未實現損失」應分類為：
(A)損失科目　(B)資產抵減科目
(C)收入抵減科目　(D)其他綜合損益科目。

(　　) **49** 釜山公司於107年12月1日以現金$500,000購買上市公司的股票作為交易目的之投資，釜山公司後來未再買賣任何股票或債券。釜山公司在108年收到的現金股利共計$20,000，若107年底認列的金融資產評價損失為$20,000，108年底認列的金融資產評價利益為$30,000，請問在108年底「透過損益按照公允價值衡量之金融資產」的帳面餘額是多少？
(A)$500,000　(B)$520,000
(C)$510,000　(D)$530,000。

(　　) **50** 比較公司債與股票之發行，下列敘述何者錯誤？
(A)發行公司債較不會造成原有股東對公司控制權的降低
(B)發行公司債於物價下跌時期對債務人較有利
(C)公司債利息是契約性的固定支付，公司經營不論盈虧都必須支付
(D)發行公司債較具節稅效果。　【二技】

不動產、廠房及設備

重要度 ★★★

準備要領

本單元也是會計學最重要的單元之一！本單元不但考題頻率很高，而且由近幾年的考題來看，有愈考愈活的趨勢，歷年考題中本單元最喜歡考的是：

1.土地、建物、設備取得成本的認定。以及不同取得方式之成本的衡量。
2.折舊的意義，各種折舊提列的方法。
3.資本支出與收益支出的意義與比較，哪些支出種類屬於資本支出？哪些屬於收益支出？資本支出誤記為收益支出對淨利的影響？以及收益支出誤記為資本支出對淨利的影響？
4.估計耐用年數、估計殘值變動或折舊方法變動後當年度應提的折舊金額？
5.期末作「回收可能性測驗」，發現資產之可回收金額低於其帳面價值時，代表資產價值確已減損，應收其帳面價值降低至可回收金額，其資產發生減損時的評估。
6.報廢、出售及交換時機器折舊的計算，以及處分損益的計算，其中又以資產交換最為重要。

主題 1 不動產、廠房及設備之意義及內容

1. **意義**

會計上所謂不動產、廠房及設備須符合以下幾個條件：

(1)供長期使用。
(2)目前正供營業使用。
(3)非作為投資或出售之用。
(4)**國際會計準則公報規定**：係指企業所擁有，用於生產或提供商品或勞務、或供出租、或供行政管理目的使用，且預計使用年限超過一個會計期間的有形資產。歸納國際會計準則公報認為不動產、廠房及設備符合以下四個條件：

A. 有實體存在。
B. 實際供經營使用。
C. 非作為投資或供出售之用。
D. 其實體不因使用而消失。

2. **內容**

(1)依性質的不同可做以下的分類：

內容	例如	性質	會計處理
永久性資產	土地	可無限期使用	不必作成本分錄。
折舊性資產	廠房設備、機器設備……等。	使用期間有限	要作成本分攤（提列折舊）。
遞耗性資產	森林、礦山……等。	蘊藏量有限	要作成本分攤（提列折耗）。

(2)**國際會計準則公報規定**：依性質的不同可做以下的分類：

內容	例如	性質	會計處理
不動產、廠房及設備	土地、房屋、廠房設備、機器設備……等。	(1)土地可無限期使用。 (2)房屋、廠房設備、機器設備……等使用期間有限。	(1)土地不必作成本分攤。 (2)房屋、廠房設備、機器設備……等要作成本分攤（提列折舊）。
投資性不動產	土地、房屋、廠房等。	持有目的為賺取租金或資本增值。	採公允價值法。
生物性生物資產	經濟林、產畜和役畜……等。	有生命期間。	採公允價值法。
遞耗性資產	油氣資產	蘊藏量有限	要作成本分攤（提列折耗）。

小試身手

( ) **1** 下列何者不會併入土地取得成本中？ (A)地價稅 (B)整地支出 (C)為地主承擔之稅捐 (D)仲介經紀人佣金。

( ) **2** 根據國際財務報導準則（IFRS）規定，下列何項資產非屬投資性不動產（Investment Property）之適用範圍？ (A)自用不動產 (B)持有不動產係為賺取租金 (C)目前尚未決定未來用途所持有土地 (D)為獲取長期資本增值所持有之土地。

( ) **3** 下列屬農產品者有幾項？ (1)海生館展覽用的鯨魚 (2)牛奶 (3)芒果樹 (4)羊毛 (5)乳牛 (A)1項 (B)2項 (C)3項 (D)4項。

主題 2 不動產、廠房及設備成本之衡量

1. **不動產、廠房及設備之原始衡量**

(1) **認列條件：**

A. 與資產相關之未來經濟效益很有可能流入企業。

B. 資產之取得成本能可靠衡量。

上述二個條件須同時符合，始得認列為不動產、廠房及設備。

(2) **原始衡量：**

A. 所有為使資產達可供使用狀態及地點所發生之支出。

B. 清除回復成本應包含在資產原始認列成本中。

2. **原始取得成本**

(1) **土地**：土地成本包括買價＋必要支出。但為建屋而購入的土地，則舊屋的購入成本減去拆除舊屋後殘料的變賣收入，也應列為土地成本。

(2) **地上改良設施**：如興建衛生下水道、路面、排水、路燈等，若具備永久性應列為土地成本中，若有一定使用年限時，應以「土地改良物」科目入帳，並逐期提列折舊。

(3) **建築物**：建築物成本包括買價＋必要支出。

(4) **機器設備**：機器設備之成本包括發票價格、運費、安裝、試車等，「使機器設備達到可使用之地點與狀態的一切必要支出」，但不包括運送中之修理費。

(5) **運輸設備**：買價＋「使運輸設備達到可使用之地點與狀態的一切必要支出」，但不包括每年要繳的牌照稅及燃料費。

3. **不同取得方式之成本的衡量**

取得方式	成本計算
一般購買	成本＝購買的數額－現金折扣 ※無論有無取得折扣，均按折扣後淨額入帳，未取得之折扣以損失處理，不得為資產成本。
分期付款	成本＝現金價格
接受捐贈	(1)成本＝該資產公允市價 (2)收到政府補助（捐贈），應按該資產之公允價值入帳，並同時貸記遞延政府補助收益。

取得方式	成本計算
交換	(1)資產交換具商業實質：換入資產成本＝該資產公允價值 (2)資產交換不具商業實質：換入資產成本＝換出資產帳面價值－收現數＋付現數
整批購買	(1)同時購入兩種以上不同的資產，成本的計算應依公允價值比例分攤。 (2)如果僅一項資產有公允價值，而另一項資產無公允價值，則可將已知的公允價值作為該項資產的成本，總成本減去該項資產公允價值後的餘額，即為另一項資產的成本。
發行證券換入	成本＝證券公允價值與資產公允價值較客觀明確者。 若證券有公開發行，以證券公允價值為準；若無，則以資產公允價值為準。

小試身手

(　　) 一項折舊性資產的可折舊成本為？
(A)資產的原始取得成本
(B)資產目前的市價
(C)資產的已折舊成本與其估計殘值之總和
(D)資產成本減去估計殘值部分。

主題 3　折舊

1. **折舊之意義**
   (1)**意義**：將廠房及設備成本逐期轉列為費用，這種分攤成本的程序在會計上稱之為「折舊」。
   (2)**會計原則**：基於配合原則。
   (3)**在財務報表上的表達**
      A. **損益表**：折舊費用列於損益表中成本類之「製造費用—折舊」或管銷費用「折舊」。
      B. **資產負債表**：「累計折舊」為資產負債表中各資產的減項。

2. **折舊方法**

(1) **平均法**：又稱直線法，計算公式如下：

每年之折舊＝（成本－估計殘值）÷估計耐用年限

(2) **遞減法**：遞減法又分為年數合計法、定率遞減法、倍數餘額遞減法等三種方法，整理如下表：

方法		公式
遞減法	**年數合計法**	總年數＝（1＋2＋……＋n）＝$\frac{r(n + 1)}{2}$ 每年之折舊費用＝$\frac{（成本－殘值）}{總年數}$×各年初所剩耐用年數
	定率遞減法	折舊率＝$1-\sqrt[n]{\frac{s}{c}}$ n＝耐用年限，C＝成本，S＝殘值 每年之折舊＝期初帳面價值×折舊率 期初帳面價值＝原始取得成本－累計折舊
	倍數餘額遞減法	折舊率＝$\frac{2}{耐用年限}$ 每年之折舊＝期初帳面價值×折舊率 期初帳面價值＝原始取得成本－累計折舊

定率遞減法、倍數餘額遞減法算出折舊率後，每年提列折舊時無須再考慮殘值。

3. **會計變動之處理**

(1) **意義**：企業在經營過程中，對於折舊的提列，有時候會因為企業經營現況的改變，或是客觀環境的改變，而必須對原本提列的折舊作一定程度的變動。

(2) 會計處理：會計變動的類型可分為會計原則變動、估計變動與錯誤更正三種，整理如下表：

項目	會計原則變動	估計變動	錯誤更正
實例	如先進先出法改為個別辨認法。	如估計耐用年數、估計殘值變動或折舊方法變動。	如計算錯誤。
方法	當期調整法	推延調整法	調整前期損益
計算	(1)計算新法存貨成本。 (2)新舊方法的差異以「會計原則變動累計影響數」科目加以調整，列為期初「保留盈餘」的調整項目。	(1)（不作更正分錄）將剩餘應提之折舊額以新估計的耐用年數或殘值由未來各期分攤，並不調整以前各期損益。 (2)若該估計變動發生於期中，則須視為當期期初已變動。	(1)計算正確累計折舊。 (2)差額入權益科目「前期損益調整」來調整以前的錯誤。 (3)當期及往後年度之折舊以正確方法續提折舊。
備註	同時發生原則變動與估計變動：先處理原則變動、再處理估計變動。		

A. 會計估計變動不改正以前所多提或少提的累計折舊。

B. 改變後每年的折舊費用（以直線法為例）

$$=\frac{\text{資產未提折舊額（＝成本－已提累計折舊－新估計殘值）}}{\text{重新故估計後的剩餘使用年限}}$$

(3) **釋例**

大直公司於2018年1月1日購入設備一部，成本為$730,000，估計耐用年數6年。公司採直線法提列折舊，估計殘值$10,000。2021年6月1日因設備過時陳舊，決定報廢。報廢時售價$ 120,000，則該設備除列時之會計處理如下：

1. 每年折舊費用=（$730,000－$10,000）/6=$120,000
2. 截至2021/6/1累計折舊=$120,000×3＋$120,000×5/12=$410,000
   截至2021/6/1帳面價值=$730,000－$410,000=$320,000

答：

除列分錄：

科目	借	貸
現金	120,000	
累計折舊－設備	410,000	
處分資產損失	200,000	
設備		730,000

小試身手

( ) **1** 不動產、廠房及設備之折舊提列方法自年數合計法變更為直線法，前述事項應以下列何者進行應有之會計處理？ (A)會計原則變動 (B)會計估計變動 (C)報告個體變動 (D)錯誤更正。

( ) **2** 華山公司在X1年4月1日以$54,000購入機器一部。華山公司預估該機器之使用年限為5年，殘值為$4,000，預估共可生產100,000件產品。X1年、X2年之產量分別為15,000 件及28,900 件。華山公司係採雙倍餘額遞減法提列折舊及成本模式衡量，試問X2年之折舊費用為多少？ (A)$12,960 (B)$14,000 (C)$14,450 (D)$15,120。

( ) **3** 韓楓公司於X1年3月1日購買一部成本$450,000的機器設備，耐用年數5年，殘值$30,000，採成本模式衡量，並以年數合計法提列折舊，該機器於X3年12月31日帳面金額為多少？ (A)$84,000 (B)$114,000 (C)$128,000 (D)$198,000。

( ) **4** 春和公司今年底調整後試算表中，「折舊」$8,000，「機器設備」$32,500，「累計折舊」為$24,000，採直線法提列折舊，殘值估計為$500，則該機器設備尚可使用幾年？ (A)1年 (B)2年 (C)3年 (D)4年。

( ) **5** 甲公司於X1年初以$30,000購入機器一部，估計耐用年限10年，無殘值2,000，採直線法折舊。則X1年的折舊費用應是多少？ (A)$2,800 (B)$3,000 (C)$3,200 (D)$3,400。

主題 4 續後支出之處理

1.**帳務處理**：有關續後支出之帳務處理，茲彙總如下圖：

- 支出
  - 資本支出—經濟效益在一年以上且金額大者
    - 增加資產的效率：借記資產
    - 延長耐用年限：借記累計折舊
  - 收益支出—經濟效益僅及於當期或金額不大者 → 均以費用入帳

2. 類型

改良：以品質較佳的零組件更換原來的零組件稱為改良。如汽車的更換新馬達。
(1)支出金額較大者：應列為資本支出，借記資產或累計折舊。
(2)支出金額較小者：應列為收益（費用）支出，借記費用科目。

增添：即在原來資產上加裝新設備，增添的會計處理方法比照改良。

重置（即汰舊換新）：將資產原來的舊零組件汰換新零組件，如汽車更換新輪胎，重置的會計處理方法亦可比照改良。

修理：分經常性修理及非經常性修理（大修理）兩種。
(1)經常性修理：直接以費用科目處理。
(2)非經常性修理：又可分下列兩種情形：
A.僅能延長資產的使用年限者：

累計折舊	XXX	
現金		XXX

B.不能延長資產的使用年限，但可增加資產服務效能者：

××（資產科目）	XXX	
現金		XXX

3. 錯誤之影響

資本支出及收益支出劃分不當的影響有：

(1)資本支出誤列收益（費用）支出：當年度費用虛增，淨利虛減；以後年度費用虛減，淨利虛增。當年度資產及以後年度的資產均少計。

(2)收益（費用）支出誤列資本支出：當年度費用虛減，淨利虛增；以後年度之費用虛增，淨利虛減。當年度資產及以後年度的資產均多計。

4. 資產減損

國際財務報導準則規定：當資產之帳面價值超過可回收金額時，必須認列資產價值減損的損失；當可回收金額回升時，得於認列減損範圍內認列回升利益。

(1)**回收可能性測驗：**

A. 當個別資產之可回收金額低於其帳面價值時，代表資產價值確已減損，應將其帳面價值降低至可回收金額。

B. 「可回收金額」係指資產之淨公允價值及其使用價值，二者較高者。

(2)**資產減損分錄：**

借：減損損失

　　貸：累計減損－XX資產

✪ 累計減損為資產評價科目，性質類似累計折舊。

(3)**減損後之折舊**：以資產之新的帳面價值，按剩餘年限攤提折舊。

(4)**減損後之回升**：於減損範圍內，得認列其回升利益，分錄如下：

借：累計減損－XX資產

　　貸：減損轉回利益

✪ 回升之最高限為：依原始成本按原提列折舊方法計算至當時的帳面價值。

小試身手

( ) **1** 資產之帳面金額若低於可回收金額則須認列減損損失，請問可回收金額應如何決定？ (A)以使用價值決定 (B)以公允價值減出售成本決定 (C)以使用價值與公允價值減出售成本二者較低者決定 (D)以使用價值與公允價值減出售成本二者較高者決定。

( ) **2** 佳佳公司的機器設備於X2年進行過資產減損處理，認列\$20,000減損損失。X3年底評估設備之使用價值為\$160,000，期末帳面價值為\$145,000，而設備在未認列任何減損情況下之帳面值為\$150,000。試問可承認之減損轉回利益為多少？ (A)\$5,000 (B)\$10,000 (C)\$15,000 (D)\$20,000。

( ) **3** 若於X1年誤將一筆設備支出記錄成當期費用，下列敘述何者正確？ (A)X2年底資產被高估 (B)X2年底負債被高估 (C)X2年收入被低估 (D)X2年費用被低估。

( ) **4** 下列何者為收益支出？ (A)在廠房內加裝之電梯 (B)機器設備大修，因而延長設備之耐用年限 (C)更換卡車的雨刷 (D)新屋建造期間的保險費。

主題 5 不動產、廠房及設備之處分

1. **出售**

(1)**原則**

A. 出售廠房設備等折舊性資產時，應沖銷處分資產的「帳面價值」。

B. 若出售資產所得與處分資產之帳面價值間有差額，則應認列資產出售損益。

(2)**出售損益之計算**

出售資產（利益）損失＝淨售價－出售日資產帳面價值

※淨售價＝售價－必要支出（出售時）

(3)**分錄**

現金	xxx	
累計折舊	xxx	
出售資產損失	xxx	
機器設備		xxx
出售資產利益		xxx

2. **資產交換**

(1)**具商業實質**

將新舊資產交換視為一種買賣來處理，處理原則如下：

A. 換入（新）資產成本＝新資產公允價值

B. 換出（舊）資產→視為出售，認列處分損益

處分損益＝舊資產公允價值－舊資產帳面價值

例外：當新舊資產均無公允價值時，新資產成本＝舊資產帳面價值－收現數＋付現數

(2)**不具商業實質**

將新資產視為舊資產帳面價值的延續，不認列交換損益，處理原則如下：

A. 新資產成本＝舊資產帳面價值－收現數＋付現數

B. 處分損益＝0

(3)**釋例**

台北公司與高雄公司之資產交換資料如下：

	台 北	高 雄
成本	$1,000,000	$800,000
累計折舊	$400,000	$450,000
公平價值	$500,000	$600,000

試作雙方之分錄：

A. 若該機器設備之交換具有商業實質。

B. 若該機器設備之交換不具商業實質。

答：台北公司：

	借	貸
A. 機器設備（新）	600,000	
累計折舊－機器設備	400,000	
處分資產損失	100,000	
機器設備（舊）		1,000,000
現金		100,000
B. 機器設備（新）	700,000	
累計折舊－機器設備	400,000	
機器設備（舊）		1,000,000
現金		100,000

高雄公司：

	借	貸
A. 機器設備（新）	500,000	
累計折舊－機器設備	450,000	
現金	100,000	
機器設備（舊）		800,000
處分資產利益		250,000
B. 機器設備（新）	250,000	
累計折舊－機器設備	450,000	
現金	100,000	
機器設備（舊）		800,000

3. **報廢**

(1)**意義**：指資產已達耐用年限且不予使用。

(2)**處理原則**

A. 若該項資產之折舊已提盡（累計折舊等於成本）：將成本與累計折舊之金額沖銷即可。

B. 若該項資產之折舊尚未提盡（尚有帳面價值）：需就成本與累計折舊之差額認列處分資產損失。

C. 已經報廢的機器設備，留待未來處置，其在資產負債表上宜列入「其他資產」。

4. **意外災害**

(1)**意義**：指將資產遭到意外災害或政府徵收，致價值有所損失。

(2)**政府徵收**

A. 國際會計準則公報規定，企業不得將任何收益和費損項目列作「非常項目」。

B 損失＝舊資產帳面價值－收現數

(3)**意外災害**

A. 國際會計準則公報規定，企業不得將任何收益和費損項目列作「非常項目」。

B. 損失＝毀損日資產帳面價值＋未過期保險費－收到的保險理賠

小試身手

(　　) **1** 雲林公司X9年底辦公設備項目比期初增加$500,000，累計折舊項目增加$40,000。X9年度購買新辦公設備成本為$800,000，X9年底出售舊辦公設備產生利益$20,000，X9年度折舊費用為$120,000。若該公司之設備均採成本模式衡量，試問舊辦公設備出售的價格為何？(A)$200,000　(B)$220,000　(C)$240,000　(D)$260,000。

(　　) **2** 三民公司X1年4月1日以現有中古送貨車交換機器一部，中古送貨車原始成本$200,000，帳面價值為$130,000，新機器市價為$150,000，三民公司另付$12,000給出售機器的公司，則：　(A)交換利益$8,000　(B)交換利益$12,000　(C)交換損失$15,000　(D)交換損失$18,000。

(　　) **3** 紅海公司有機器一部，成本為$200,000，預估殘值為$0，耐用年限為10年今年年初的帳面價值為$40,000，採直線法提列機器折舊。若公司於今年4月初將該機器報廢，請問會產生多少報廢損失？　(A)$0　(B)$33,333　(C)$35,000　(D)$40,000。

主題 6 不動產、廠房及設備之後續衡量

不動產、廠房及設備之後續衡量有二種模式，即公允價值模式及成本模式，所選用之模式適用於同一類別之不動產、廠房及設備，即某一不動產、廠房及設備項目如進行重估價，則其所屬類別之全部不動產、廠房及設備項目，均應進行重估價茲分述如下：

項目	重估價模式	成本模式
1.意義	如果一項不動產、廠房及設備的公允價值能可靠地衡量，則企業可以選用重估價模式作為後續衡量的會計政策。所謂公允價值模式，是指不動產、廠房及設備之按照報導期間結束日的公允價值衡量。IAS16號規定重估價應定期進行，以確保資產帳面金額不致於與報導期間結束日的公允價值相差太大。	所謂成本模式，是指不動產、廠房及設備之按照成本減累計折舊及累計減損衡量，除認列減損損失外，不考慮公允價值變動。
2.帳面價值	帳面價值＝不動產、廠房及設備在重估價的的公允價值減去隨後發生的累計折舊及累計減損。	帳面價值＝不動產、廠房及設備之原始成本減累計折舊及累計減損。
3.累計折舊的處理（增值）	重估價的累計折舊的兩種處理方法： (1)等比例重編法：將資產的成本、累計折舊按重估增值的比例重新換算重估後帳面金額。 成本　×　增值比例 －累計折舊　×　增值比例 資產帳面金額 ＝重估後成本 －重估後累計折舊 重估後資產帳面金額 不動產、廠房及設備　xxx 　　累計折舊－不動產、廠房及設備　xxx 　　重估價增值　xxx （資產原有「重估價增值」餘額，則重估價減值應先沖抵「重估價增（減）值」，不足時再借記「重估價損失」。） (2)消除成本法：累計折舊與資產的成本對沖，消除累計折舊金額，對沖後的餘額調整至重估價值。 累計折舊－不動產、廠房及設備　xxx 　　不動產、廠房及設備　xxx 　　重估價增（減）值　xxx	無

項目	重估價模式	成本模式
4.累計折舊的處理（減值）	當資產重估之公允價值低於帳面金額，減值入其他綜合損益，不直接計入權益。 重估價的累計折舊的處理兩種方法： (1)等比例重編法：將資產的成本、累計折舊按重估減值的比例重新換算重估後帳面金額。 成本　　×　減值比例 －累計折舊　×　減值比例 資產帳面金額 ＝重估後成本 －重估後累計折舊 重估後資產帳面金額 累計折舊－不動產、廠房及設備　xxx 重估價增（減）值　xxx 重估價損失　xxx 　　不動產、廠房及設備　　xxx (2)消除成本法：累計折舊與資產的成本對沖，消除累計折舊金額，對沖後的餘額調整至重估價值。 累計折舊－不動產、廠房及設備　xxx 　　不動產、廠房及設備　　xxx 　　重估價損失　　xxx 　　重估價增（減）值　　xxx	無
5.重估價變動	計入重估價增（減）值，重估價增（減）值屬其他綜合損益的一種，重估價增（減）值可在資產除列時，全數轉入保留盈餘，即可分配股利。	不考慮公允價值變動
6.計提折舊	要	要

小試身手

(　　) **1**　金門公司於X1年初購入房屋一棟，成本$10,000,000，估計耐用年限10年，無殘值，採直線法提列折舊。公司選擇重估價模式為其後續衡量，X1年12月31日房屋經重估後的公允價值為$10,200,000，估計耐用年限及殘值均不變，則X1年度有關該房屋重估之記錄何者為正確？　(A)認列折舊費用$1,020,000　(B)認列資產重估增值$200,000　(C)認列資產重估增值$400,000　(D)認列資產重估增值$1,200,000。

(　　) **2**　荷蘭公司於X1年中以$800,000購入土地一塊，並於X1年底該土地公允價值為$812,000時進行第一次重估價，X2年3月31日第二次重估價後以$813,000出售該土地。關於該土地對該公司X2年綜合損益表之影響，下列敘述何者正確（不考慮所得稅影響）？　(A)其他綜合損益增加$0　(B)其他綜合損益增加$1,000　(C)其他綜合損益增加$2,000　(D)其他綜合損益增加$3,000。

3 （計算題）香港公司X1年初購入房屋，成本$3,000,000，估計耐用年限25年，殘值為$500,000，採直線法提列折舊。X5年底房屋經重估後之公允價值為$4,200,000，估計耐用年限及殘值皆不變，「資產重估增值」係按折舊比例轉入保留盈餘。

試作：

(1)按「等比例重編法」作X5年底重估價之分錄。

(2)按「消除成本法」作X5年底重估價之分錄。

主題 7 投資性不動產

1. **意義**

所謂投資性不動產，是指企業為賺取租金或資本增值，或兩者兼有而持有的土地和建築物。

(1)**下列各項屬於投資性不動產：**

A. 為長期資本增值目的而持有的土地。

B. 目前尚未確定將來用途的土地。

C. 企業擁有或以融資租賃方式持有的建築物（辦公大樓或廠房），並以營業租賃方式出租者。

D. 準備以營業租賃方式招租，但目前暫時空置尚未出租的建築物（辦公大樓或廠房）。

E. 目前正在建造或開發的不動產，以備將來完成後作為投資性不動產者。

F. 承租人以營業租賃的方式持有的不動產權益。

(2)**下列各項不屬於投資性不動產：**

A. 作為存貨的不動產。

B. 為他人建造的不動產（建造合約）。

C. 自用房地產。

D. 以融資租賃方式出租給其他企業的不動產。

2. **認列和原始衡量：**

(1)**認列：**

投資性不動產同時滿足下列條件時，才能予以認列：

A. 與該投資性不動產有關的經濟效益很可能流入企業。

B. 該投資性不動產的成本能夠可靠地衡量。

(2)**原始衡量：**

購買取得：應按成本衡量，成本包括買價及交易成本。

例如：叮噹公司於X1年1月1日購買一棟辦公大樓用於對外出租（營業租賃），購買價格$3,000,000，另支付評價費用10,000，仲介費100,000，並於X1年7月1日出租予大雄公司，租期五年，每年租金250,000，應作分錄如下：

		借	貸
X1年1月1日	投資性不動產	3,110,000	
	現金		3,110,000
X1年7月1日	現金	250,000	
	租金收入		250,000

3. **認列後的衡量：**

投資性不動產認列後，應全部選用公允價值模式或全部選用成本模式衡量，不得一部分用公允價值模式，一部分用成本模式，且選用成本模式之後，可以改變為公允價值模式，但選用公允價值模式之後，則不可改為成本模式。以下茲將2種模式的會計處理方法，彙整如下表：

項目	公允價值模式	成本模式
1.意義	所謂公允價值模式，是指投資性不動產按照報導期間結束日的公允價值衡量。	所謂成本模式，是指投資性不動產按照成本減累計折舊及累計減損衡量，除認列減損損失外，不考慮公允價值變動。
2.公允價值變動	計入當期損益	不考慮公允價值變動
3.計提折舊	不要	要
4.相關分錄： (1)購入時：	投資性不動產－XX　xxx 　現金　xxx	投資性不動產－XX　xxx 　現金　xxx
(2)計提折舊時：	無	折舊費用　xxx 　累計折舊－ 　投資性不動產－XX　xxx
(3)期末評價時： 市價＞成本	投資性不動產－XX　xxx 　公允價值變動損益－ 　投資性不動產－XX　xxx	無
市價＜成本	公允價值變動損益－ 投資性不動產－XX　xxx 　投資性不動產－XX　xxx	無

(4)出售 利益	現金 xxx 　投資性不動產－XX xxx 　處分投資性不動產利益 xxx	現金 xxx 累計折舊－ 投資性不動產－XX xxx 累計減損－ 投資性不動產－XX xxx 　投資性不動產－XX xxx 　處分投資性不動產利益 xxx
損失	現金 xxx 處分投資性不動產損失 xxx 　投資性不動產－XX xxx	現金 xxx 累計折舊－ 投資性不動產－XX xxx 累計減損－ 投資性不動產－XX xxx 處分投資性不動產損失 xxx 　投資性不動產－XX xxx

小試身手

( ) **1** 元元公司於X1年1月1日以$100,000,000 成本購置一棟商辦大樓，並以營業租賃方式出租以獲取穩定的租金收益，分類為投資性不動產，後續按成本模式衡量，估計該商辦大樓可使用50年，無殘值，依直線法提列折舊。X31年1月1日元元公司決定將大樓重新隔間更新內牆，更新內牆成本共計$8,000,000。假設舊內牆之原始成本為$4,000,000。以下對元元公司重置新內牆相關分錄之敘述何者正確？ (A)「投資性不動產－建築物」帳面金額淨增加$2,400,000 (B)「投資性不動產－建築物」帳面金額淨增加$4,000,000 (C)應認列「處分投資性不動產利益」$1,600,000 (D)應認列「處分投資性不動產損失」$1,600,000。

( ) **2** 橘子公司購買一片土地，並已有確定計畫將於6年後在該土地上建造廠房。在建造前的6年，土地是閒置的，則這土地在資產負債表中將報導為： (A)不動產、廠房及設備 (B)存貨 (C)投資性不動產 (D)無形資產。

主題 8 生物資產及農產品

項目	生物資產	農產品
1.意義	指有生命（活的）動物和植物。	指生物資產的收穫品。
2.會計處理	(1)原則：應按其公允價值減去處分成本衡量。 (2)例外：當公允價值無法可靠衡量時，按成本減去累計折舊和累計減損衡量。	應按其公允價值減去處分成本衡量。 ※農產品按照公允價值減去處分成本衡量所產生的利益和損失，列入當期損益，嗣後採成本與淨變現價值孰低法衡量，視為存貨。
3.分錄	(1)購入分錄： 生產性生物資產　xxx 　現金　xxx (2)飼養支出分錄： 年飼育費用－草料　xxx 飼育費用－人工　xxx 　現金　xxx (3)評價分錄： 生物資產評價損失　xxx 　生產性生物資產　xxx or 生產性生物資產　xxx 　生物資產評價利益　xxx	(1)原始分錄： 消耗性生物資產　xxx 　原料存貨　xxx 　肥料存貨　xxx 　水電雜支　xxx (2)收成分錄： 農產品　xxx 　消耗性生物資產　xxx 　公允價值變動損益　xxx (3)處分分錄： 現金　xxx 　農產品　xxx

小試身手

(　　) **1** 下列有關自生物資產收成之「農產品」之會計處理，何者正確？
(A)列於資產負債表「生物資產」項下　(B)原始評價採用成本原則
(C)續後評價採用淨公允價值評價　(D)原始評價按其公允價值減去處分成本衡量。

( ) **2** 普新農場對生物資產之公允價值得可靠估計，年初以每隻$2,000代價向市場購入20隻小羊，並支付$2,000將所有小羊運送至農場，準備飼養以供未來生產羊奶。公司估計，如果立即將該批小羊出售，需負擔運費$2,000及出售成本$500。則年初購入小羊時，應認列生物資產之價值為何？ (A)$37,500 (B)$38,000 (C)$39,500 (D)$40,000。

主題 9 天然資源

項目	會計處理
1.意義	天然資源係指油井、天然氣、礦產、森林等天然資源，因隨著開採而逐漸減少其蘊藏量之資源。
2.折耗	1.將天然資源成本逐年分攤，稱為折耗。 2.計算方法： (1)先計算每單位產量折耗額： $$每單位折耗額=\frac{(成本-殘值+估計資產之復原成本)}{估計總開採量}$$ (2)折耗＝本期產量×每單位折耗額 ※依IFRS規定，應將估計移除復原成本折現，以其現值加入礦產成本，並認列相關負債。
3.會計分錄	(1)原始分錄： 不動產、廠房及設備－礦產 xxx 　資產除役負債準備 xxx 　現金 xxx (2)支付開採成本： 開採成本 xxx 　現金 xxx (3)提列折耗： 折耗 xxx 　累計折耗－礦產 xxx (4)年底攤銷分錄： 利息費用 xxx 　資產除役負債準備 xxx

3.會計分錄	(5)期末結帳分錄：		
	銷貨成本	xxx	
	存貨	xxx	
	折耗		xxx
	開採成本		xxx
	(6)結束開採時分錄：		
	資產除役負債準備	xxx	
	現金		xxx
	解除資產除役負債利益		xxx

小試身手

(　　) 小油坑公司於X10年1月1日購入煤礦一座，成本為$42,000,000，估計蘊藏量為10,000,000噸，估計煤礦殘值為$2,000,000，預計在5年內開採完畢，X10年實際開採1,500,000噸。小油坑公司並於X10年1月1日購入開採機器，成本為$2,500,000，估計耐用年限為7年，殘值為$100,000，採年數合計法計提折舊（估計第5年底之殘值為$700,000），開採罄盡後該機器無其他用途，則X10年底每噸煤之存貨成本為：　(A)$4.00　(B)$4.35　(C)$4.40　(D)$4.50。

試題演練

(　　) **1** 關於生物資產及其衡量模式之敘述，下列何者正確？
(A)用於生產芒果的芒果樹，應列為生物資產，而非不動產、廠房及設備
(B)若生物資產的公允價值能可靠衡量，應以公允價值減出售成本認列入帳
(C)羊毛、牛奶等農業產品應分類為生物資產，並於收成及續後評價時以公允價值減出售成本認列入帳
(D)若生物資產的公允價值能可靠衡量，購買生物資產時所支付之運費，基於成本原則，入帳時應借記生物資產。

( ) **2** 大直公司於2018年1月1日購入設備一部，成本為$730,000，估計耐用年數6年。公司採直線法提列折舊，估計殘值$10,000。2021年6月1日因設備過時陳舊，決定報廢。報廢時售價$120,000，則該設備除列時之會計處理，下列何者正確？
(A)帳面價值$310,000
(B)應認列處分損失$200,000
(C)應借記累計折舊$420,000
(D)2021年除列設備時，應先補提列折舊$120,000。

( ) **3** 下列屬農產品者有幾項？ (1)動物園的大象 (2)牛奶 (3)蘋果樹 (4)羊毛 (5)乳牛
(A)1項 (B)2項 (C)3項 (D)4項。

( ) **4** A公司以$500,000購入化學原料倉儲設備，並另支付運費$10,000、安裝費$20,000及測試費$5,000。該設備估計耐用年限為10年，使用期滿後須另付相當於現值$10,000的拆卸支出。該設備之成本金額為：
(A)$530,000 (B)$535,000
(C)$500,000 (D)$545,000。

( ) **5** 圓山公司於X1年1月1日以$10,000,000購入建廠用地，並於土地取得後拆除原地上舊有之建築物，拆除舊建築物支出$500,000。此外並支付仲介公司佣金$350,000、過戶登記費$10,000，請問土地的成本是多少？
(A)$10,860,000 (B)$10,500,000
(C)$10,000,000 (D)$10,910,000。

( ) **6** 集集公司購置機器一部，定價$600,000。廠商提供現金折扣$35,000，支付運費$25,000，運送中因超速被罰款$10,000。運抵廠房後另付安裝費$25,000，則該機器應有之帳面成本為：
(A)$565,000 (B)$625,000
(C)$615,000 (D)$660,000。

( ) **7** 會計上提列折舊之目的為：
(A)平穩化各期損益金額
(B)使資產之帳面價值反映其淨變現價值
(C)將資產之成本作系統而合理的分攤
(D)積聚重置資產所需之資金。

( ) **8** 竹山公司X1年1月2日購買設備，購買成本為$60,000，耐用年限為5年，殘值為$1,000。竹山公司採用直線法提列折舊，則X1年12月31日，竹山公司針對該設備提列的折舊費用為：
(A)$12,200 (B)$10,000
(C)$12,000 (D)$11,800。

( ) **9** 下列有關採成本模式之投資性不動產，何者錯誤？
(A)應揭露投資性不動產之公允價值
(B)入帳成本不包括延遲付款之利息
(C)當發生減損時，應認列減損損失
(D)提列折舊或不提列折舊均可。

( ) **10** 高雄公司於X1年中以$1,000,000購入土地一塊，並於X1年底該土地公允價值為$1,200,000時進行第一次重估價，X2年3月31日第二次重估價後以$1,300,000出售該土地。關於該土地對該公司X2年綜合損益表之影響，下列敘述何者正確（不考慮所得稅影響）？
(A)其他綜合損益增加$0 (B)其他綜合損益增加$100,000
(C)其他綜合損益增加$200,000 (D)其他綜合損益增加$300,000。

( ) **11** 資產成本減去估計殘值後之金額，表示資產將於使用期間耗用之成本，此金額稱為：
(A)可折舊金額 (B)帳面金額
(C)可回收金額 (D)淨變現價值。

( ) **12** 宜蘭公司於X3年初以$150,000購買廠房設備，耐用年限5年，無殘值，採成本模式衡量，並以年數合計法提列折舊。X5年初估計該設備只能再用2年，試問該設備於X5年應提列多少折舊？
(A)$20,000 (B)$40,000
(C)$60,000 (D)$80,000。

( ) **13** 甲公司於X5年底以成本$1,200,000購入設備一部，耐用年限5年，殘值$75,000，採雙倍數餘額遞減法提列折舊。X7年底甲公司以此設備交換另一部設備，並支付現金$45,000。換出資產之公允價值無法可靠衡量，而換入資產之公允價值為$495,000。若該交換具商業實質，則甲公司應認列多少資產處分利益？
(A)$0 (B)$12,000
(C)$16,000 (D)$18,000。 【108四技二專】

( ) **14** 甲公司106年1月1日購買機器設備，估計耐用年限為四年，無殘值。若採用年數合計法提列折舊，該機器107年12月31日之帳面金額，會比採用倍數餘額遞減法之下的帳面金額多出$10,000。試問該設備之原始帳列成本為何？

(A)$160,000 (B)$180,000

(C)$200,000 (D)$240,000。 【107四技二專】

( ) **15** 甲公司於X1年6月20日購入機器一部，成本$180,000，安裝費$20,000，估計耐用年限四年，無殘值，採年數合計法提列折舊，每月15日以前買入者，以全月計算折舊費用，每月16日以後買入者，當月不計算。公司於X3年初發現X1年記帳時誤將安裝費作為當期費用，在不考慮所得稅因素下，該項錯誤對財務報表之影響為：

(A)X1年底資產少計$20,000

(B)X2年淨利少計$7,000

(C)X1年底資產少計$12,000

(D)X2年底權益少計$9,000。 【106四技二專】

( ) **16** 甲公司帳面金額為$120,000之設備於X5年底出現減損跡象，經評估該設備公允價值減處分（出售）成本為$100,000，使用價值為$80,000；耐用年限尚剩餘4年，4年後無殘值。若該公司採直線法折舊，則X6年底該設備帳面金額為何？

(A)$90,000 (B)$75,000

(C)$65,000 (D)$60,000。 【104四技二專】

( ) **17** 甲公司於X1年12月31日購入成本為$450,000之設備，耐用年限為4年，採用年數合計法提列折舊，X2年該設備提列$160,000折舊費用。下列有關該設備的敘述，何者錯誤？

(A)可折舊成本為$450,000

(B)估計殘值為$50,000

(C)折舊費用每年減少$40,000

(D)X3年折舊費用為$120,000。 【104四技二專】

( ) **18** 下列敘述何者正確？

(A)生物資產於原始認列時無法取得其市場決定之價格或價值，且公允價值之替代估計顯不可靠時，則應以其成本減累計折舊及累計減損損失衡量

(B)生物資產於原始認列時若以成本減累計折舊及累計減損損失衡量，後續仍應以成本減累計折舊及累計減損損失衡量

(C)生物資產於原始認列時若以公允價值減出售成本衡量，後續可以改以成本減累計折舊及累計減損損失衡量

(D)生物資產收成之農產品於原始認列時，若公允價值無法可靠衡量，則應以其成本減累計折舊及累計減損損失衡量。

(　　) **19** 瑞珍公司於2010年1月1日以$320,000購入運輸設備，估計耐用年限為5年，殘值為$20,000，採用年數合計法提折舊。2012年1月1日，公司決定改採直線法提折舊，而且發現該運輸設備還可再用5年，殘值為$10,000。請問該公司2014年之折舊金額為多少？

(A)$32,000　　(B)$26,000

(C)$28,000　　(D)$30,000。　　【103四技二專】

(　　) **20** 信義公司於98年1月1日購買機器一部，成本$200,000，估計耐用年限6年，估計殘值$20,000，依直線法提列折舊，信義公司於102年4月1日以$60,000出售該機器，有關處分此機器之會計處理，下列描述何者不正確？

(A)借記「累計折舊—機器設備」$120,000

(B)借記「處分資產損失」$12,500

(C)借記「現金」$60,000

(D)貸記「機器設備」$200,000。　　【102四技二專】

(　　) **21** 丁公司以$500,000購入一筆公告現值為$550,000的土地作為建廠之用，另外支付過戶登記費$30,000、土地增值稅$20,000，並隨即花$100,000拆除舊屋以便興建廠房，拆除舊屋後殘料售得$20,000，興建廠房成本$800,000，下列入帳金額何者正確？

(A)土地$550,000，房屋$880,000

(B)土地$630,000，房屋$800,000

(C)土地$650,000，房屋$780,000

(D)土地$680,000，房屋$800,000。　　【四技二專】

(　　) **22** 東南公司98年初以成本$320,000購入機器一部，估計耐用年限5年，殘值$20,000，以年數合計法提列折舊。100年底公司調整生產線，將該機器以$50,000出售。請問公司處分該項資產的損益是多少？

(A)損失$20,000　　(B)利得$20,000

(C)損失$30,000　　(D)利得$30,000。　　【四技二專】

(　) **23** 甲公司於今年初以機器一部交換乙公司機器一部，相關資料如下所示：

甲公司機器：		乙公司機器：	
資產成本	$550,000	資產成本	$300,000
累計折舊	350,000	累計折舊	75,000
公平市價	260,000	公平市價	210,000
現金收入（給付）	50,000	現金收入（給付）	（50,000）

若此交換具有商業實質，下列有關甲、乙公司交換資產之敘述，何者正確？

(A)甲公司換入機器（新機器）之入帳成本為$200,000
(B)甲公司有處分資產利益$60,000
(C)乙公司換入機器（新機器）之入帳成本為$275,000
(D)乙公司有處分資產損失$20,000。 【四技二專】

(　) **24** 甲公司於97年7月初購買資產$160,000，誤列為維修費用，於100年初方發現上述錯誤，該資產應採年數合計法提列折舊，自購買日起，預計該資產可使用5年，期末殘值為$10,000。請問該失誤對100年初保留盈餘的影響為何？

(A)低列$40,000 (B)低列$55,000
(C)低列$105,000 (D)低列$190,000。 【二技】

(　) **25** 幸福公司於98年初購入成本$20,000之設備並安裝正式運轉。若安裝設備之成本$8,000誤記為修理費，假設該設備估計使用年限為五年，採直線法提列折舊，無殘值，則前述錯誤將使98年之淨利（不考慮稅的影響）：

(A)少計$1,600 (B)少計$6,400
(C)多計$1,600 (D)多計$6,400。 【四技二專】

(　) **26** 甲公司以$8,000,000購買一塊建廠用地，且預定拆除土地上之舊建築物，以興建新廠房，因而發生下列相關費用：佣金$240,000、稅捐$50,000、拆除舊建築物支出$30,000、拆除舊建築物後廢料出售所得$10,000、建造成本$6,000,000及建築設計費$450,000，則該土地及新廠房的成本分別為：

(A)$8,310,000；$6,450,000
(B)$8,320,000；$6,350,000
(C)$8,290,000；$6,470,000
(D)$8,320,000；$6,450,000。 【四技二專】

(　　) **27** 綠地公司於96年1月1日以$600,000購入一座估計蘊藏800,000噸的煤礦，約5年可開採完畢，無殘值。該公司採成本折耗法計算折耗，96年開採80,000噸，出售50,000噸；97年度開採100,000噸，出售120,000噸。98年初花費$135,000加強探勘，發現蘊藏量估計可增加130,000噸，該年度開採280,000噸，出售261,000噸。請問98年底煤礦之帳面價值是多少？
(A)$165,000　(B)$240,000
(C)$376,000　(D)$600,000。【二技】

(　　) **28** 蘭芳公司於95年初以$1,000,000購入機器設備，耐用年限五年，殘值$200,000，採直線法提列折舊。若97年底作減損測試，估計該資產之可回收價值為$350,000，則97年應認列之減損損失為多少？
(A)$0　(B)$160,000
(C)$170,000　(D)$350,000。【二技】

(　　) **29** 依據國際財務報導準則規定，動物園應將其擁有之企鵝分類為：
(A)存貨　(B)其他資產
(C)生物資產　(D)不動產、廠房及設備。

(　　) **30** 某公司現購機器一部，定價$100,000，按9折成交，另支付運費$400，安裝費$2,000，試車（測試）費$500，但搬運時不慎損壞而付修繕費$800，請問該機器之入帳成本是多少？
(A)$92,900　(B)$93,700
(C)$102,900　(D)$103,700。【四技二專】

(　　) **31** 下列各項不同用途的不動產，何者應歸類為「投資性不動產」？ (1)受委託建造或開發的不動產 (2)自用不動產 (3)準備以營業租賃方式招租的閒置建築物 (4)以銷售為目的之不動產 (5)因融資租賃擁有或持有，並以營業租賃方式出租的建築物
(A)一項　(B)二項　(C)三項　(D)四項。

(　　) **32** 甲公司於X1年7月1日以$900,000購入一座估計蘊藏量750,000噸的煤礦，煤礦開採完後需以$30,000將環境復原。X1年甲公司開採50,000噸，出售40,000噸，則X1年銷貨成本中折耗額是多少？
(A)$46,400　(B)$49,600　(C)$58,000　(D)$62,000。

( ) **33** 大愛公司於100年中購入60頭年齡6個月之乳牛，每頭乳牛價格為$4,500，準備飼養成熟後生產牛奶。公司估計若立即將60頭乳牛出售，應支付牛隻運輸費用$18,000及市場管理費等成本$12,000。大愛公司100年間耗費飼草費用$50,000、人工飼育成本$60,000，公司將後續支出做為費用處理。100年12月31日公司估計若將60頭1歲之乳牛立即出售，每頭售價為$7,200，另應支付運送牛隻至市場之運輸費用$36,000及市場管理費等其他成本$15,000，則大愛公司100年與生物資產－乳牛相關之分錄，何者正確？
(A)購入乳牛時應借記生產性生物資產$270,000
(B)購入乳牛時應借記生物資產評價損失$30,000
(C)年底評價時應貸記生物資產評價利益$31,000
(D)年底評價時應貸記生物資產評價利益$111,000。

( ) **34** 水手公司誤將一筆$100,000的費用支出作為資本支出處理，請問對當年度財務報表的影響為何？
(A)資產低估，費用高估　(B)費用高估
(C)資產高估，費用低估　(D)資產低估。

( ) **35** 依據國際會計準則第16號，不動產、廠房及設備於認列後之衡量模式有成本模式與重估價模式兩種，試問下列敘述何者正確？
(A)企業可針對不同類別中之全部不動產、廠房及設備採取不同的衡量模式
(B)資產重估價應於每年12月31日執行
(C)企業應選定每年的同一日進行所有各類資產的重估價
(D)不動產、廠房及設備項目於權益中之重估增值，在該資產出售時應先結轉至當期損益，再轉至保留盈餘。

( ) **36** 甲公司於X01年1月1日以$100,000,000 成本購置一棟商辦大樓，並以營業租賃方式出租以獲取穩定的租金收益，分類為投資性不動產，後續按成本模式衡量，估計該商辦大樓可使用50年，無殘值，依直線法提列折舊。X31年1月1日甲公司決定將大樓重新隔間更新內牆，更新內牆成本共計$8,000,000。假設舊內牆之原始成本為$4,000,000。以下對甲公司重置新內牆相關分錄之敘述何者正確？
(A)「投資性不動產－建築物」帳面金額淨增加$2,400,000
(B)「投資性不動產－建築物」帳面金額淨增加$4,000,000
(C)應認列「處分投資性不動產利益」$1,600,000
(D)應認列「處分投資性不動產損失」$1,600,000。

(　　) **37** 下列有關資產之敘述，何者正確？
(A)「土地改良」應提列折舊
(B)自建資產因成本節省，其成本低於公平市價之差額，應認列為完工年度之收益
(C)年度當中取得資產，其當年度之折舊提列，應按日計算
(D)受贈取得之設備因無成本，故僅需附註揭露，不必入帳。
【四技二專】

(　　) **38** 下列何者為國際會計準則（International Accounting Standards, IAS）第36號「資產減損」適用範圍之除外項目？
(A)機器設備　(B)無形資產
(C)採用權益法之投資　(D)存貨。

(　　) **39** 戊公司於X1年12月1日決定將一機器設備分類為待出售，該資產未達耐用年限，無減損發生，於年底尚未出售。若與未將其分類為待出售資產相較，此決定會使財報：
(A)折舊費用較少　(B)流動資產不變
(C)總負債減少　(D)非流動資產不變。

(　　) **40** 丁公司於X1年1月1日購入煤礦一座，成本為$32,000,000，估計蘊藏量為10,000,000噸，估計煤礦殘值為$2,000,000，預計在5年內開採完畢，X10年實際開採1,500,000噸。丁公司並於X10年1月1日購入開採機器，成本為$2,200,000，估計耐用年限為7年，殘值為$100,000，採年數合計法計提折舊（估計第5年底之殘值為$400,000），開採罄盡後該機器無其他用途，則X10年底每噸煤之存貨成本為：
(A)$3.00　(B)$3.35
(C)$3.40　(D)$4.00。

(　　) **41** 收益支出係借記：
(A)累計折舊帳戶　(B)資產帳戶　(C)費用帳戶　(D)收益帳戶。

(　　) **42** 甲公司於X3年初購入土地$8,000,000，公司選擇重估價模式為其後續衡量，X4年底土地經重估後的公允價值為$8,200,000，則土地重估價對X4年財務資訊之影響，下列敘述何者錯誤？
(A)每股盈餘增加　(B)權益總額增加
(C)負債比率下降　(D)總資產週轉率下降。

( ) **43** 當不動產、廠房及設備發生大修時，若此支出金額重大且能延長資產的耐用年限時，應將其借記：

(A)維修費用 (B)固定資產 (C)累計折舊 (D)預付款項。

( ) **44** 平安醫院於X1年初接受政府補助購入一醫療儀器，公允價值為$2,000萬，估計耐用年數為五年，無殘值，依直線法提列折舊，政府並要求醫院未來須提供低收入戶做身體檢查。請問上述資訊產生之分錄對X1年度與X2年度之損益有何影響？

(A)使X1年度損益增加$2,000萬，X2年度無影響

(B)使X1年度損益增加$1,800萬，X2年度損益減少$200萬

(C)兩年度損益均不受影響

(D)使X1年度損益增加$400萬，X2年度損益增加$400萬。

( ) **45** 丙公司於X0年初購入一部機器設備，成本為$1,000,000，估計可以使用10年，殘值$100,000，於X3年底時大雄公司發現該部機器尚可使用4年，殘值為$10,000，請幫大雄公司計算機器X3年底的折舊費用？

(A)$144,000 (B)$126,000 (C)$108,000 (D)$100,000。

( ) **46** 下列那一項支出不應列為土地的成本？

(A)與過戶相關之規費 (B)土地清理、整平的費用

(C)支付地上原住人的搬遷費 (D)建築圍牆的費用。 【二技】

( ) **47** 下列有關自生物資產收成之「農產品」之會計處理，何者正確？

(A)列於資產負債表「生物資產」項下

(B)原始評價採用成本原則

(C)原始評價按其公允價值減去處分成本衡量

(D)續後評價採用淨公允價值評價。

( ) **48** 丁公司接受戊公司捐贈市價$1,000,000之土地一筆，並支付土地過戶規費$20,000，該土地於戊公司之帳列金額為$400,000，則丁公司對該土地之入帳金額為：

(A)$20,000 (B)$420,000 (C)$1,000,000 (D)$1,020,000。

( ) **49** 甲公司近來因為其機器過於老舊，於是決定將該機器報廢，這項機器的原始取得成本為$300,000，累計折舊為$250,000，估計殘值為$2,000，於處分該項資產時應：

(A)借記：報廢資產損失$48,000
(B)借記：報廢資產損失$2,000
(C)貸記：報廢資產利得$48,000
(D)貸記：報廢資產利得$2,000。

(　　) **50** 機器設備的帳面價值為$100,000，淨公允價值$60,000，使用價值$45,000，請問機器的減損損失為多少？
(A)$0　(B)$40,000　(C)$55,000　(D)$15,000。

(　　) **51** 東泰公司於 90年初購入房地資產支付如下成本：

土地	$200,000
建築物	300,000
建築物使用前整修成本	60,000
建築物過戶稅捐	40,000
土地改良	100,000
合計	$700,000

東泰公司會計人員誤將整筆支出$700,000 記入「房地產」科目，並以估計可使用五年無殘值，按直線法提折舊。及至91年初方發現此項錯誤，而錯誤更正前計得90年度淨利$120,000。經重新評估後，估得建築物可使用8年，無殘值；而土地改良可有5年使用年限，亦無殘值。請問公司仍以直線法提列折舊，更正後 90年度淨利應為多少？
(A)$190,000　(B)$160,000
(C)$260,000　(D)$175,000。　【四技二專】

(　　) **52** 期末會計年度結束時，若漏記調整機器的折舊分錄，則將使：
(A)機器資產低估，淨利低估及股東權益低估
(B)機器資產高估，淨利高估及股東權益高估
(C)機器資產低估，淨利高估及股東權益高估
(D)機器資產高估，淨利高估及股東權益低估。　【二技】

(　　) **53** 折舊的方法有：直線法、生產數量法、倍數餘額遞減法、年數合計法，這四個方法中有幾個方法會使每年所提折舊遞減？
(A)一個　(B)二個　(C)三個　(D)四個。　【二技】

( ) **54** 有關天然資源的會計處理，下列敘述何者正確？
(A)天然資源的折耗，應列為營業費用
(B)天然資源蘊藏量估計困難，估計量經常變更，故已提列的折耗應追溯調整
(C)天然資源的有形開採設備，其折舊亦應列為營業費用
(D)天然資源的折耗屬於產品成本，應轉入銷貨成本或存貨成本中。

( ) **55** 下列何者為收益支出？
(A)在廠房內加裝之電梯
(B)機器設備大修，因而延長設備之耐用年限
(C)更新舊卡車之火星塞
(D)新屋建造期間的保險費。

( ) **56** 丁公司於2017年1月1日購置一部機器設備，採直線法提列折舊，估計耐用年限為10年，估計殘值為$30,000。已知該設備2019年底的累計折舊為$180,000，請問該設備的原始成本為多少？
(A)$570,000 (B)$600,000 (C)$630,000 (D)$930,000。

( ) **57** 甲公司持有一塊土地，原始取得成本為3億元，X1年底曾辦理重估增值1億元，故此時帳面價值為4億元。後因傳言該地段將規劃為工業區，所以X2年底淨公允價值下降至2.8億元，X3年政府澄清無此規劃，故X3年底該土地淨公允價值回升至3.5億元，甲公司無法決定該土地使用價值。請問於計算甲公司X3年之損益時，因該土地之減損損失轉回利益應認列若干元？
(A)應認列轉回利益0元 (B)應認列轉回利益2千萬元
(C)應認列轉回利益5千萬元 (D)應認列轉回利益1.2億元。

( ) **58** 乙公司於X10年7月1日購買一部機器，成本為$500,000，耐用年數5年，殘值$50,000，採倍數餘額遞減法提列折舊，該機器於X10年底帳面餘額為多少？
(A)$320,000 (B)$410,000 (C)$450,000 (D)$400,000。

( ) **59** 漏記折舊費用將會造成當期：
(A)費用與淨利多計 (B)費用與淨利少計
(C)費用少計，淨利多計 (D)費用多計，淨利少計。

(　) **60** 新竹公司於95年初，以含稅價格$105,000購入自用乘人小汽車一部，營業稅稅率為5%，該運輸設備可用5年，無殘值，公司以直線法提列折舊，請問該運輸設備95年應提列折舊金額為多少？
(A)$2,000　(B)$20,000
(C)$21,000　(D)$22,050。【四技二專】

(　) **61** 已經報廢的機器設備，留待未來處分，其在資產負債表上宜列入：
(A)流動資產　(B)其他資產
(C)長期投資　(D)附註。

(　) **62** 雲海公司取得礦坑一座，成本$5,000,000，另支付開發成本$4,000,000，估計蘊藏量為800,000噸，預計開採完後殘值為$1,000,000，該公司採生產數量法（即成本折耗法）提列折耗，第一年開採並銷售100,000噸，則應提列折耗之分錄為下列何者？

(A)折耗費用	1,000,000	
累計折耗		1,000,000
(B)折耗費用	1,125,000	
累計折耗		1,125,000
(C)折耗費用	500,000	
累計折耗		500,000
(D)折耗費用	2,000,000	
累計折耗		2,000,000

【二技】

(　) **63** 大方公司購買機器一部，簽發二年期不附息票據，面額$121,000，內以支付機器款項，公司又另支付運費$5,000。機器運回公司途中，因運送人員搬運不慎摔損，公司支付修理費$2,000。假設市場公平利率為 10%。請問機器的入帳成本應為多少？
(A)$105,000　(B)$117,000
(C)$121,000　(D)$126,000。【二技】

(　) **64** 丙公司購入一塊土地，土地上有一棟農舍，該公司打算將農舍予以拆除，並建造一新的渡假旅館，則農舍之拆除支出應：
(A)作為農舍處分損益的一部分　(B)作為拆除年度的非常損失
(C)作為土地成本的一部分　(D)作為新建渡假旅館的成本。

( ) **65** 甲公司107年3月1日以現有中古送貨車交換機器一部，中古送貨車原始成本$300,000，帳面價值為$150,000，新機器市價為$200,000，甲公司另付$35,000給出售機器的公司，則：
(A)交換損失$15,000 (B)交換利益$35,000
(C)交換損失$35,000 (D)交換利益$15,000。

( ) **66** 己公司產品面臨轉型之威脅，可能導致設備價值減損，在107年12月31日時，該公司某設備之帳面金額為800萬元，淨公允價值為700萬元，預期該設備能產生之未來淨現金流量折現值為750萬元。已知該設備採重估價模式，帳上留有重估價盈餘10萬元，應針對該設備認列減損損失多少？
(A)40萬元 (B)50萬元 (C)60萬元 (D)100萬元。

( ) **67** 廠房的成本中，不包括：
(A)新廠房的設計費
(B)興建廠房支出
(C)興建廠房期間發生的火災損失
(D)挖掘地基費用。

( ) **68** 辛公司於X2年度辦理房屋資產重估增值，帳上淨額原為$1,000萬，該資產未曾發生減損，重估日該資產公允價值為$1,500萬。請問該重估增值對X2年度本期損益及期末保留盈餘有何影響？
(A)本期損益無影響，期末保留盈餘無影響
(B)本期損益無影響，期末保留盈餘增加$500萬
(C)本期損益增加$500萬，期末保留盈餘無影響
(D)本期損益增加$500萬，期末保留盈餘增加$500萬。

( ) **69** 甲公司於X2年初以$91,000購入機器一部，估計耐用年限5年，殘值$1,000，並採用直線法提列折舊，X3年初該公司決定將其機器之折舊方法改為年數合計法，X3年度之折舊費用為何？
(A)$18,000 (B)$18,200 (C)$24,000 (D)$28,800。

( ) **70** 乙公司於X3年初以$6,300,000取得煤礦一座，預計開採量為200,000噸。估計開採後復原成本估計為$900,000，經整理後土地可以$200,000售出。X3年間共開採12,000噸，售出10,000噸。則X3年度銷貨成本為何？
(A)$315,000 (B)$350,000 (C)$360,000 (D)$432,000。

(　　) **71** 曉文公司於96年初購入機器設備，若估計可使用5年，殘值為$40,000，96年以直線法提列之折舊費用為$80,000，則購入之機器成本為何？
(A)$360,000　(B)$400,000
(C)$440,000　(D)$600,000。【二技】

(　　) **72** 中壢煤礦公司於20X2年初買入一座煤礦的礦山，成本$4,000,000，另支付探勘成本$1,000,000，及挖掘坑道等開發支出$1,200,000，估計蘊藏量60萬噸。開採完畢後，廢棄礦山可售得$500,000，但需支付$300,000的移除及復原成本，若20X2年度開採煤礦12萬噸，出售10萬噸，請計算20X2年度的折耗金額若干？
(A)$1,200,000　(B)$1,100,000　(C)$1,000,000　(D)$900,000。

(　　) **73** 甲公司擁有一機器設備，成本$6,000,000，沒有殘值，以直線法分6年提折舊。第三年初，有跡象顯示資產價值發生減損，估計之使用價值為$3,500,000，公允價值減出售成本為$2,800,000。請問甲公司於第三年初應認列之減損損失為：
(A)$0　(B)$200,000　(C)$500,000　(D)$1,200,000。

(　　) **74** 不動產、廠房及設備耐用年限之估計變動時，應如何處理？
(A)計算估計變動累積影響數，於本期損益表單獨揭露
(B)計算估計變動累積影響數，以之調整期初保留盈餘
(C)以前年度報表均不作任何變更
(D)計算估計變動累積影響數，做為本期銷貨成本的調整。

(　　) **75** 甲.建造房屋而搭建工棚之成本、乙.建造房屋而挖打地基的成本、丙.隨土地一起買入，準備拆除之舊屋成本、丁.建造期間投保意外險之保費。上述有幾項屬於房屋的成本？
(A)一項　(B)二項　(C)三項　(D)四項。

(　　) **76** 不動產、廠房及設備之折舊提列方法自年數合計法變更為直線法，前述事項應以下列何者進行應有之會計處理？
(A)會計原則變動　(B)會計估計變動
(C)報告個體變動　(D)錯誤更正。

( ) **77** 雲林公司於92年1月1日以$200,000購得機器一部，並支付運費$2,000，安裝試車成本$8,000，估計耐用年限10年，估計殘值$10,000。94年1月1日增添一組成本為$14,000之零組件，此種零組件不會增加機器耐用年限，亦無殘值，但可提昇產品品質。該公司採用直線法提列折舊，試計算94年該機器應提列之折舊費用是多少？

(A)$21,400　　(B)$21,750

(C)$23,000　　(D)$26,750。　　【二技】

Notes

無形資產

重要度 ★★

準備要領

無形資產占企業整體資產的比重不高，故此單元自然非會計學的重點所在。歷年考題中本單元最喜歡考的是：

1.「電腦軟體」開發，在開發過程的各個階段會計上如何認定。
2.「專利權」侵害而提起訴訟時，訴訟費用不能資本化。後續攤銷及專利權金額為何？
3.攤銷年數法定年限或經濟年限取二者之間較短者。
4.發生研究發展成本時，應資本化的金額為何？

主題1 無形資產之意義及內容

1. **意義**：所謂無形資產係指符合下列三項條件，而無實體形式的非貨幣性資產：
   (1)具有可辨認性。
   (2)經濟效益可被企業控制。
   (3)具有未來經濟效益。
2. **內容**：有關無形資產的內容有專利權、商標權、特許權、電腦軟體成本等，茲整理如下表：

內容	定義
專利權	為政府授予發明者在特定期間，排除他人模仿、製造、銷售的權利。
特許權	政府或企業授予其他企業，在特定地區經營某種業務或銷售某種產品的特殊權利。
商標權	用以表彰自己產品之標記、圖樣或文字。
著作權	政府授予著作人就其所創作之文學、藝術、音樂、電影……等，享有出版、銷售、表演或演唱的權利。
顧客名單	客戶群的資料可助於銷售產品，具有價值。
商譽	凡無法歸屬於有形資產和可個別辨認無形資產的獲利能力，稱為商譽。無法個別辨認之無形資產，未規定在第37號公報。
電腦軟體成本	為了開發供銷售、出租或以其他方式行銷的電腦軟體所發生的各項支出。

小試身手

( ) 1 下列對於無形資產之敘述，何者錯誤？ (A)對自行發展且無法辨認之無形資產應費用化 (B)攤銷年限為法定或經濟年限取較短者 (C)非確定耐用年限者不得攤銷 (D)直線法或其他攤銷方法所計算的累計攤銷應選較小者。

( ) 2 下列何項敘述與無形資產的定義無關？ (A)可被企業控制 (B)不具實體存在性 (C)成本能可靠衡量 (D)具有未來經濟效益。

主題 2 無形資產之一般會計處理

1. **成本衡量**：無形資產的取得方式，有出價購買、受贈取得、交換以及自行發展，取得方式不同，成本衡量也不同，茲整理如下表：

取得方式	成本衡量
出價取得	包括購買價格及為使該資產達可供使用狀態前之可直接歸屬成本。
政府捐助	以公允價值衡量。
交換取得	(1)原則上：以非貨幣性資產取得無形資產，應以公允價值衡量。 (2)例外：當換入及換出資產的公允價值均無法可靠衡量時，則應以換出資產的帳面價值衡量（考量具商業實質與不具商業實質來處理）。
企業合併取得	應以合併時之公允價值認列，並認列商譽。 註：僅購入的商譽可以認列，自行發展的商譽不能認列。

2. **攤銷**

(1)**攤銷原則**圖示如下：

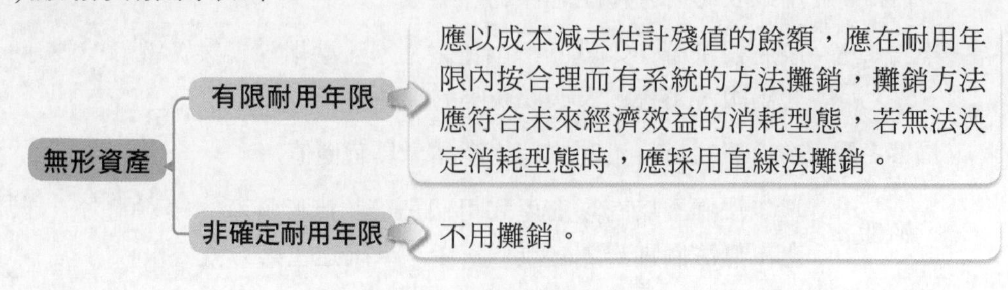

(2)**攤銷方法**：無形資產成本攤銷之方法包括直線法及生產數量法……等，企業應根據資產所隱含預期未來經濟效益之消耗型態，選擇所採用之攤銷方法，除該型態發生改變外，應於每期一致採用，若該形態無法可靠決定時，應採用直線法。

(3)**攤銷年數**：若法定年限或經濟年限不同，應取二者間較短者。

(4)**攤銷分錄**：

攤銷費用　　　　xxx（營業費用）
　　累計攤銷－　　　　xxx（無形資產之減項）

3. **減損：減損認列之原則及處理方式**圖示如下：

無形資產
- **有限耐用年限** → 企業應該於報導期間結束日評估是否有跡象顯示，有限耐用年限的無形資產可能發生減損，如有減損跡象存在，應即進行減損測試，認列減損損失，以後年度可回收金額如有回升，於減損範圍內，得認列其回升利益。
- **非確定耐用年限** → 每年不論是否有跡象顯示可能發生減損，都應定期進行減損測試，認列減損損失，以後年度可回收金額如有回升，於減損範圍內，得認列其回升利益。

4. **續後處理**：無形資產的續後處理方式，茲整理如下表：

種類	續後處理方式
專利權	當專利權受侵害而提起訴訟時，不論勝訴或敗訴，訴訟費用均應作為當期費用。如果敗訴，則應評估專利權是否已減損，如減損，則應認列減損損失。
特許權	之後每年為維持特許權所支付的年費列為當期費用。
商譽	商譽沒有確定使用年限，所以商譽不得攤銷。但每年須評估是否已發生減損。如有減損，應認列減損損失或沖銷商譽。但特別須注意的地方，商譽的減損損失不得轉回。 **註** (1)僅購入的商譽可以認列，自行發展的商譽不能認列。 (2)一個公司商譽的計算，可以下列公式求得： 商譽＝購買其他公司支付總成本－（取得的有形及可個別辨認無形資產公允價值總額－承受的負債總額）

小試身手

( ) **1** 「企業按合理而且有系統的方式，將有限耐用年限之無形資產的成本分攤於耐用期間」，此過程稱為： (A)攤銷 (B)折耗 (C)折舊 (D)重估價。

( ) **2** 陽光公司進行新產品的開發，自X1年至X5年間，共支付研究發展費用$800,000，X6年初研究成功並支付專利權申請及登記費$150,000，則專利權之入帳成本為： (A)$650,000 (B)$150,000 (C)$800,000 (D)$950,000。

( ) **3** 當公司因維護無形資產而發生訴訟，若是敗訴，則訴訟之支出應如何處理？
(A)認列為費用
(B)認列為遞延資產
(C)認列為專利權的成本
(D)認列為資本公積。

主題 3 研究發展成本

相關規定

1. 研究階段的支出，因尚未能為企業帶來經濟效益，故應於發生時認列為「研究發展費用」。
2. 發展階段若產品已可銷售或技術已可運用，則可將此階段之支出資本化，列為「無形資產」。
3. 國際會計準則公報規定：發展階段的支出，若同時符合下列所有條件時，則可將此階段之支出資本化，列為「無形資產」：
   (1)該無形資產的技術可行性已完成。
   (2)企業有意圖完成該無形資產，並加以使用或出售。
   (3)企業有能力使用或出售該無形資產。
   (4)此項無形資產將很有可能會產生未來經濟效益。
   (5)具充足的技術、財務及其他資源，以完成此項無形資產的發展專案計畫。
   (6)發展階段歸屬於無形資產的支出能可靠衡量。

小試身手

(　　) 圓通公司自X9年起研究開發新產品，X12年底研究成功，並於X13年初取得專利權。為了開發該項新產品，4年間共支付研究費$25,000,000，而專利權的申請及登記費用為$250,000，預計5年後該項專利將喪失價值，則X13年度專利權的攤銷金額為何？　(A)$50,000　(B)$5,050,000　(C)$5,000,000　(D)$4,950,000。

主題 4　電腦軟體成本

1. **成本衡量**：向外購買者資本化並分年攤銷。自行製造者，在建立技術可行性前所發生之成本列為「研究發展費用」，建立技術可行性至完成產品母版時所發生之支出列為「無形資產」，母版完成時至對外銷售前所發生之成本列「存貨」。

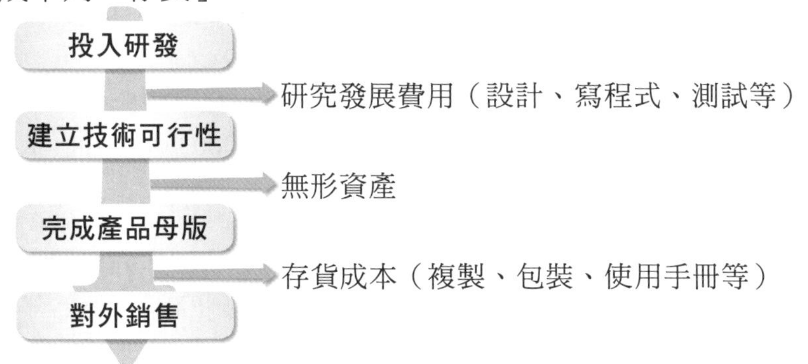

2. **攤銷**：資本化電腦軟體成本應個別在估計的受益期間內加以攤銷。每年的攤銷比率是比較(1)該軟體產品本期收入占產品本期及以後各期總收入的比率，或(2)按該產品的剩餘耐用年限採直線法計算的攤銷比率，取兩者中較大者作為攤銷比率。
3. **續後評價**

   國際會計準則公報規定：電腦軟體成本在報導期間結束日，應按「未攤銷成本與公允價值孰低」評價。且依據國際財務報導準則的規定，續後年度得認列回升利益。

小試身手

( ) 雲山公司X1年開發軟體以供出售，建立技術可行性前之成本總計$5,000,000，建立技術可行性後發生偵錯成本$800,000，產品母版製造成本$800,000，軟體產品複製與包裝成本$400,000，相關教材印製成本$200,000。試問雲山公司於X1年應資本化之電腦軟體成本為：(A)$6,600,000 (B)$7,200,000 (C)$5,000,000 (D)$1,600,000。

試題演練

( ) **1** 某公司X1年初向外購入甲專利權，法定年限20年，預估經濟年限15年，X6年初為保護甲專利權，以$150,000購入另一法定年限為15年之乙專利權，並因取得乙專利權估計能再增加甲專利權5年之經濟年限。若X6年底專利權總攤銷金額為$50,000，則X1年初購入之甲專利權成本為何？

(A)$400,000 (B)$600,000

(C)$800,000 (D)$900,000。 【108年四技二專】

( ) **2** 刻霖公司X5年初以現金買入專利權，法定年限十年，經濟效益八年。X6年初發生專利權訴訟，支付訴訟費用$7,000，判決勝訴但並無增加該專利權之經濟效益，且發現使用年限只剩四年。於X7年初又與人訴訟，支付訴訟費用$10,500，結果判決敗訴，專利權喪失價值，X7年初該項專利權應認列損失金額為$63,000。請問X5年初入帳之專利權的成本為何？

(A)$72,000 (B)$80,000

(C)$88,000 (D)$96,000。 【107年四技二專】

( ) **3** 下列有關無形項目支出之敘述，錯誤與正確者為：a.企業創業期間之廣告支出，若有利於商譽之建立，則該支出應認列為資產 b.研究階段之支出均應於發生時認列為費用 c.企業自行建立客戶名單資料庫之支出，若評估可帶來業績成長，該支出應認列為資產

(A)a.b.錯誤，c.正確 (B)a.c.錯誤，b.正確

(C)b.c.錯誤，a.正確 (D)a.b.c.皆錯誤。 【106年四技二專】

( ) **4** 商際公司於2015年初開發新軟體，並於年底開發成功準備出售，相關支出如下：程式設計與規劃$90,000、客戶使用軟體訓練支出$70,000、產品包裝$60,000、製造產品母版$100,000、軟體宣傳成本$50,000、測試產品$40,000、編碼$20,000、產品母版複製$30,000，則有關當年度開發新軟體交易，下列何者正確？
(A)存貨$120,000 (B)軟體成本$140,000
(C)研究發展費用$150,000 (D)推銷費用$180,000。
【105年四技二專】

( ) **5** 甲公司於X1年初以$160,000買入一專利權，法定年限尚餘10年，估計耐用年限為8年，無殘值，採直線法攤銷。X4年初該專利權受他人侵害而提起訴訟，發生訴訟支出$70,000，甲公司最後獲得勝訴，該專利權得以維持與原預計相同之效益，X4年底該專利權之帳面金額為何？
(A)$80,000 (B)$96,000
(C)$100,000 (D)$156,000。 【104年四技二專】

( ) **6** 平學公司於2011年1月1日以成本$160,000購入一法定年限為16年之專利權，但購入時評估其經濟效益僅有8年。在2014年1月1日發現該專利權因新技術的產生，其經濟效益僅剩4年。2016年1月1日因新產品問世，該專利權已失去經濟效益，則2016年1月1日應列計損失為：
(A)$60,000 (B)$110,000
(C)$65,000 (D)$50,000。 【103年四技二專】

( ) **7** 下列有關無形資產之描述，何者不適當？
(A)專利權可與企業分離並出售
(B)應以購買價格及達可使用狀態前可直接歸屬的相關支出，列為取得無形資產的成本
(C)企業內部產生之無形資產，一律於發生時列為費用
(D)有限耐用年限之無形資產，應於估計的耐用年限內攤銷。
【102年四技二專】

( ) **8** 年春公司開發商用電腦軟體以供出售，相關成本如下：
(1)程式設計與規劃$400,000
(2)編碼$250,000
(3)產品測試與訓練教材$550,000

(4)產品母版製造$1,800,000
(5)複製軟體$160,000
(6)包裝軟體$110,000
請依上述資料，計算年春公司應列入存貨之金額為何？
(A)$270,000 (B)$1,200,000
(C)$1,800,000 (D)$3,000,000。 【四技二專】

( ) **9** 下列有關無形資產的敘述，何者正確？
(A)凡無實體形式的資產，皆歸類為無形資產
(B)商譽不具可辨認性，但仍歸類為無形資產
(C)企業自行發展之商譽，可依公允價值認列入帳
(D)商標權是有限耐用年限之無形資產。

( ) **10** 試計算出以下甲公司無形資產之金額為何？

土地	400,000元
商標權	200,000元
商譽	500,000元
研究發展費用	800,000元

(A)1,900,000元 (B)1,500,000元
(C)700,000元 (D)1,100,000元。

( ) **11** 企業進行併購時，當收購價金高於被併企業所有可辨認淨資產之公允價值時，將產生哪一項資產？
(A)客戶名單 (B)特許權
(C)商業機密 (D)商譽。

( ) **12** 下列何種情況可能認列無形資產？
(A)公司透過合併取得之研究活動，其後續研究支出
(B)企業自行建構客戶名單資料庫
(C)公司原始認列其自行向外購買之研究活動
(D)付費給管理顧問公司以獲得策略管理新知。

( ) **13** 下列何者是不具有可辨認性的無形資產？
(A)專利權 (B)商標權
(C)著作權 (D)商譽。 【四技二專】

(　　) **14** 下列有關商譽之敘述，何者正確？
(A)企業內部自行發展之商譽不得入帳
(B)企業向外購買之商譽不得入帳
(C)商譽入帳後可以攤銷，但每年須作減損測試
(D)企業清算解散時，商譽可以個別出售。【二技】

(　　) **15** 有關無形資產之會計處理，下列敘述何者正確？
(A)若無形資產之耐用年限不確定時，期末不得攤銷，亦不得進行資產減損測試
(B)企業合併取得之非商譽類之無形資產，應以公平市價入帳
(C)政府免費授與企業之無形資產，因不需付錢，故不需入帳
(D)資產交換所取得之無形資產，因不需付錢，故不需入帳。
【四技二專】

(　　) **16** 下列有關大武山公司之支出，何者不屬於無形資產？
(A)大武山公司邀請名模林智玲擔任廣告代言人，支付$10,000,000，以提高公司聲譽
(B)為取得專利權，申請註冊之規費與相關之法律費用
(C)大武山公司為了在高速公路休息站設立商店，支付給政府的特許權支出
(D)大武山公司以$10,000,000之價格向其他公司購買歌詞之版權。
【二技】

(　　) **17** 甲公司擁有一項內部自行設計之商標，估計該項商標之設計成本為$100,000，而該商標目前之估計價值為$750,000，並假定該商標之經濟年限為20年，則商標每年之攤銷金額應為：
(A)$0　(B)$5,000
(C)$37,500　(D)$5,000或$37,500。

(　　) **18** 乙公司自X1年起研究開發新產品，X4年底研究成功，並於X5年初取得專利權。為了開發該項新產品，4年間共支付研究費$25,000,000，而專利權的申請及登記費用為$250,000，預計5年後該項專利將喪失價值，則X5年度專利權的攤銷金額為何？
(A)$5,050,000　(B)$50,000　(C)$5,000,000　(D)$4,950,000。

(　　) **19** 將無形資產成本轉為費用之過程稱為：
(A)折舊　(B)折耗　(C)攤銷　(D)折價。

(　　) **20** 丙公司為保護其所擁有的專利權，進行法律訴訟而打贏官司，此一訴訟所花的成本應如何處理？
(A)作為當期費用　(B)屬於專利權成本
(C)認列非常利益　(D)認列當期損失。

(　　) **21** 下列敘述何者錯誤？
(A)一企業自行研發而取得專利權，但研發成本仍應當費用
(B)為鼓勵企業從事研發，研發成本可計入無形資產項下
(C)無形資產之攤銷原則上以直線法為之
(D)無形資產之攤銷年限不可超過20年。

(　　) **22** 裕隆公司於94年初以$30,000,000 取得上杭公司40%股權，購買當時，上杭公司淨資產的帳面價值為$50,000,000，且上杭公司折舊性資產之公平市價較帳面價值多出$10,000,000，則購買產生之商譽為何？
(A)$4,000,000　(B)$6,000,000
(C)$10,000,000　(D)$20,000,000。　【二技】

(　　) **23** 依據一般公認會計原則，研究支出在會計上應如何處理？
(A)應在發生時資本化，然後依估計耐用年限攤銷
(B)應在發生時當作費用，除非有契約規定可以歸墊
(C)可資本化或當作費用，由公司選擇
(D)應在發生時作為費用，除非能明確顯示該支出有重大未來效益。

(　　) **24** 有一項特許權購入成本為$200,000，其經濟年限為10年。另外，為持續擁有此項特許權，公司還得每年支付$10,000，則公司每年所認列與該項特許權有關之費用應為：
(A)$10,000　(B)$20,000　(C)$21,000　(D)$30,000。

(　　) **25** 下列那一項無形資產，毋須攤銷？
(A)將以極小成本無限展期的商標權
(B)著作權
(C)10年期的特許權契約
(D)專利權。

(　　) **26** 有關專利權的會計處理，下列敘述何者錯誤？
(A)專利權來自向外購買時，以實際支付之價款為其成本
(B)專利權訴訟敗訴時，訴訟支出及賠償支出列為當期費用

(C)專利權的攤銷一般常採用直線法攤銷
(D)專利權的攤銷年限，應選擇法定年限較長之年限攤銷。

(　　) **27** 玫瑰公司以每股面額$10的普通股500股，交換一項著作權。交換時股票之市價為每股$70，該著作權的帳面價值為$8,000，則該公司在交換著作權時，應以何成本入帳？
(A)$5,000　　(B)$8,000
(C)$30,000　　(D)$35,000。　【二技】

(　　) **28** 內湖公司開發一套電腦軟體，以供出售或出租之用。內湖公司完成產品母版後，因為複製（拷貝）和包裝支出$500,000，請問複製和包裝的支出應如何處理？
(A)列為研究發展費用
(B)列為「電腦軟體」的成本
(C)列為「存貨」的成本
(D)列為「發展中之無形資產」的成本。　【四技二專】

(　　) **29** 丁公司自103年起，每年投資$100,000進行新產品研發，105年底研發成功，並於106年初支付申請與登記費用$60,000取得專利權，估計經濟年限為十年。108年初因同業侵權而提起訴訟，法院速審速決，判決該公司勝訴，訴訟費用共計$16,000。請問108年底專利權的帳面價值是多少？　(A)$42,000　(B)$56,000　(C)$58,000　(D)$266,000。

(　　) **30** 丙公司於X2年3月1日以$180,000購一組客戶名單，估計該客戶名單資訊之效益年限至少1年，但不會超過3年。因該組客戶名單未來無法更新或新增，故丙公司管理階層對該客戶名單耐用年限之最佳估計為18個月。丙公司無法可靠決定該客戶名單未來經濟效益之耗用型態，故採用直線法攤銷。丙公司X2年對該組客戶名單應提列的攤銷費用為何？　(A)$60,000　(B)$100,000　(C)$120,000　(D)$180,000。

(　　) **31** 己公司於X11年初以$5,000,000之現金取得富良公司專利之使用權，剩餘使用期限為5年。該使用權證書每10年得以極小之成本向主管機關申請換發，公司若無重大缺失則換發次數並無限制，證據顯示該公司有意圖及能力繼續申請展延使用權，則X11年己公司應提列之攤銷費用為：　(A)$333,333　(B)$500,000　(C)$1,000,000　(D)$0。

(　) **32** 育仁商店最近5年平均利潤為$15,000，淨資產的公平市價為$100,000，一般同業正常報酬率為10%，若以平均盈餘資本化法計算商譽，則商譽價值是多少？

(A)$30,000　(B)$35,000

(C)$40,000　(D)$50,000。【四技二專】

Notes

09 Unit 負債

重要度 ★★

準備要領

負債也是重要考試要點之一，尤其最近幾次考試在或有事項上有逐漸比重越來越多的趨勢，建議對或有事項應花多一點時間了解喔。歷年考題中在這裡最喜歡考的是：

1.流動負債與長期負債的劃分。
2.何謂「溢價發行」？何謂「折價發行」？
3.應付公司債的會計處理。
4.或有事項依未來不確定事項發生可能性的程度，可分為很有可能發生、有可能發生、極少可能發生等三類，其會計處理分別為何？

主題1 負債之意義及內容

1. **意義**：因過去的交易或其他事項所產生的經濟義務，到期應以提供勞務或支付資產方式償付之以貨幣衡量的債務或義務。
2. **內容**：依到期時間的長短可分為流動負債及長期負債。

小試身手

( ) 1 下列何者非為流動負債的必要條件之一？ (A)企業因營業而發生之債務，預期將於企業之正常營業週期中清償者 (B)主要為交易目的而發生者 (C)需於報導期間結束日後12個月內清償之負債 (D)需以金融資產償付之債務。

( ) 2 下列跟公司負債有關之敘述，何者正確？ (A)將於一年內到期之長期負債，不需轉列為流動負債 (B)「應付現金股利」科目為股東權益減項，不得列為公司的流動負債 (C)極有可能發生且金額可合理估計之或有損失，基於穩健原則，損失應予預計入帳 (D)公司的「銀行透支」與「銀行存款」分屬二個不同銀行時，二帳戶可互相抵銷後列帳。

主題 2 流動負債

1. **流動負債之意義、評價及分錄**

(1) **意義**：係指符合下列條件之一的負債：

A. 因營業所發生的債務，預期將於企業的正常營業週期中清償者。

B. 主要為交易目的而發生者。

C. 須於資產負債表日後十二個月內清償的負債。

D. 企業不能無條件延期至報導期間結束日後逾十二個月清償的負債。

(2) **評價**

A. 原則上以「現值」評價。

B. 例外：營業活動產生且到期日在不超過一年者，可以不計算現值，而以到期值入帳。

(3) **分錄**：分別以「借款」及「進貨」所產生之應付票據為例：

A. 「借款」所開出之應付票據應以「現值」評價，是開出票據時分錄如下：

現金	xxx	
應付票據折價	xxx	
應付票據		xxx

B. 「進貨」所開出之應付票據，因係屬營業活動所產生，又該票據假設到期日未超過一年時，可以不計算現值，而以到期值入帳。分錄如下：

進貨	xxx	
應付票據		xxx

2. **確定負債**

(1) **意義**：係指負債的事實已確定，企業已有明確的清償義務之負債。

(2) **來源**：通常有以下兩個主要來源：

A. **由正常營業活動所產生的短期負債**：如應付帳款、應付票據、應付費用、預收款項及其他應付款等。

B. **提供企業短期資金的金融負債**：如短期銀行借款、應付短期票據及一年內到期的長期負債。

(3)**常見類型**

類型	說明
銀行透支	指銀行允諾如企業開出之支票因存款不足無法支付時，在約定的透支額度內先行為企業墊付。原則上不能互相抵銷，但企業於同一銀行不同帳戶的透支與存款則可互相抵銷。
應付帳款	指企業因賒購商品或勞務而產生的負債。
應付票據	係指企業承諾在某一特定時日或特定期間，無條件支付一定金額給他人的書面承諾。
應付費用	指企業已發生而尚未支付的營運費用，依據應計基礎，應將已發生的費用估列入帳。如薪資、租金、利息…等。
預收收入	公司在交付商品或提供勞務之前先行向客戶收取之款項，由於收入尚未賺得，故收取的款項應先列為流動負債。

3. **或有負債**

(1)**意義**

A. 該事項係為報導期間結束日以前已存在之事實或狀況。

B. 該事項可能已對企業產生損失。

C. 該事項最後結果不確定，有賴未來某一事項之發生或不發生加以證實。

(2)**會計處理**：或有事項依未來不確定事項發生可能性的程度，可分為很有可能發生、有可能發生、極少可能發生等三類，其會計處理茲彙整如下表：

或有負債發生可能性	金額能否合理估計	
	可	否
很有可能	(1)取最允當的金額估計入帳。 (2)如無法選定最允當的金額，則宜取下限金額予以認列並揭露尚有額外損失發生之可能性。	不予估計入帳，但應附註揭露損失之性質並說明無法合理估計金額的事實。
有可能	不予估計入帳，但應附註揭露損失之性質、估計金額或金額的上下限、或說明無法合理估計金額的事實。	同上

或有負債發生可能性	金額能否合理估計	
	可	否
極少可能	不予估計入帳，但應附註揭露損失之性質、估計金額或金額的上下限、或說明無法合理估計金額的事實。	同左

(3) **國際會計準則公報規定：**國際財務報導準則將或有損失分為「負債準備」及「或有負債」，並將或有負債定義為不得入帳的負債。其會計處理原則依發生的機率大小可分為「負債準備」及「或有負債」，比較彙整如下表：

項目	負債準備	或有負債
定義	指符合下列條件的或有事項，必須估計入帳： (1)過去事項的結果使企業負有現時義務。 (2)企業很有可能要流出含有經濟利益的資源以履行該義務。 (3)該義務的金額能可靠估計。	指因下列二者之一而未認列為負債者： (1)屬潛在義務，企業是否有會導致須流出經濟資源的現時義務尚待證實。 (2)或屬於現時義務，但未符合IAS37所規定的認定標準（因其並非很有可能會流出含有經濟利益的資源以履行該義務，或該義務的金額無法可靠地估計）。
發生可能性	很有可能且金額能可靠估計者。	(1)很有可能，但金額不能可靠估計者。 (2)非很有可能，不論金額能否可靠估計。
常見於企業中的項目	產品或服務出售附有售後服務保證者、贈品等。	公司因訴訟賠償，金額尚未協議時所產生的或有損失、企業對他人債務提供保證可能造成違約時連帶賠償的損失等。

(4) **釋例：**

產品售後服務保證：

我國規定

銷售時，分錄為：

產品服務保證費用	xxx	
估計產品服務保證負債準備		xxx

實際發生修理費時，分錄為：

估計產品服務保證負債準備	xxx	
現金及材料等		xxx

國際會計準則公報規定

銷售時，分錄為：

產品服務保證費用	xxx	
估計產品服務保證負債準備		xxx

實際發生修理費時，分錄為：

估計產品服務保證負債準備	xxx	
現金及材料等		xxx

贈品：

我國規定

購入贈品時，分錄為：

贈品存貨	xxx	
現金（或應付帳款）		xxx

認列估計贈品費時，分錄為：

贈品費用	xxx	
估計贈品負債準備		xxx

兌換贈品時，分錄為：

估計贈品負債準備	xxx	
贈品存貨		xxx

國際會計準則公報規定

購入贈品時，分錄為：

贈品存貨	xxx	
現金（或應付帳款）		xxx

認列估計贈品費時，分錄為：

贈品費用	xxx	
估計贈品負債準備		xxx

兌換贈品時，分錄為：

估計贈品負債準備	xxx	
贈品存貨		xxx

小試身手

( ) **1** 下列何者屬於流動負債：(A)利息費用 (B)應付票據折價 (C)銷貨成本 (D)一年內到期的長期借款。

( ) **2** 科元公司於X1年底有一尚在進行中的專利權訴訟，非常有可能敗訴，一旦敗訴有70%機率須賠償$1,500,000，30%機率須賠償$200,000。X1年底關於此訴訟應作之會計處理為：(A)附註揭露或有負債$200,000 (B)附註揭露或有負債$1,110,000 (C)認列負債準備$1,110,000 (D)認列負債準備$1,500,000。

( ) **3** 千祥公司X2年初成立，當年生產一項附有二年期一般正常保固之商品，估計銷售後第一年及第二年分別會有銷貨金額2%及4%的保固維修支出。若X2年銷貨金額$1,500,000，實際發生之保固維修支出為$20,000，試問X2年12月31日資產負債表上應認列的產品保固負債準備為多少？ (A)$20,000 (B)$30,000 (C)$70,000 (D)$90,000。

( ) **4** 負債準備的特徵為：(A)金額尚未確定且尚未發生之負債 (B)不確定時點或金額之負債 (C)金額已確定但尚未發生之負債 (D)金額已確定且實際已發生之負債。

主題 3 長期負債

1. **應付公司債之意義及發行**

(1) **意義**：公司債係指公司為籌措長期運用資金所舉借的債務。就發行公司而言，發行公司債產生了長期負債。

✪ 應付公司債即將於一年內到期者，改列流動負債；但已談妥將以展期或另一長期負債抵償者，應列入長期負債。

(2) **發行**

A. 發行價格：發行價格等於其所支付本息市場利率之折現，可分為平價發行、溢價發行及折價發行，彙整公司債發行價格與利率及面額之關係如下表：

公司債發行價格	市場利率及票面利率的關係	發行價格及債券面額的關係
平價發行	市場利率＝票面利率	發行價格＝債券面額
折價發行	市場利率＞票面利率	發行價格＜債券面額
溢價發行	市場利率＜票面利率	發行價格＞債券面額

✪發行價格＝面值×複利現值＋每期票面利息×年金現值

B. **發行分錄：**

	分錄	借	貸
平價發行	現金	xxx	
	應付公司債		xxx
折價發行	現金	xxx	
	公司債折價	xxx	
	應付公司債		xxx
溢價發行	現金	xxx	
	應付公司債		xxx
	公司債溢價		xxx

2. **公司債溢折價攤銷及到期還本**

(1) **公司債溢折價攤銷的方法有平均法及利息法**，茲彙整說明如下：

A. **平均法：**

項目	計算	變化
票面利息	面值×票面利率×$\frac{\text{月數}}{12}$	固定不變
利息費用	折價：利息費用＝票面利息＋折價攤銷數 溢價：利息費用＝票面利息－溢價攤銷數	固定不變
每期攤銷數	$\frac{\text{溢（折）價總數}}{\text{實際流通期間}}$	固定不變
帳面價值	折價：面值－折價餘額 溢價：面值＋溢價餘額	折價：遞增 溢價：遞減

B. **利息法：**

項目	計算	變化
票面利息	面值×票面利率×$\frac{月數}{12}$	固定不變
利息費用	上一期帳面價值×市場利率×$\frac{月數}{12}$	折價：遞增 溢價：遞減
每期攤銷數	折價：利息費用－票面利息 溢價：票面利息－利息費用	折價：遞增 溢價：遞增
帳面價值	折價：上一期帳面價值＋每期折價攤銷數 溢價：上一期帳面價值－每期溢價攤銷數	折價：遞增 溢價：遞減

C. **平均法及利息法之優缺點**，茲彙整說明如下：

攤銷方法	平均法	利息法
優點	計算容易	可幫助企業了解實際融資時利息負擔的狀況，便於融資決策使用。
缺點	不易了解實際融資時利息負擔的狀況，不利企業融資決策時參考。	計算繁瑣

D. **攤銷分錄：**

a. 折價之攤銷分錄：

利息費用　　　xxx
　　公司債折價　　　xxx

b. 溢價之攤銷分錄：

公司債溢價　　xxx
　　利息費用　　　　xxx

(2) **公司債到期還本**

A. **意義：**到期還本係指其溢折價已全部攤銷完畢。故公司應支付相當於面額之現金，收回公司債，且不產生損益。

B. **到期還本分錄：**

應付公司債　　xxx
　　現金　　　　　xxx

3. **長期應付票據**

(1) **意義：**企業為舉借資金、交換特殊權利及設備或購買商品及勞務，所開立的長期票據，可分為附息票據及不附息票據二種，均應以現值入帳。

(2)**計算**

A. 利息費用＝期初未償還本金×利率×$\frac{\text{月數}}{12}$

B. 本金償還金額＝每期償還總額－利息費用

C. 期末應付票據餘額＝期初未償還本金－本金償還餘額

(3)**分錄**

A. **附息票據：**

發行時：

現金	xxx	
應付票據		xxx

每期付息及償還本金時：

應付票據	xxx	
利息費用	xxx	
現金		xxx

B. **不附息票據：**

發行時：

現金	xxx	
應付票據折價	xxx	
應付票據		xxx

每期付息及償還本金時：

應付票據	xxx	
利息費用	xxx	
現金		xxx
應付票據折價		xxx

小試身手

( ) **1** 布朗公司發行公司債時，若市場利率小於公司債的票面利率，則下列有關該批公司債的敘述何者正確？ (A)平價發行 (B)溢價發行 (C)折價發行 (D)公司債將延後發行。

( ) **2** 美華公司於X1年1月1日以$104,212購買面值$100,000，票面利率7%，每年12月31日付息，5年期的公司債，並打算持有至到期日，購買時的適用市場利率為6%。依有效利率法，美華公司X1年度的相關收入為： (A)$6,000 (B)$6,253 (C)$7,000 (D)$7,294。

( ) **3** 香元公司X1年4月1日出售面額$100,000，年利率5%，發行日為1月1日，平價發行之公司債，請問出售當日應作分錄為何？ (A)借記：現金100,000 貸記：應付公司債100,000 (B)借記：現金101,250 貸記：應付公司債101,250 (C)借記：現金101,250 貸記：應付公司債100,000 應付利息1,250 (D)借記：現金100,000 貸記：應付公司債98,750 應付利息1,250。

( ) **4** 若公司債折價發行，則隨著時間經過公司債之攤銷後成本將： (A)會跟著市場利率而波動 (B)會逐漸減少 (C)會逐漸增加 (D)不會改變，直到公司債到期。

( ) **5** 長發公司於X1年7月1日按98發行面額$1,000,000，利率8%之3年期公司債，每年6月30日及12月31日各付息一次，發行時支付債券印刷費$1,500及經紀人承銷佣金$8,500，試問該公司債發行時應認列之金額為何？ (A)$1,000,000 (B)$990,000 (C)$980,000 (D)$970,000。

主題 4 其他負債

長期應付分期款項	企業購買機器設備採分期方式付款時會產生長期應付分期款項，也是長期負債的一種，該機器設備成本應以現值入帳。
應計退休金負債	企業依法應設置員工退休辦法，按期提撥退休金，以保障員工退休後的生活，由於員工都必須服務多年後才能領取退休金，所以退休金負債也是長期負債的一種。
抵押借款	企業如以不動產作擔保向銀行借入款項，其還款期間超過一年以上者，列入長期負債。

小試身手

( ) 華泰公司計劃購買新廠房，於X1年6月1日以現有房屋作為抵押，並簽發票據，向土地銀行借款$5,000,000，該票據年利率為12%，期間15年。若華泰公司每月攤還本息$80,888，並於X1年7月1日開始攤還，請問第一個月所攤還之本金為多少？ (A)$30,888 (B)$40,888 (C)$50,000 (D)50,888。

主題 5　應付員工休假給付

1. **認列標準**：合乎以下條件者，應認列未來休假給付負債：
   (1)雇主對員工未來休假之義務與員工已提供之服務有關。
   (2)員工之休假權利係屬既得權益或累積權益。
   (3)雇主極有可能須支付。
   (4)金額能合理估計。
2. **會計分錄**
   (1)**年底估計時：**

薪資費用	xxx	
應付員工休假給付		xxx

   (2)**實際支付時：**

應付員工休假給付	xxx	
薪資費	xxx	
銀行存款		xxx

小試身手

（計算題）元太公司X1年12月31日估計X2年員工特休休假給付金額為$250,000，X2年實際支付$285,000，試作上述X1年、X2年分錄。

試題演練

(　　) **1** 關於負債的定義及內容之敘述，下列何者不正確？
(A)或有負債若發生可能性甚低時，無須揭露
(B)若負債很有可能發生，但金額無法可靠估計，則無須入帳，僅須揭露
(C)產品售後服務保固屬於負債準備，因過去事項負有現時義務，故無須認列為負債
(D)負債是指企業因過去事項或交易所產生之現時義務，於未來償付時將造成經濟資源流出。

( ) **2** 下列交易之會計處理，何者正確？
(A)應付公司債折價應列為應付公司債的加項
(B)公司債的發行成本應作為應付公司債溢價增加處理
(C)企業支付現金股利給股東是屬於企業盈餘之分派，會造成保留盈餘減少，因此，應付現金股利在財務報表中應在權益項下表達
(D)為復原不動產、廠房及設備所衍生之經濟義務，在取得資產時將此義務折算現值，列入資產成本的一部分，且須認列負債準備，稱之「除役成本」。

( ) **3** 未來公司在9月1日簽發一張$8,000，6個月期的票據，利率為12%。這張票據在12月31日之應計利息為：
(A)$80 (B)$320
(C)$480 (D)$960。

( ) **4** 下列何者屬於流動負債：
(A)利息費用 (B)應付票據折價
(C)一年內到期的長期借款 (D)銷貨成本。

( ) **5** 甲公司之產品附有一年售後服務保證，該公司於X7年初成立。依過去經驗估計保證成本為銷貨額的4%，X7年銷貨$1,200,000；X8年銷貨$1,800,000，X7年實際售後服務支出為$20,000。若X8年帳列與售後服務相關支出（包含產品保證費用與銷貨成本）之金額合計為$80,000，則X8年實際售後服務支出金額為何？（依金融監督管理委員會認可之國際財務報導準則（IFRS），產品保證費用為銷貨成本項目）
(A)$72,000 (B)$80,000
(C)$108,000 (D)$120,000。 【108年四技二專】

( ) **6** 公司債折價採有效利息法攤銷時，發行公司之利息費用及折價攤銷數，逐期之變化為何？
(A)利息費用遞增，折價攤銷數遞增
(B)利息費用遞減，折價攤銷數遞減
(C)利息費用遞增，折價攤銷數遞減
(D)利息費用遞減，折價攤銷數遞增。 【107年四技二專】

( ) **7** 甲公司在X1年初對乙公司販售仿冒產品提出訴訟，截至X1年底，法院尚未作出判決，但乙公司之法律顧問判斷應有70%之敗訴可能性，

且賠償金額應為$400,000。試問乙公司X1年應如何處理此事件？
(A)應認列$400,000負債準備
(B)應認列$280,000負債準備
(C)不須認列負債準備，但須揭露可能賠償$400,000之事件
(D)不須認列負債準備，亦不須揭露此事件。 【106年四技二專】

( ) **8** 戊公司銷售電腦附有兩年期產品售後保證服務，估計服務保證費用為銷售額1%。假設2014年銷售額為$3,000,000，2015年銷售額為$4,000,000，2014年實際支付維修費用為$20,000，2015年實際支付維修費用為$25,000，請問下列敘述何者錯誤？
(A)2014年應認列銷貨成本（或產品售後保證費用）$30,000
(B)2015年應認列銷貨成本（或產品售後保證費用）$40,000
(C)2014年底估計產品保固之負債準備餘額為$30,000
(D)2015年底估計產品保固之負債準備餘額為$25,000。
【105年四技二專】

( ) **9** 甲公司於X1年底發行5年期，票面利率5%，每年底支付利息一次，面額$100,000之債券，取得現金$105,000，並另支付債券發行成本$2,000。該債券發行對甲公司X1年底財務報表之影響為何？
(A)負債增加$105,000 (B)負債增加$103,000
(C)權益增加$3,000 (D)權益減少$2,000。
【104年四技二專】

( ) **10** 丙公司於2013年1月1日按面額之98%發行五年到期之公司債，面額$2,000,000，於每年12月31日付息一次，票面利率5%，市場利率5.468%，並採利息法攤銷折溢價，則第一年應攤銷的溢價金額為：
(A)$0 (B)$3,172
(C)$5,172 (D)$7,172。 【103年四技二專】

( ) **11** 土庫公司100年7月1日以$103,546價格，發行兩年期公司債，面值$100,000，票面利率12%，每半年付息一次，發行時市場利率10%。請問下列有關土庫公司101年6月30日債券溢價攤銷分錄的內容，何者正確？
(A)借記「利息費用」$6,000
(B)借記「利息費用」$5,000
(C)借記「公司債溢價」$800
(D)借記「公司債溢價」$864。 【102年四技二專】

( ) **12** 村岡公司於100年4月1日發行面值$1,000,000，三年期公司債，票面利率5%，每年4月1日及10月1日付息，發行價格為$1,060,000，該公司以直線法攤銷溢折價。102年4月1日公司支付利息後，以$1,000,000清償該公司債，請問清償損益為多少？

(A)利得$20,000　(B)損失$20,000
(C)利得$30,000　(D)損失$30,000。　【四技二專】

( ) **13** 下列何者非為流動負債的必要條件之一？

(A)企業因營業而發生之債務，預期將於企業之正常營業週期中清償者
(B)主要為交易目的而發生者
(C)需於報導期間結束日後12個月內清償之負債
(D)需以金融資產償付之債務。

( ) **14** 下列跟公司負債有關之敘述，何者正確？

(A)極有可能發生且金額可合理估計之或有損失，基於穩健原則，損失應予預計入帳
(B)「應付現金股利」科目為股東權益減項，不得列為公司的流動負債
(C)無附息票據代表不需支付利息
(D)或有利得，若很有可能發生，亦不應入帳。

( ) **15** 某超商在100年11月初展開為期3個月的集點送公仔活動，凡購買飲料一杯就送一點，集滿50點即可兌換可愛公仔一隻，公仔一隻成本$30，超商估計約有60%的點數會兌換。截至100年底，超商共賣出25,000杯飲料且已兌換105隻公仔，請問超商在100年應認列多少贈品費用？

(A)$3,150　(B)$9,000
(C)$10,500　(D)$15,000。　【四技二專】

( ) **16** 下列哪一事項應估計入帳？

(A)資產的公允價值高於帳面價值，出售可能獲利
(B)訴訟有可能勝訴，金額可以合理估計
(C)客戶集點數換贈品的促銷活動，估計將被兌換的贈品成本
(D)訴訟可能敗訴，但損失金額無法合理估計。　【四技二專】

( ) **17** X1年小蘭公司原委託小希公司辦理工程業務，後因小希公司違約導致甲公司受有損失，小蘭公司乃對小希公司提起民事訴訟要求賠償，於X1年底法院判決仍未確定，惟小蘭公司僱聘的律師預估小希公司有可能將給付小蘭公司違約賠償金$10,000,000。X2年6月經法院判決確定，小希公司應給付小蘭公司違約賠償金$8,000,000。試問：小蘭公司應分別於X1年及X2年的財務報表中如何表達？

	X1		X2
(A)	認列賠償收入	$10,000,000	無須認列
(B)	認列賠償收入	$8,000,000	無須認列
(C)	不入帳，亦不揭露		認列賠償收入 $8,000,000
(D)	附註揭露賠償收入	$10,000,000	認列賠償收入 $8,000,000。

( ) **18** 甲公司發行公司債時，若市場利率大於公司債的票面利率，則下列有關該批公司債的敘述何者正確？

(A)平價發行 (B)溢價發行
(C)折價發行 (D)公司債將延後發行。

( ) **19** 澎湖公司於97年1月1日發行面額$1,000,000的公司債，3年後到期，票面利率為8%，每年12月31日付息一次，澎湖公司以利息法攤銷折價。若應付公司債的帳面價值在98年初和98年底分別為$965,284和$981,812，請問98年公司債的利息費用是多少？

(A)$63,472 (B)$72,278
(C)$87,722 (D)$96,528。 【四技二專】

( ) **20** 公司債溢價帳戶在資產負債表上應列於：

(A)長期負債 (B)長期投資
(C)流動負債 (D)股東權益。

( ) **21** 有關溢價發行公司債之敘述，下列何者正確？

(A)應付公司債之票面利率高於發行日市場利率
(B)應付公司債溢價分攤到各付息期間作為各個期間利息費用之增加，利息費用將逐期增加
(C)應付公司債之票面利率低於發行日市場利率
(D)發行價格低於票面金額。

( ) **22** 乙公司在X8年4月1日開立一張面額$650,000，一年期不附息票據，向銀行借款。若市場利率為4%，則X8年12月31日該應付票據之帳面值為：
(A)$625,000 (B)$631,250
(C)$643,750 (D)$650,000。

( ) **23** 因借款半年而發生之不附息應付票據，應以何種價值作為入帳基礎？
(A)票據面額 (B)現值
(C)票據到期值 (D)未來現金流量總金額。

( ) **24** 當公司債券之票面利率高於市場（有效）利率，公司發行之債券會：
(A)折價發行 (B)溢價發行
(C)平價發行 (D)資訊不足無法確定。

( ) **25** 甲公司於X1年度銷售50部電腦，標準保固期間為1年，依據以往經驗，每台電腦的保證維修支出平均為$500。X1年度實際維修支出為$10,000，則X1年底的產品保證負債準備為：
(A)$0 (B)$10,000
(C)$15,000 (D)$25,000。

( ) **26** 雲端公司與威達公司發生專利權之訴訟，雲端公司預估此官司極有可能敗訴，賠償金額約在$4,000,000至$9,000,000之間，可能性最大金額為7,000,000。已知相關可能發生機率如下表所示，請問雲端公司帳上應如何處理？

賠償金額	機率
$4,500,000	20%
$7,000,000	50%
$8,500,000	30%

(A)認列負債準備$4,000,000 (B)認列負債準備$6,500,000
(C)認列負債準備$7,000,000 (D)認列負債準備$9,000,000。

( ) **27** 應收票據貼現是：
(A)流動資產 (B)流動負債
(C)估計負債 (D)或有負債。

(　　) **28** 下列有關無發行成本之公司債「有效利率」之敘述，何者錯誤？
(A)決定發行公司每期支付的現金利息金額之利率
(B)發行日之市場利率
(C)此有效利率高低與發行公司財務狀況及經營體質等因素有關
(D)發行日之有效利率高於票面利率時，將使公司債折價發行。

(　　) **29** 下列有關「估計服務保證負債」科目之敘述，何者正確？
(A)屬於費用科目
(B)屬於股東權益科目
(C)銷貨發生時，應借記此科目
(D)實際發生售後服務費用時，應借記此科目。　【四技二專】

(　　) **30** 瓊慧公司97年5月1日，按面額104.33售出公司債，該公司債面額$500,000，票面利率6%，5年到期，每年5月1日付息一次，發行時市場利率為5%，請問該公司債5年總利息費用為多少？
(A)$125,000　(B)$128,350
(C)$150,000　(D)$175,000。　【二技】

(　　) **31** 東北公司92年12月31日溢價發行面額$1,000,000之三年期公司債，每年12月31日付息一次，並採利息法攤銷溢價。有關該公司每年付息金額、利息費用及溢價攤銷金額的資料如下：

付息日期	付息金額	利息費用	攤銷金額
93年12月31日	$80,000	$63,208	$16,792
94年12月31日	80,000	62,200	17,800
95年12月31日	80,000	61,132	18,868

請問發行時市場利率與該公司債票面利率各為多少？
(A) 5.0%；8.0%　(B) 6.0%；8.0%
(C) 6.5%；8.0%　(D) 8.0%；7.0%。　【四技二專】

(　　) **32** 96年1月1日高雄公司發行分期還本公司債，面值$5,000,000，年息5%，5年到期，發行價格為$5,300,000，自第一年起每年年底付息並清償本金$1,000,000，高雄公司對於該公司債之溢折價，係採債券流通法（直線法）攤銷。請問下列有關高雄公司96年年底對於該公司債的會計處理之敘述，何者正確？

(A)借記利息費用$250,000
(B)借記利息費用$150,000
(C)借記公司債溢價$60,000
(D)貸記公司債折價$60,000。 【四技二專】

( ) **33** 有關國際會計準則第37號「負債準備、或有負債及或有資產」之規定，下列敘述何者正確：
(A)當經濟效益之資源流出可能性很低時，不需作處理
(B)當經濟效益之資源流出可能性很低時，毋須入帳但仍應揭露
(C)當經濟效益之資源流出可能性很高時，且可合理估計其金額，僅作附註揭露
(D)當經濟效益之資源流出可能性很高時，卻無法合理估計其金額，不需作處理。

( ) **34** 比較公司債與股票之發行，下列敘述何者錯誤？
(A)發行公司債較不會造成原有股東對公司控制權的降低
(B)發行公司債於物價下跌時期對債務人較有利
(C)公司債利息是契約性的固定支付，公司經營不論盈虧都必須支付
(D)發行公司債較具節稅效果。 【二技】

( ) **35** 甲公司106年初認購丙公司新發行五年期公司債一批，面額$2,000,000，票面利率2%，該債券係按當時市場利率3%發行，每半年付息一次。若$1、利率1.5%、10期之年金現值及複利現值分別為9.222185及0.861667，甲公司購入該債券之成本金額為多少？
(A)$2,184,444 (B)$2,000,000 (C)$1,723,334 (D)$1,907,778。

( ) **36** 97年中甲公司告乙公司侵權，律師們皆認為法院判乙公司敗訴機率高達90%，可能的賠償金額為$5,000,000，截至財務報表公佈日為止，法院仍未判決。對此或有事項，甲公司與乙公司分別在97年12月31日財務報表中的表達，何者最適當？
(A)甲與乙公司皆入帳，甲公司記$5,000,000或有訴訟利益；乙公司記$5,000,000或有訴訟損失
(B)甲公司與乙公司皆不入帳，亦不在財務報表中揭露
(C)甲公司記$5,000,000 或有訴訟利益；乙公司不入帳，亦不在財務報表中揭露
(D)甲公司可在財務報表中揭露；乙公司需入帳，記$5,000,000或有訴訟損失。 【二技】

(　　) **37** 丁公司X1年1月1日以設備為抵押向銀行借款$100,000，且有效利率10%，並自X1年起，每年6月30日與12月31日固定付款$19,702，共計付款6次以清償債務本息。試問丁公司X1年12月31日財務報表中該銀行借款應表達長期負債金額為：

(A)$33,228　　(B)$60,596

(C)$36,633　　(D)$69,861。

(　　) **38** 甲公司於X9年1月1日以$104,212購買面值$100,000，票面利率7%，每年12月31日付息，五年期的公司債，並打算持有至到期日，購買時的適用市場利率為6%。依有效利率法，甲公司X9年度 的相關收入為：

(A)$7,294　　(B)$7,000

(C)$6,253　　(D)$6,000。

(　　) **39** 乙公司於X2年初開立面額$100,000，兩年期之不附息票據，購入公允價值為$85,734之機器一部，若當時之市場利率為 8%，則X2年度之利息費用為：

(A)$6,859　　(B)$7,133

(C)$8,000　　(D)$14,266。

(　　) **40** 台風公司在96年因為專利權侵權糾紛被同業控告索賠，台風公司的律師認為台風公司很有可能面臨敗訴，一旦敗訴，該公司必須賠償$50,000,000，請問台風公司在96年底對此一專利權侵權訴訟案件應如何處理？

(A)認列非常損失

(B)作附註揭露即可

(C)認列應付訴訟賠償負債

(D)不作分錄也不作附註揭露。　　【二技】

(　　) **41** 大聯公司部分帳列會計科目包括：應付帳款$3,000，銀行透支$1,000，應收帳款$4,000，存貨$2,500，預付費用$500。其中屬於流動負債共有幾項？

(A)一項　　(B)二項

(C)三項　　(D)四項。

( ) **42** 紫點公司採直線法攤銷公司債折價，對於公司每期支付給債券持有者之利息費用，下列敘述何者正確？
(A)債券利息費用逐期遞增
(B)債券利息費用逐期遞減
(C)債券利息費用各期均相等
(D)債券利息費用等於債券利息費用加折價攤銷。【二技】

( ) **43** 甲公司出售單價$6,000之隨身聽3,000台，保固期為一年，估計維修率為2%，每台平均修理費為$500。銷售當年有25台回廠修理，實際發生修理費用共計$12,500，則年底資產負債表上估計服務保證負債應為：
(A)$0 (B)$12,500
(C)$17,500 (D)$30,000。【四技二專】

( ) **44** 下列有關「或有負債」之敘述何者錯誤？
(A)不得認列或有負債
(B)因過去事項產生之現時義務，很有可能需要流出具經濟效益之資源以清償該義務
(C)因過去事項產生之現時義務，該經濟義務之金額無法充分可靠地衡量
(D)因過去事項產生之可能義務，其存在與否僅能由一個或多個未能完全由企業所控制之不確定未來事項之發生或不發生加以證實。

( ) **45** 來來百貨在107年11月初展開為期2個月的集點送保養品活動，凡購買商品一件就送一點，集滿50點即可兌換保養品一份，保養品一份成本$200，來來百貨估計約有60%的點數會兌換。截至107年底，百貨共賣出25,000件商品且已兌換105份保養品，請問百貨在107年應認列多少贈品費用？
(A)$21,000 (B)$30,000
(C)$40,500 (D)$60,000。

( ) **46** 乙公司於X1年初向銀行借入$100,000 貸款，借款利率為10%，本息分5年平均攤還，自X1年起，每年12月31日償還$26,380。X1年12月31日資產負債表應如何表達此銀行借款？
(A)流動負債$0，非流動負債$83,620
(B)流動負債$18,018，非流動負債$65,602

(C)流動負債$26,380，非流動負債$47,240
(D)流動負債$83,620，非流動負債$0。

(　　) **47** 若或有負債發生之可能性相當大（Probable），且金額可合理估計時，企業應如何處理？
(A)於財務報表中附註揭露其性質及金額
(B)依估計金額予以入帳
(C)不入帳也不附註揭露
(D)負債確定發生後才入帳。【二技】

(　　) **48** 屏東公司於 95年1月1日發行5年期之公司債，面額$200,000，票面利率 10%，每年 1月1日及7月1日付息時，皆借記利息費用$8,750及公司債折溢價$1,250，則該公司債之售價為何？
(A)$187,500　(B)$193,750
(C)$206,250　(D)$212,500。【四技二專】

(　　) **49** 乙公司於105年開始銷售一種附有二年保證維修期限之機器，依據同業及公司過去經驗得知有70%的機器不會發生損壞，20%之機器會發生小瑕疵，10%之機器則會發生重大瑕疵。每台機器發生小瑕疵與重大瑕疵時的平均修理費用分別為$600及$2,200。乙公司105年度共銷售30台機器，每台售價為$3,500，105年度實際發生的免費維修支出為$8,500。乙公司105年12月31日之估計產品保證負債餘額為多少？
(A)$1,700　(B)$0
(C)$8,500　(D)$10,200。

(　　) **50** 甲公司向乙銀行貸款，並開出面值$100,000，一年後到期，未附息之票據一張，貸得現金$90,000，試問該票據之有效利率為：
(A)10.87%　(B)10%
(C)9.09%　(D)11.11%。

10 Unit 公司的基本認識

重要度 ★★

準備要領

這裡是會計學考試的一大熱門。歷年考題中最喜歡考的是：

1.特別股股利及普通股股利的分配（包含累積特別股、不累積特別股、完全參加特別股、不完全參加特別股、不參加特別股）。
2.庫藏股相關交易對股東權益的影響。
3.每股帳面價值、每股盈餘、本益比的計算。
4.股票分割及股票股利的比較。
5.資本公積及保留盈餘的內容。

主題 1 公司的意義與特性

1. **意義**：公司係以營利為目的，依公司法組織、登記、設立之社團法人。分為無限公司、有限公司、兩合公司及股份有限公司。
2. **股份有限公司的特性**
   (1)法人組織。
   (2)責任有限。
   (3)股份得自由轉讓。
   (4)所有權、管理權分開。

小試身手

( ) 下列何者為公司組織？ a.無限公司 b.有限公司 c.行號 d.兩合公司 e.股份有限公司 (A)a、b、c、d、e (B)a、b、d、e (C)b、e (D)a、c、d。

主題 2 權益的內容

1. **股本**：指股票的面額（值）或設立價值的總額。無面額或無設定價值者的股票則以發行價格入帳。

2. **資本公積**
   (1)股票上雖然有面額，但不代表公司發行的價格一定就等於面額。股票若是溢價發行→代表股東或他人繳入公司資本會超過法定資本→超過的部份，稱為「資本公積」。
   (2)資本公積包括：股票發行溢價、庫藏股交易利益、他人的贈與…等等。
3. **保留盈餘**：係公司歷年來未分配給股東之盈餘累積數，保留於公司內以供應用者。視其用途是否有限制，又可分下列二類：
   (1)因某用途而將保留盈餘暫時凍結，不提供股利分配者，稱為已指撥保留盈餘，如法定盈餘公積、特別盈餘公積、償債基金準備、資產重置準備及擴充廠房準備等。
   (2)無限制用途可用於股利分配者，稱之未指撥保留盈餘。

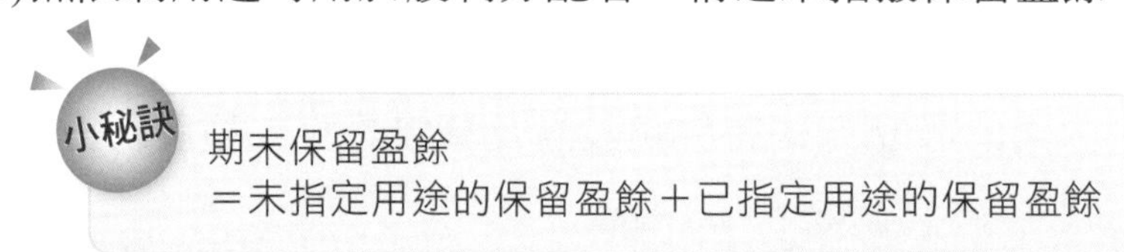

4. **其他項目**：主要為持有金融資產的未實現損益及外幣資產或負債因匯率變動而產生的累積換算調整數。此外還包括庫藏股。

小試身手

(　　) 公司的資本來自非政府的無償贈與，應歸屬於下列哪一類之股東權益？
(A)資本公積　(B)保留盈餘　(C)未實現資本　(D)法定資本。

主題 3　股本種類及股票發行

1. **股本種類**：公司股本種類可分下列兩種：
   (1)**普通股**：指每股具有相同的表決權之股票，普通股又可分下列幾種：
      A. 有面額及無面額股票。無面額股票可再分為有設定價值及無設定價值股票。
      B. 記名股票及不記名股票。
   (2)**特別股（或優先股）**：指對公司股利及剩餘財產權的分配，或表決權有優先權的股票。特別股可再分以下幾種：
      A. 累積特別股：指公司因無盈餘所積欠的特別股利，其積欠總額應在公司有盈餘年度優先發放的股票。

B. 不累積特別股：指公司因無盈餘所積欠的特別股利，雖在公司有盈餘年度也不補發，僅發給當年度股利的股票。

C. 完全參加特別股：指當普通股利分配的股利率超過特別股的股利率時，而能與普通股享有相同股利率分配的股票。

D. 部份參加特別股：指當普通股利分配的股利率超過特別股的股利率時，而其參加程度亦只能有一定限制股利率的股票。

E. 不參加特別股：指股東僅能享有股票上所載定額或定率股利分配的股票，不能參加普通股股東之分配。

法律形式上為權益、但依其經濟實質應重分類為負債之特別股，在採用IFRS之後，必須進行重分類，將其由權益重分類為「特別股負債」，且該特別股股利亦應由盈餘分配改列為損益表上之利息費用，故在計算EPS時不計入。

2. **股票發行：**

(1) **發行方式**：公司的設立方式有發起設立及募集設立二種發行方式，分述如下：

A. 發起設立：由發起人繳足股款經主管機關核准，即可成立，通常規模較小者採用此種方式。

B. 募集設立：因公司預定經營的業務龐大，需要大量的資金，非少數人所能或願意投注，因此，公開招募有興趣的投資者共同投資，稱為募集設立。

(2) **發行價格**：發行價格可分為以下三種價格，分述如下：

A. 股票發行價格＞面額→稱為「溢價發行」。超過部分以「資本公積入帳－股本溢價」科目入帳。

B. 股票發行價格＝面額→稱為「平價發行」。

C. 股票發行價格＜面額→稱為「折價發行」。

公司法第140條規定，股票之發行價格，不得低於票面金額。但公司發行股票之公司，證券管理機關另有規定者，不在此限。

(3) **發行程序**：發行程序分述如下：

A. 核定股本－僅作備忘錄即可。 B. 認購股份。

C. 繳納股款。 D. 發給股票。

(4) **發行方式：股本發行的會計處理**：股本發行分為以下二種發行方式，分述如下：

A. 發起設立：

a.現金發行：

按面額發行

通常公司成立時，股份按面額發行，日後若有辦理現金增資時可按面額或高於面額發行。

發行分錄：

現金	XXX	
普通股股本		XXX

溢價發行

係指公司股份以高於面值或設定價值發行。超過面值或設定價值的投入金額，稱為股份溢價。

發行分錄：

現金	XXX	
普通股股本		XXX
資本公積—普通股溢價		XXX

b. **以財產抵繳股款：**

- 投資人以現金以外的資產抵繳股款時稱之，應按取得資產的公允價值或股份的公允價值兩者當中，比較明確者入帳。
- 發行分錄：

房屋	XXX	
土地	XXX	
普通股股本		XXX
資本公積—普通股溢價		XXX

B. **公開招募股份：**

a. 公司發行股份若直接向投資者公開招募，投資者須先填認股書，承諾按約定的條件繳付股款時，稱為公開招募股份。

b. 發行分錄：

應收普通股股款	XXX	
已認普通股股本		XXX
資本公積—股本溢價		XXX

c. 收取股款時：

現金	XXX	
應收普通股股款		XXX

d. 發行股票時：

已認普通股股本	XXX	
普通股股本		XXX

小試身手

( ) 甲公司發行在外普通股股票20,000股，面額$10，每股帳面價值$18，發行價格$22，目前市價$17，其帳列普通股股本為： (A)$360,000 (B)$340,000 (C)$200,000 (D)$440,000。

主題 4 保留盈餘及股利發放

1. **保留盈餘**

(1)保留盈餘的來源：係指公司歷年來所賺得的累積盈餘並未以股利分配（現金股利）或未盈餘轉增資（股票股利）及未彌補以前年度虧損的餘額。

(2)**保留盈餘變動的原因：**（如下表）

保留盈餘

減少項目	增加項目
純損 發放股利 前期損失調整 庫藏股票交易損失	純益 前期利益調整 庫藏股票交易利得

(3)**保留盈餘指撥原因：**在於將保留盈餘凍結，以限制股利的發放。保留盈餘提撥的原因有三：

A. **因法令規定而指撥：**如提撥法定盈餘公積（公司法規定提存10%）。

B. **因契約規定而指撥：**如提撥償債基金準備。

C. **依股東會決議指撥：**如提撥資產重置準備、擴充廠房準備。

(4)**保留盈餘表：**

A. **我國會計準則公報規定保留盈餘表的表達如下：**

XX公司
保留盈餘表
X1年度　　　　單位：元

期初未分配盈餘	$xxx	
加：稅後淨利	xxx	
可分配盈餘		$xxx

分配項目：		
法定公積	$xxx	
償債準備	xxx	
發放股利	xxx	(xxx)
期末未分配盈餘		$xxx
已指撥盈餘：		
法定公積	$xxx	
償債準備	xxx	xxx
期末保留盈餘		$xxx

B. **國際會計準則公報規定保留盈餘表的表達如下：**

XX公司

保留盈餘表

X1年1月1日至12月31日　單位：元

盈餘指撥部分：		
法定盈餘公積－期初		$xxx
本期增加指撥		xxx
法定盈餘公積－期末		$xxx
盈餘未指撥部分：		
期初未分配盈餘	$xxx	
本期純益	xxx	$xxx
提撥法定盈餘公積	$xxx	
分配現金股利	xxx	(xxx)
期末未分配盈餘		$xxx
期末保留盈餘		$xxx

(5)**每股帳面價值：**

A. 普通股每股帳面價值 $= \dfrac{\text{股東權益總額}-\text{特別股權益}}{\text{普通股流通在外股數}}$

B. 特別股每股帳面價值 $= \dfrac{\text{特別股權益}}{\text{特別股流通在外股數}}$

註 特別股權益＝(A)贖回價格＋積欠股利
(B)清算價格＋積欠股利
(C)面值＋積欠股利

(A)、(B)、(C)依題意考慮，但特別股若為非累積，則僅給當年度基本股利，不必考慮積欠股利。

2. **股利發放**

(1)**發行日期：**

A. **宣告日**：係指公司的股東會通過發放股利日期。要作分錄。

B. **除息日**：係指股票停止過戶的日期，故在除息日以後所買進的股票，不能過戶且無法參加股利的分配，故不作分錄。

C. **發放日**：即發放股利日，發放後責任即解除，要作分錄。

(2)**股利的種類**：公司所發放的股利種類頗多，分別說明如下：

A. **現金股利**：係以現金作為股利來發放。（注意：「應付現金股利」為流動負債類科目。）

B. **股票股利**：係以公司的股票作為股利分配給股東，亦稱無償配股或盈餘轉增資。發放股票股利時，對於公司的資產、負債及股東權益總額並無改變，僅係減少保留盈餘，並增加股本及資本公債數額。「應付股票股利」是股東權益類科目，其會計處理分述如下：

a. **我國會計準則公報規定**：我國目前以每股面額乘以有權收取股票股利的股數乘以股票股利的比率為列帳金額。

b. **美國國際會計準則公報規定**：若發放率在25%以下者，以股票公允價值入帳；如發放率在25%以上者，應按面額入帳。

C. **財產股利**：係以公司現金以外的財產作為股利來分配，發放財產股利時，應以宣告日財產的公允價值來入帳。

D. **清算股利**：係指公司發放的股利，非以保留盈餘分配之股利，該項股利乃屬資本之退回，非真正的股利。

(3)**股利計算：**

A. 累積與非累積特別股 ➡ 以前未分配可否累積未來分配？

若某年公司虧損，無法分配股利，於以後年度有盈餘時，若補發，則屬累積特別股，但積欠之特別股股利，在補發時不需入帳，只需附註說明；若不補發，則屬非累積特別股。

B. 參加與非參加特別股 ➡ 定額分配後可否再參加分配？

公司分配股利時，普通股與特別股均分配定額或定率股利後，尚有餘額時。如特別股不能參加分配，則為「非參加特別股」，如特別股亦可參加盈餘分配，則為「參加特別股」，特別股參加分配股利金額並無上限，為「全部參加特別股」，如參加分配金額有最高金額限制者為「部分參加特別股」。

小試身手

(　　) **1**　C公司X1年底，普通股股本$2,000,000，股本溢價$500,000，法定公積$300,000，累積盈餘$400,000，若有普通股200,000股流通在外，則X1年底每股帳面價值為：　(A)$10　(B)$14　(C)$12　(D)$16。

(　　) **2**　大華公司除普通股外，發行有面額$10 股利率10%之非累積特別股10,000股。本期期初保留盈餘$340,000，本期淨利$250,000。僅發放特別股股利，請問大華公司期末保留盈餘之金額？　(A)$330,000　(B)$240,000　(C)$580,000　(D)$590,000。

主題 5　庫藏股票之會計處理

我國會計準則公報規定：公司取得庫藏股票的方法，大約可分為「出價取得」及「無償取得」兩種，分述如下：

1. 無償取得公司股東捐贈股票時，獲贈股份之價值應依當時之公允價值借記「庫藏股票」、貸記「資本公積－受領贈與」，也就是依受贈時股票之公允價值決定受贈之金額及庫藏股票之成本。
2. **出價取得的會計處理為「成本法」如下表：**

項目	成本法
取得時分錄	庫藏股票　　xxx 　　現金　　　　xxx
出售價格＞原取得價格	現金　　xxx 　　庫藏股票　　xxx 　　資本公積 　　－庫藏股票交易　　xxx
出售價格＜原取得價格	現金　　xxx 資本公積 －庫藏股票交易　xxx 保留盈餘　　xxx 　　庫藏股票　　xxx

關鍵考點

- 「資本公積—庫藏股票交易」不夠沖減時，差額借記「保留盈餘」。
- 期末剩餘尚未出售的庫藏股票，應作為股東權益的減項，同時並限制保留盈餘的分派。

小試身手

(　　) 公司以高於原先買回之價格出售庫藏股，對當年度財務報表將產生什麼影響？ (A)增加綜合損益表中的利益 (B)減少綜合損益表中的損失 (C)使資產負債表中的權益增加 (D)使資產負債表中的權益減少。

主題 6 簡單每股盈餘及本益比

1. **簡單每股盈餘**

(1)**意義**：係指當年度普通股每股所賺得的投資報酬而言。

(2)**計算公式**：$每股盈餘=\frac{稅後淨利-特別股股利}{普通股流通在外加權平均股數}$

說明：

(1)**加權流通在外平均股數的計算如下：**

A. 年初已流通在外的股數，視為全年流通在外。

B. 發行股票股利及股票分割，亦視為「年初或發行時」已流通在外股數。

C. 買回庫藏股票及再出售庫藏股票，則按流通比例折合為全年流通在外股數。

D. 年度中增資發行新股，亦按流通比例折合為全年流通在外股數。

(2)**加權流通在外平均股數的計算如下：**

股票分割與股票股利的影響比較，以表格說明如下：

項目	股票分割的影響	股票股利的影響
目的	增加股票流動性	盈餘資本化
股票面額	減少	不變
流通在外股數	增加	增加
保留盈餘	不變	減少

項目	股票分割的影響	股票股利的影響
投入資本	不變	增加
股東權益總額	不變	不變
各股東持股比例	不變	不變
股票市價	降低	降低
資產報酬率	不變	不變

2. **本益比**

(1)**意義**：衡量投資人對該企業每一元的盈餘需要以多少價格支付才能取得。代表投資人對該股票投資報酬的預期。本益比愈高，表示股東的投資報酬率愈低。

(2)**計算公式**： $本益比=\frac{每股股票市價}{每股盈餘}$

小試身手

(　　) **1** 有關本益比的計算公式，正確者為何？ (A)每股盈餘÷每股市價 (B)每股市價÷每股盈餘 (C)每股市價÷每股現金股利 (D)每股現金股利÷每股市價。

(　　) **2** 計算每股盈餘時，分子要扣除： (A)普通股現金股利 (B)普通股股票股利 (C)特別股股利 (D)庫藏股票。

試題演練

(　　) **1** 甲公司發行每股面值$10之普通股，1/1流通在外20,000股，5/1發放10%股票股利，7/1現金發行股份6,000股，11/1股票分割1股分為2股。甲公司當年底的普通股股數為何？ (A)26,000股 (B)52,000股 (C)56,000股 (D)57,200股。

(　　) **2** 承上題，已知甲公司當年度的淨利為$ 30,800，當年度宣告並支付普通股股利$2,800，則當年度普通股流通在外加權平均股數及每股盈餘為何？ (A)50,000股、$0.560 (B)50,000股、$0.616 (C)56,000股、$0.500 (D)56,000股、$0.550。

( ) **3** 甲公司發行10,000股，面額$10普通股，交換一土地，該土地公告現值為$300,000。若交換當日普通股每股市價為$50，則交換後股東權益總額會增加： (A)$100,000 (B)$200,000 (C)$300,000 (D)$500,000。

( ) **4** 在X1年12月31日，大方公司帳上所有股東權益科目之餘額分別為：普通股股本$100,000（每股面額$10），資本公積－股票發行溢價$350,000。若該公司僅發行一種股票，則此時其每股帳面價值為何？ (A)$80 (B)$45 (C)$35 (D)$10。

( ) **5** 甲公司X8年1月1日帳列每股面值$10之普通股400,000股，當年度普通股交易如下：4月1日現金增資發行100,000股，8月1日股票分割1股分為2股，10月1日購入庫藏股票。已知該公司當年度流通在外加權平均股數為800,000股，該公司10月1日購入庫藏股票多少股？
(A)200,000股 (B)400,000股
(C)600,000股 (D)800,000股。 【108四技二專】

( ) **6** 暨軒公司X4年初有下列資訊：每股面值$10之普通股、流通在外30,000股；8%累積、全部參加、每股面值$10之特別股20,000股，且尚積欠X3年度一年之特別股股利。若當年度分配現金股利時，普通股股東所能收到的股利總金額為$211,200，則當年度分配的現金股利總金額為： (A)$227,200 (B)$243,200 (C)$352,000 (D)$368,000。
【107四技二專】

( ) **7** 公司僅發行普通股，將股東權益總額除以流通在外股數，係在計算每股普通股之何種價值？ (A)面額 (B)帳面價值 (C)清算價值 (D)淨變現價值。

( ) **8** 大金公司宣布股票分割，將一股分成兩股。分割前，流通在外之普通股共2,000股，每股面值$5，股東權益中另包括$15,000的股本溢價和$20,000的保留盈餘。在股票分割之後： (A)保留盈餘餘額為$10,000 (B)普通股餘額為$10,000 (C)普通股餘額為$20,000 (D)投入資本會等於$35,000。

( ) **9** 甲公司X1年初累積虧損$100,000，當年提撥償債基金$100,000，估計董監事酬勞$115,000，員工紅利$55,000，X1年度已扣除董監事酬勞

與員工紅利之稅前淨利為$1,000,000(設所得稅率為20%),X2年中經股東會決議X1年度的盈餘分配如下:(1)彌補以前年度虧損 (2)提撥法定盈餘公積10% (3)配發現金股利$100,000,股票股利$50,000 (4)配發員工紅利$55,000,董監酬勞$115,000依上述決議,屬於X1年度之期末未分配盈餘為: (A)$650,000 (B)$530,000 (C)$480,000 (D)$380,000。 【106年四技二專】

( ) **10** 下列有關每股盈餘之敘述,何者錯誤?
(A)買回庫藏股具有提升每股盈餘之作用
(B)計算每股盈餘時,本期淨利應減除本期宣告發放之股利
(C)宣告並發放普通股股票股利,會有降低每股盈餘之作用
(D)普通股股票股利按面額或公允價值入帳,不會影響當期每股盈餘之金額。 【106年四技二專】

( ) **11** 下列有關權益的交易敘述,何者錯誤?
(A)股票分割會使流通在外股數增加
(B)股票分割不影響股東權益總額
(C)當宣告與發放股利日不同時,發放股票股利會減少保留盈餘
(D)當宣告與發放股利日不同時,宣告現金股利會減少保留盈餘。
【105年四技二專】

( ) **12** 公司的資本來自非政府的無償贈與,應歸屬於下列哪一類之股東權益? (A)資本公積 (B)保留盈餘 (C)未實現資本 (D)法定資本。

( ) **13** 某公司採取認購方式發行股票時,係由投資人承諾以一定價格向公司認購股票,此時,因股票尚未發行,故公司按認購股票面額總和貸記「已認購普通股股本」。「已認購普通股股本」科目應屬於: (A)資產 (B)負債 (C)權益 (D)利益。

( ) **14** 公司辦理:
(1)現金增資 (2)宣告發放現金股利
(3)發放股票股利 (4)股票分割
(5)買回庫藏股 (6)提撥法定盈餘公積。
前述各事項會影響權益總額者共有幾項?
(A)一項 (B)二項 (C)三項 (D)四項。 【104年四技二專】

( ) **15** 甲公司X3年度本期淨利為$23,400。普通股流通在外情形如下：1月1日流通在外股數10,000股，3月1日發行新股2,400股，10月1日買回庫藏股1,200股，12月31日售出10月1日買回之庫藏股1,200股，則該公司X3年度普通股每股盈餘為何？
(A)$1.2 (B)$1.5 (C)$1.8 (D)$2。 【104年四技二專】

( ) **16** 應付股票股利不是負債的理由是因為：
(A)主管機關不一定核准 (B)不會使股東權益減少
(C)不一定要給付 (D)不會造成經濟效益的流出。

( ) **17** 公司宣告現金股利，則會造成：
(A)負債增加、股東權益減少 (B)資產增加、股東權益減少
(C)負債減少、股東權益減少 (D)資產減少、股東權益減少。

( ) **18** 下列敘述何者錯誤？
(A)現金增資發行股票會增加股東權益總額及流通在外股數
(B)發放股票股利不影響股東權益總額，但會使流通在外股數增加
(C)股票分割不會影響股東權益總額及流通在外股數
(D)買入庫藏股票會減少股東權益總額及流通在外股數。
【103年四技二專】

( ) **19** 評冬公司2012年12月31日有流通在外面額$10之普通股15,000股，以及面額$100，10%累積，完全參加之特別股1,000股。假設2011年該公司未發放股利，2012年12月31日該公司擬發放現金股利$85,000，則2012年特別股股東總共可分得多少現金股利？
(A)$40,000 (B)$20,000
(C)$46,000 (D)$45,000。 【103年四技二專】

( ) **20** 5%的股票股利代表：
(A)流通在外股數增加5%，股東權益總金額也增加5%
(B)流通在外股數增加5%，股東權益總金額卻減少5%
(C)流通在外股數增加5%，但股東權益總金額不變
(D)流通在外股數增加5%，但股東權益總金額的變化則視股票市價高低而定。

( ) **21** 公司配發股票股利對於投入資本、每股面值、保留盈餘及權益總額影響分別為何？

(A)不變、減少、不變、不變 (B)不變、不變、減少、不變
(C)增加、減少、不變、不變 (D)增加、不變、減少、不變。

( ) **22** 101年底，大安公司股東權益內容如下：

普通股股本每股面值$10，發行並流通在外500,000股	$5,000,000
資本公積—普通股溢價	1,500,000
保留盈餘	2,000,000
股東權益總額	$8,500,000

102年初，經濟景氣低迷，公司股價偏低，為維護股東的權益，公司董事會宣告預計買回庫藏股30,000股。公司於102年1月20日以每股$14買回30,000股。庫藏股買回執行完畢後，經濟景氣開始回升，公司股價也開始上漲，公司遂於2月25日以每股$20的價格賣出15,000股庫藏股，在3月12日註銷10,000股的庫藏股，並辦理減資登記。請問，在102年第一季季報資產負債表股東權益的內容中，下列何者正確？（假設股票買賣的交易成本不計且102年第一季沒有其他影響股東權益變動的事項）

(A)保留盈餘$2,000,000（貸）；庫藏股票$70,000（借）；股東權益總額$8,380,000（貸）
(B)資本公積—普通股溢價$1,470,000（貸）；資本公積—庫藏股票交易$90,000（貸）
(C)普通股股本$4,900,000（貸）；資本公積—普通股溢價$1,500,000（貸）
(D)普通股股本$5,000,000（貸）；保留盈餘$1,960,000（貸）。

【102年四技二專】

( ) **23** 大甫公司X3年底有面額$50，股利率6%之特別股4,000股，與面額$10之普通股100,000股。特別股為非累積參加至7%。X3年該公司未宣告發放股利，X4年宣告發放股利$97,200，則特別股股東可獲配股利為： (A)$12,000 (B)$14,000 (C)$14,200 (D)$16,200。

( ) **24** 累積特別股之積欠股利：
(A)為一非流動負債項目
(B)為一流動負債項目
(C)只有在特別股股利已經宣告時才會存在
(D)應於財務報表之附註中加以揭露。

(　　) **25** 甲公司100年度之淨利為$150,000，累積特別股股利為$24,000，100年初流通在外之普通股為40,000股，4月1日現金增資發行6,000股，10月1日從市場買回庫藏股10,000股，請問甲公司100年度之每股盈餘為何？ (A)$3.00 (B)$3.15 (C)$3.50 (D)$3.75。 【101年四技二專】

(　　) **26** 東台公司99年12月31日股東權益資料如下：普通股股本（每股面額$10）$1,000,000、資本公積$300,000、保留盈餘$450,000。100年股東大會通過年度盈餘分配，每股發放現金股利$1.5、股票股利$1.0。宣告日、除息（權）日與發放日之公司股票價格分別為$15、$18、$17。東台公司在100年沒有再發行或購回任何股份。請問100年12月31日東台公司資產負債表中普通股股本金額為何？ (A)$1,100,000 (B)$1,150,000 (C)$1,170,000 (D)$1,180,000。 【101年四技二專】

(　　) **27** 下列何者會影響資本公積的增減？
(A)資產重估增值　(B)接受政府捐贈土地
(C)接受股東贈與公司股票　(D)會計原則變動累積影響。

(　　) **28** 股東可藉由保留盈餘表瞭解企業之：
(A)期末現金餘額　(B)本期營業收入
(C)發放之現金股利　(D)期末負債總額。

(　　) **29** 雪花公司之核定股本為$4,000,000，每股面值$10。第一次以每股$12發行150,000股，第二次以每股$9發行100,000股，第三次也發行100,000股。截至第三次股份發行後，「資本公積－普通股溢價」帳戶餘額為$500,000。若雪花公司從未收回股份，請問第三次發行股份時，每股發行價格是多少？ (A)$10 (B)$12 (C)$13 (D)$14。
【100年四技二專】

(　　) **30** 霧峰公司發行流通在外的股票，包括普通股100,000股以及累積特別股50,000股。特別股每股面額為$10，股利率為10%，但去年因為發生營業虧損，故積欠一年股利。霧峰公司今年沒有發行新股、宣告股票股利或購回庫藏股，若今年的淨損為$100,000，請問今年的每股盈餘是多少？
(A)－$0.5 (B)－$1.0 (C)－$1.5 (D)－$2.0。 【100年四技二專】

(　　) **31** 甲仙公司資產負債表中資本公積包括：特別股發行溢價餘額為$1,500,000、普通股發行溢價餘額為$1,000,000。甲仙公司按$20收回庫藏股100,000股，後續按$25於收回年度如數再售出該批庫藏股。則甲仙公司資本公積餘額將為：

(A)$1,500,000 (B)$2,000,000 (C)$2,500,000 (D)$3,000,000。

( ) **32** 註銷庫藏股票時，會使：

(A)股本不變 (B)股東權益總額不變

(C)保留盈餘減少 (D)股東權益總額減少。

( ) **33** 財務報表不報導公司本身發行之普通股的：

(A)面額 (B)清算價值 (C)發行股數 (D)每股盈餘。

( ) **34** 以下那一項交易，不影響企業的每股盈餘？

(A)在市場上買回流通在外股票、增加庫藏股票餘額

(B)以買進時成本價再度賣出庫藏股票

(C)認列銷貨收入

(D)宣告並發放普通股現金股利。

( ) **35** 霍蕾公司100年底資產負債表包括下列餘額：股本$10,000，資本公積總額$30,000，保留盈餘總額$60,000及庫藏股票$1,000，則霍蕾公司100年底的股東權益總額為：

(A)$10,000 (B)$70,000 (C)$99,000 (D)$100,000。 【100年二技】

( ) **36** 企業宣告並發放普通股股票股利會產生哪些影響？

(A)股東權益不變和負債增加

(B)股東權益減少和普通股股數增加

(C)股東權益不變和普通股每股帳面價值減少

(D)保留盈餘減少和普通股每股帳面價值不變。 【四技二專】

( ) **37** 埔里公司99年的淨利為$420,000，99年有關股票之交易如下：1月1日流通在外的普通股股數為120,000股；4月1日以現金發行普通股60,000股；8月1日宣告並發放30%股票股利；12月1日買回庫藏股54,000股。埔里公司只有發行普通股，若99年底的股價為$11，請問99年底的本益比是多少？ (A)0.18 (B)4.71 (C)4.79 (D)5.50。 【四技二專】

( ) **38** 丁丁公司於X1年發行公司債，用以從事庫藏股交易，此項交易的淨效果為：

(A)資產及負債同時增加 (B)負債增加及股東權益減少

(C)資產及股東權益同時增加 (D)資產及股東權益同時減少。

( ) **39** 計算每股盈餘時，分母股數的計算為：
(A)加權平均流通股數
(B)期末股數
(C)（期初股數＋期末股數）÷2
(D)期初股數。

( ) **40** 豐原公司股東會在5月25日通過普通股分配現金股利每股$1，股利基準日在6月20日，發放日在7月10日，請問豐原公司在7月10日應作下列那一個分錄？
(A)借：保留盈餘，貸：應付現金股利
(B)借：保留盈餘，貸：現金
(C)借：應付現金股利，貸：現金
(D)借：應付現金股利，貸：保留盈餘。 【四技二專】

( ) **41** 下列有關庫藏股票之敘述，何者正確？
(A)庫藏股票為公司與股東間之交易，對於公司之損益不會產生影響
(B)庫藏股票有分配股利及剩餘財產權
(C)庫藏股票交易，若再出售之價格低於原購入之成本，則差額應認列損失
(D)期末的庫藏股票，應作為「保留盈餘」的減項。 【二技】

( ) **42** 有關公司發行特別股股票，下列敘述何者錯誤？
(A)特別股係指享有某些普通股所未有之特殊或優先權利的股票
(B)特別股享有股利的優先權及優先於債權人受清償的權利
(C)發行特別股可避免稀釋當權派對公司之控制權
(D)特別股又稱優先股。

( ) **43** 甲公司以每股$20價格發行每股面額$10普通股共1,000股，對於超過面額部分之發行金額（每股$10）應貸記：
(A)股本 (B)資本公積 (C)保留盈餘 (D)現金。

( ) **44** 丙公司X1年1月1日流通在外普通股200,000股，4月1日辦理現金減資，減少流通在外普通股20,000股，5月1日買回普通股20,000股，8月1日對外發行普通股20,000股，並於12月1日出售庫藏股15,000股，試計算丙公司X1年度普通股加權平均流通在外股數：
(A)181,250 (B)194,583 (C)176,250 (D)165,417。

(　　) **45** 請問現金股利自何時起成為公司的負債？
(A)宣告日（通過日）　(B)除息日
(C)登記日（股利基準日）　(D)發放日。　【二技】

(　　) **46** 聯合公司發行4%之累積非參加特別股$100,000，普通股$180,000，因有三年虧損未發股利，第4年預計發放股利$50,000，則第4年普通股可分得多少股利？
(A)$16,000　(B)$48,000　(C)$38,000　(D)$34,000。

(　　) **47** 下列何項股利之發放，將不會導致股東權益的減少？
(A)負債股利　(B)清算股利　(C)財產股利　(D)股票股利。

(　　) **48** 人人公司94年底有普通股股本$3,000,000，及8%特別股股本$1,000,000，特別股為非累積、部分參加至10%，若當年度的可分配股利為$530,000，則當年度特別股股利金額為何？
(A)$80,000　(B)$100,000　(C)$132,500　(D)$150,000。　【二技】

(　　) **49** 尚未宣告之累積特別股積欠股利應如何記錄？
(A)借記：股利；貸記：應付股利
(B)借記：股利；貸記：應分配股票股利
(C)記：保留盈餘；貸記：應付股利
(D)僅須揭露可能發生之或有損失。

(　　) **50** 永大公司6月中股東會通過分配30%之股票股利，6月25日正式宣布分配30%之股票股利並宣布7月25日為除權日，6月25日流通在外普通股有500,000股，每股面額$10，市價$16，則該公司6月25日應：
(A)借記保留盈餘$1,500,000
(B)借記保留盈餘$2,400,000
(C)貸記保留盈餘$1,500,000
(D)不必做正式分錄，只要做備忘記錄。

(　　) **51** 公司帳上的「償債基金準備」屬於什麼類型科目？
(A)流動資產　(B)流動負債　(C)長期負債　(D)股東權益。　【二技】

(　　) **52** 貝爾公司的資本結構有(1)普通股，面值10，流通在外5,000股$50,000(2)資本公積普通股溢價$10,000(3)保留盈餘$40,000，則其每股股票之帳面價值為：　(A)$10　(B)$12　(C)$18　(D)$20。

( ) **53** X7年12月1日某位股東認購普通股，每股認購價格大於面額，股款中有30%立即收現，剩餘之70%款項，預計可於X8年1月5日收足，則X7年12月31日之資產負債表上對此認購之普通股應如何表達？
(A)將認購部分之30%列為「已認普通股股本」
(B)將認購部分全數列為「普通股股本」
(C)將認購部分全數列為「已認普通股股本」
(D)將認購部分之70%列為「已認普通股股本」。

( ) **54** A公司於X1年初成立並發行面額$10之普通股80,000股及面額$100、股利率3%符合權益之累積特別股10,000股，該公司之發行股數至X3年底並無變動且仍全數流通在外。若該公司X1年與X2年未宣告任何股利，X3年始宣告發放現金股利$70,000，則該公司普通股股東可得之現金股利金額為：
(A)$0 (B)$10,000 (C)$40,000 (D)$70,000。

( ) **55** 公司於成立時以$50之價格發行面額$10之普通股1,000股，於107年以$70之價格買回其中300股，並加以註銷，應認列：
(A)借記普通股股本$15,000 (B)借記資本公積$2,000
(C)借記保留盈餘$3,000 (D)借記保留盈餘$6,000。

( ) **56** 保留盈餘指撥對財務報表的影響為：
(A)會使股東權益總額增加
(B)會使股東權益總額減少
(C)股東權益總額不變
(D)股東權益將視指撥的目的為何而作增減變化。

( ) **57** 下列何者不屬於資本公積？
(A)庫藏股 (B)捐贈資本
(C)普通股發行溢價 (D)庫藏股出售溢價。

11 Unit 全真模擬考

第一回

＊閱讀下文，回答第1～2題

甲公司以原始成本 $1,200,000、帳面價值 $1,000,000 的 A 機器交換乙公司的 B 機器，甲公司並付出現金 $100,000，A 機器在交換日的市價為 $500,000。

(　　) 1 若交換A、B兩機器不具商業實質，則甲公司換入的B機器其入帳金額為何？ (A)$600,000 (B)$1,700,000 (C)$1,100,000 (D)$2,200,000。

(　　) 2 若交換A、B兩機器具商業實質，則甲公司交換資產的損益為何？ (A)損失$700,000 (B)損失$500,000 (C)利益$0 (D)利益$500,000。

(　　) 3 下列有關借貸法則敘述何者正確？ (A)資產增加記於借方，負債減少記於借方 (B)負債增加記於借方，權益減少記於貸方 (C)收入增加記於借方，費用減少記於貸方 (D)費用增加記於借方，資產減少記於借方。

(　　) 4 「購買一年期的保險費」其貸方分錄應為： (A)保險費 (B)現金 (C)預付保險費 (D)應收帳款。

(　　) 5 甲公司保險箱內有：員工借條$1,000、遠期支票$10,000、庫存現金$5,000、銀行活期存款$6,000、償債基金$20,000、即期支票$1,800，試問甲公司之現金應為若干？ (A)$12,800 (B)$23,800 (C)$43,800 (D)$33,800。

(　　) 6 和平公司8月底帳列銀行存款餘額$47,300，銀行對帳單餘額$50,400，經查8/31在途存款$500，8/28銀行代收票據$2,100收訖，以及8/11簽發支票$1,500尚未兌現，則銀行存款之正確餘額為： (A)$47,900 (B)$48,400 (C)$49,400 (D)$51,500。

(　　) 7 板橋公司購貨$100,000，目的地交貨，賣方於X1年12月31日運出，板橋公司尚未收到，則板橋公司於X1年對該筆進貨之正確分錄為：(A)借：進貨$100,000；貸：應付帳款$100,000 (B)不做分錄 (C)借：銷貨成本$100,000；貸：存貨$100,000 (D)借：存貨$100,000；貸：銷貨成本$100,000。

( ) **8** 復興公司X1年4月1日以99折的價格發500股面額$1,000，利率8%的公司債，票載發行日為X1年1月1日，到期日為X6年1月1日，每年1月1日及7月1日付息，發行公司債成本為$36,000，則華碩公司發行公司債共得現金： (A)$469,000 (B)$500,000 (C)$464,000 (D)$495,000。

( ) **9** 南山公司107年列報淨利$20,000，107年中應收帳款減少$8,000，存貨減少$6,000，應付帳款增加$13,000，折舊費用有$16,000，則在間接法下，芙蓉公司107年營業活動淨現金流量為何？ (A)淨現金流出$3,000 (B)淨現金流出$5,000 (C)淨現金流出$63,000 (D)淨現金流入$63,000。

( ) **10** 當固定資產發生大修時，若此支出金額重大且能延長資產的耐用年限時，應將其借記： (A)維修費用 (B)固定資產 (C)累計折舊 (D)預付款項。

( ) **11** 永春公司於X1年1月1日以$500,000買入昆陽公司普通股股份40%，若昆陽公司在X1年12月31日宣告並發放現金股利$400,000，並報導當年之淨利為$1,000,000。試問永春公司於X1年12月31日對昆陽公司投資帳戶餘額應為多少？ (A)$900,000 (B)$740,000 (C)$500,000 (D)$400,000。

( ) **12** 小新欲得知不同公司特定期間的經營成果以為投資決策的判斷，下列哪一種報表最能提供其直接資訊？ (A)綜合損益表 (B)現金流量表 (C)資產負債表 (D)試算表。

( ) **13** 元華公司X1年度銷貨$120,000，銷貨折讓$6,000，銷貨運費$5,000，應收帳款年底有$50,000，備抵壞帳年底有借餘$300。今按銷貨淨額之1%提列壞帳，則X1年底結帳後，資產負債表中備抵壞帳之餘額應為： (A)$840 (B)$1,140 (C)$1,190 (D)$1,440。

( ) **14** 仙山公司收到某公司票據一張$12,000，年利率10%，三個月到期，經過二個月後，仙山公司持該票據向某銀行辦理貼現，貼現年利率為12%，則仙山公司可得多少現金？ (A)$12,000 (B)$12,132 (C)$12,200 (D)$12,177。

(　　) **15** 聯大公司之核定股本為$4,000,000，每股面值$10。第一次以每股$12發行150,000股，第二次以每股$9發行100,000股，第三次也發行100,000股。截至第三次股份發行後，「資本公積－普通股溢價」帳戶餘額為$500,000。若聯大公司從未收回股份，請問第三次發行股份時，每股發行價格是多少？　(A)$10　(B)$12　(C)$13　(D)$14。

(　　) **16** 永生公司於X1年1月1日以現金$48,000購入某專利權，估計有6年之經濟年限，以直線法攤銷。X1年6月因產品被仿冒，專利權受侵害，支付訴訟費$5,000，經訴訟判決勝訴，並於X1年底為保障專利權，自市場購入另一項專利權，付現$15,000，則X1年底資產負債上專利權帳戶餘額為：　(A)$68,000　(B)$55,000　(C)$63,000　(D)$48,000。

(　　) **17** 名古屋公司採用定期盤存制之存貨控制系統，於期末盤點存貨時，未將寄銷品列入，則此對本期銷貨成本與淨利之影響為何？　(A)銷貨成本高估、淨利高估　(B)銷貨成本高估、淨利低估　(C)銷貨成本低估、淨利低估　(D)銷貨成本低估、淨利高估。

(　　) **18** 美美公司於X1年度銷售50部美容儀器，標準保固期間為1年，依據以往經驗，每台美容儀器的保證維修支出平均為$500。X1年度實際維修支出為$10,000，則X1年底的產品保證負債準備為：　(A)$0　(B)$10,000　(C)$15,000　(D)$25,000。

(　　) **19** 採曆年制之甲公司X1年中以$1,000,000購入股票一筆，並分類為持有供交易之金融資產，且另支付交易成本$1,000，該股票X1年底之公允價值為$1,003,000。依國際會計準則規定，甲公司得選擇將此交易成本作為當期費用，或計入該金融資產成本。該兩項不同選擇下，甲公司X1年本期淨利之差異數為（不考慮所得稅影響）：　(A)$0　(B)$1,000　(C)$2,000　(D)$3,000。

(　　) **20** 以下有關試算表的敘述，哪一項是錯誤的：　(A)試算表的借方餘額的加總等於貸方餘額的加總時，就表示會計記錄的過程是正確的　(B)試算表借方餘額的加總必須等於貸方餘額的加總　(C)同一筆日記簿分錄被過帳兩次，會造成錯誤的試算表餘額　(D)試算表的主要目的是協助編製財務報表。

( ) **21** 下列那一項投資適宜按攤銷後成本衡量？ (A)具有重大影響力之股權投資 (B)債券投資的目的係依合約約定，定期收取固定的現金流量，以回收投資的本金與利息 (C)交易目的之證券投資 (D)有控制能力之股權投資。

( ) **22** 台北公司X1年的期初存貨為$200,000，本期進貨為$2,000,000，銷貨淨額為$2,500,000，銷貨毛利為銷貨成本的25%，請估計期末存貨的餘額為何？ (A)$200,000 (B)$250,000 (C)$275,000 (D)$325,000。

( ) **23** 大大公司於今年初以每股$40的價格購入小小公司的普通股3,000股（每股面額為$10），小小公司流通在外普通股股數為10,000股。小小公司於今年5月底發放現金股利每股$2，又於6月初發放30%股票股利。若小小公司今年的淨利為$100,000，年底每股市價為$40，請問在今年底，大大公司長期股權投資的期末餘額是多少？ (A)$120,000 (B)$129,000 (C)$138,000 (D)$144,000。

( ) **24** 芝山公司107年1月初購進應課營業稅商品一批，金額$100,000，該金額並不含營業稅，三天後全部出售，出售價款含營業稅共收到$210,000。若營業稅稅率為5%，則銷售毛利為多少？ (A)$110,000 (B)$105,000 (C)$100,000 (D)$99,500。

( ) **25** 在下列何種情況之下，須貸記「零用金」科目？ (A)增設時 (B)減設時 (C)撥補時 (D)支付時。

第二回

(　　) **1** 一般公認會計原則為：　(A)現金收付基礎　(B)應計基礎　(C)公允價值基礎　(D)估計判斷基礎。

(　　) **2** 營業週期是指：　(A)由現金、購貨、賒銷迄收款之循環　(B)會計工作自分錄、過帳、編表之循環　(C)商業景氣從復甦、繁榮、衰退到蕭條之循環　(D)企業業務自企劃、執行到考核之循環。

(　　) **3** 關於調整分錄之性質，下列敘述何者錯誤？　(A)若會計期間等於企業存續之整個生命週期，則沒有必要進行調整　(B)若會計系統在處理交易時沒有任何錯誤發生，則沒有必要進行調整　(C)調整分錄必同時影響資產負債表與損益表帳戶　(D)調整分錄係因為採用權責發生制衡量損益所致。

(　　) **4** 有關現金保管控制之敘述，下列何者錯誤？　(A)現金保管人員須定期編製銀行調節表　(B)應縮短現金留置手中時間，儘早存入銀行　(C)現金如無法立即存入銀行須存放於保險箱中　(D)獨立驗證人員須定期、不定期稽核現金餘額及相關資料。

＊閱讀下文，回答第５～６題

高雄公司採零售價法，107 年的相關資料如下：

	成本	零售價
期初存貨	$1,000	$600
本期進貨	$2,000	$3,000
加價		$500
加價取消	$300	
減價		$600
減價取消	$400	
銷貨		$3,000

(　　) **5** 若高雄公司採平均成本零售價法，107年底的期末存貨為何？(A)$300　(B)$500　(C)$520　(D)$550。

(　　) **6** 若高雄公司改採先進先出零售價法，107年度的銷貨成本為何？(A)$2,000　(B)$2,600　(C)$3,000　(D)$3,300。

( ) **7** 安平公司X2年銷貨收入$26,000,000，銷貨折扣$3,000,000，期末應收帳款餘額$5,400,000，壞帳率5%，調整前備抵壞帳餘額為借餘$530,000，該年度估計帳為銷貨收入之5%，採應收帳款百分比法提列壞帳，則X2年提列壞帳金額為多少？ (A)$270,000 (B)$1,300,000 (C)$800,000 (D)$1,150,000。

( ) **8** 根據國際財務報導準則（IFRS）之規定，企業支付現金股利於現金流量表中應表達於何種活動之現金流出？ (A)只能表達於營業活動 (B)只能表達於籌資活動 (C)可表達於投資活動或籌資活動 (D)可表達於營業活動或籌資活動。

( ) **9** A公司出售一批商品予B公司，含稅價為$162,750。假設營業稅率為5%，下列敘述何者正確？ (A)認列銷貨收入$162,750 (B)進項稅額$8,138 (C)應向客戶收取現金$155,000 (D)銷項稅額$7,750。

( ) **10** 秋風公司2月1日之「辦公用品」帳戶餘額為$600，2月份購買辦公用品$1,800，已記入「辦公用品」帳戶，2月底盤點時，辦公用品只剩$1,000，則秋風公司2月底的調整分錄應為： (A)借「辦公用品」$1,000，貸「辦公用品費用」$1,000 (B)借「辦公用品費用」$1,000，貸「辦公用品」$1,000 (C)借「辦公用品費用」$1,400，貸「辦公用品」$1,400 (D)借「辦公用品費用」$3,400，貸「辦公用品」$3,400。

( ) **11** 甲公司有流通在外面額$10之普通股300,000股，若股東會決定分配股東每股$0.5的公司股票，則分配後流通在外股數為多少？ (A)300,000股 (B)315,000股 (C)400,000股 (D)450,000股。

( ) **12** 公司帳載銀行存款餘額為$80,000，發現下列事項：因進貨開立的支票$700，帳上記為$7,000 銀行代收票據$20,000，公司尚未入帳未兌現支票$2,000 請問銀行存款正確餘額應為多少？ (A)$91,700 (B)$93,700 (C)$104,300 (D)$106,300。

( ) **13** 義文公司X1年初以現金$97,000買入文山公司票面金額為$100,000，X5年底到期公司債，該公司債的票面利率為年息5%，每年底支付利息，義文公司有積極意圖及能力持有文山公司的債券至到期日，並將該債券投資歸類為持有至到期日的投資，折溢價採直線法攤銷，則該債券投資在X1年底資產負債表的列報金額為： (A)$96,400 (B)$97,000 (C)$97,600 (D)$99,000。

(　　) **14** 在永續盤存制下，是以下列哪一種方式決定銷貨成本：　(A)以每天為基礎　(B)以每月為基礎　(C)以每年為基礎　(D)以每次銷貨為基礎。

(　　) **15** 甲公司在X1年6月1日以$120,000購入股票投資，並將之歸類為透過損益按公允價值衡量之金融資產。同年11月20日甲公司處分此投資，得款$116,000，則甲公司應認列：　(A)處分投資利益$116,000　(B)處分投資損失$4,000　(C)金融資產評價損失$4,000　(D)金融資產評價利益$116,000。

(　　) **16** 採曆年制之甲公司X1年初以$100,000購入建築物一筆以出租收取租金。該建築物估計耐用年限10年，無殘值，採公允價值模式衡量。該建築物X1年共得租金收入$60,000，X1年底之公允價值為$180,000。關於該建築物對甲公司X1年本期淨利之影響，下列敘述何者正確（不考慮所得稅影響）？　(A)增加$50,000　(B)增加$60,000　(C)增加$140,000　(D)增加$150,000。

(　　) **17** 美麗公司在X1年初以$1,200,000購入機器一台，耐用年限為六年，無殘值，以直線法提列折舊。但在X2年初發現該機器只能再使用四年，請問美麗公司X2年度應該提列之折舊費用為何？　(A)$250,000　(B)$200,000　(C)$300,000　(D)$240,000。

(　　) **18** 負債準備的特徵為：　(A)金額尚未確定且尚未發生之負債　(B)不確定時點或金額之負債　(C)金額已確定但尚未發生之負債　(D)金額已確定且實際已發生之負債。

(　　) **19** 南山公司於X9年4月1日收到一張南海公司附息7%，6個月期的本票$1,000,000，南山公司於同年6月1日持該票據向銀行貼現，貼現率9%，則南山公司在票據貼現時應認列多少應收票據貼現折價？　(A)借方$7,717　(B)貸方$7,717　(C)借方$5,950　(D)貸方$5,950。

(　　) **20** 永一公司於X1年6月30日付息後，以103之價格由公開市場買回面額$100,000，每半年付息一次之公司債，X1年6月30日付息後該公司債之帳面金額為$93,500，則公司債買回之損失為：　(A)$3,000　(B)$6,500　(C)$9,500　(D)$10,300。

(　　) **21** 下列有關無形資產之敘述，何者錯誤？　(A)「累計攤銷」為無形資產之減項　(B)有限耐用年限之無形資產應每年進行攤銷　(C)研究階段之支出不應視為無形資產之成本　(D)非確定耐用年限之無形資產不需每年進行減損測試，只在有減損跡象存在時，才需進行減損測試。

( ) **22** 因借款半年而發生之不附息應付票據，應以何種價值作為入帳基礎？ (A)票據面額 (B)票據到期值 (C)現值 (D)未來現金流量總金額。

( ) **23** 甲公司在X1年以$30,000購入股票投資，並將之歸類為透過其他綜合損益按公允價值衡量之金融資產。X1年底該股票投資之公允價值為$35,500，則甲公司應做之會計處理為： (A)貸記其他綜合損益$5,500 (B)借記金融資產評價利益$5,500 (C)借記其他綜合損益$5,500 (D)貸記金融資產評價損失$5,500。

( ) **24** 下列何者不屬於流動資產？ (A)主要為交易目的而持有者 (B)預期於報導期間後十二個月內將變現者 (C)將於報導期間後逾十二個月用以清償負債之現金或約當現金 (D)企業因營業所產生之資產，預期將於企業之正常營業週期中實現，或意圖將其出售或消耗者。

( ) **25** 甲企業營運十多年，在X1年初乙公司以每股$25投資甲企業2,000股，乙公司以權益法記錄此交易。甲公司X1年度全年的淨利為$15,000，並於同年11月5日分發$10,000之現金股利給所有股東。X1年末，乙公司投資甲公司的餘額為$54,000。請問乙公司對甲公司的持股比例為何？ (A)16% (B)20% (C)50% (D)80%。

第三回

(　　) **1** 甲公司部分會計科目如下：(1)應收帳款　(2)辦公設備　(3)股東投資　(4)勞務收入　(5)薪資費用　(6)預收收入，以上那些會計科目是永久性（實）帳戶？　(A)(1)(2)(3)　(B)(4)(5)(6)　(C)(3)(4)(5)(6)　(D)(1)(2)(3)(6)。

(　　) **2** 米奇公司向高飛公司承租機器設備，租賃期間10年，依照租賃契約，米奇公司得於租賃期限屆滿時，以優惠價格買下該機器設備。若米奇公司對此機器設備採營業租賃方式認列，請問：該公司違反下列何種會計品質特性或原則？　(A)完整性　(B)重要性　(C)配合原則　(D)忠實表達。

(　　) **3** 轉回分錄之主要目的在使後續相關交易的記錄更為簡便，以下期末調整分錄中何者不適合於下期期初作轉回分錄？　(A)借記：保險費用$1,000，貸記：預付保險費$1,000　(B)借記：租金支出$5,000，貸記：應付租金$5,000　(C)借記：利息費用$800，貸記：應付利息$800　(D)借記：應收利息$600，貸記：利息收入$600

(　　) **4** 松山公司於X1年10月10日以每股$16，買回面額$10的庫藏股股票35,000股，11月12日以每股$20出售部分庫藏股票。若X1年12月31日「資本公積—庫藏股票交易」此項目之餘額為$48,000，則剩下的庫藏股票將以何種方式列示？　(A)在股本項下減$512,000　(B)在權益項下減$512,000　(C)在權益項下減$368,000　(D)在權益項下減$230,000。

(　　) **5** 下列哪一項不是現金內部控制正確的作法？　(A)避免一個人從頭到尾處理一項交易　(B)現金及其帳務處理最好交由特定一個專人負責　(C)定期輪調與休假　(D)支出最好儘量使用支票。

(　　) **6** 台東公司有2,000股面額$100，6%的累積特別股，與10,000股面額$10的普通股，前兩年並無支付股利給特別股股東，若當年度公司欲使普通股股東每股能分配$3現金股利，則台東公司當年度應宣告之股利總額為：　(A)$42,000　(B)$30,000　(C)$25,000　(D)$66,000。

(　　) **7** 有關本益比的計算公式，正確者為何？　(A)每股盈餘÷每股市價　(B)每股市價÷每股盈餘　(C)每股市價÷每股現金股利　(D)每股現金股利÷每股市價。

( ) **8** 竹山公司零用金額度為$80,000，撥補前零用金之內容如下：手存現金$48,000；報銷費用$31,500；旅費預支$1,000。則撥補分錄應為：(A)借記現金缺溢$500 (B)貸記現金缺溢$500 (C)借記現金缺溢$1,500 (D)貸記現金缺溢$1,500。

( ) **9** 京都公司於X1年4月1日將客戶3月1日開出90天到期，月利率5厘，面額$200,000本票一張向銀行貼現，貼現率年息12%，若一年以360天計算，則該票據貼現時，京都公司可得多少現金？ (A)$195,940 (B)$198,450 (C)$198,940 (D)$203,000。

( ) **10** 假設泰山公司採定期盤存制，期初存貨金額為$0，當期進貨分別為：4月5日600單位，每單位成本$12及7月25日600單位，每單位成本$10。並分別於4月30日出售300單位及9月28日出售600單位之存貨，若泰山公司期末帳上之存貨金額為$3,300，則泰山公司採用之存貨成本公式為何？ (A)加權平均法 (B)先進先出法 (C)移動平均法 (D)零售價法。

( ) **11** 來來商店採用實地盤存制，X1年底因倉庫失火存貨全部毀損，但由帳面得知X1年度該商店計有銷貨$350,000，銷貨折扣$50,000，進貨$250,000，進貨折扣$20,000，進貨退出$30,000，進貨運費$10,000，期初存貨$5,000，該商店過去三年的平均毛利率為40%，則該商店火災損失的存貨估計數為： (A)$95,000 (B)$5,000 (C)$15,000 (D)$35,000。

( ) **12** 美而美企業12月份的員工薪資共$36,000，依稅法及健保法規，公司應代扣所得稅捐$4,000，員工應負擔健保費$2,000，公司另負擔健保費$3,000，則美而美企業12月份的薪資費用為何？ (A)$33,000 (B)$36,000 (C)$38,000 (D)$39,000。

( ) **13** 美國公司於X1年5月1日以$100,000買入日本公司股票1,000股，美國公司將此股票投資歸類為透過損益按公允價值衡量之金融資產。X1年底日本公司每股股價$80，則美國公司應認列： (A)其他綜合損失$20,000 (B)透過損益按公允價值衡量之金融資產評價損失$20,000 (C)累積其他綜合損益$20,000 (D)投資損失$20,000。

( ) **14** 甲公司於X1年7月1日以$900,000購入一座估計蘊藏量750,000噸的煤礦，煤礦開採完後需以$30,000將環境復原。X1年甲公司開採50,000噸，出售40,000噸，則X1年銷貨成本中折耗額是多少？ (A)$46,400 (B)$49,600 (C)$58,000 (D)$62,000。

(　　) **15** 下列何者應分類為投資性不動產？　(A)意圖於正常營業出售之不動產　(B)用於商品或勞務生產之提供或供管理目的之不動產　(C)目前尚未決定用途所持有之土地　(D)為第三方建造或開發之不動產。

(　　) **16** 星球公司X1年3月1日出售面額$100,000，年利率6%，發行日為1月1日，平價發行之公司債，請問出售當日應作分錄為何？　(A)借記：現金100,000 貸記：應付公司債100,000　(B)借記：現金101,000 貸記：應付公司債101,000　(C)借記：現金101,000 貸記：應付公司債100,000 應付利息1,000　(D)借記：現金100,000 貸記：應付公司債9,000 應付利息1,000。

(　　) **17** 有關生物資產之期末評價，下列敘述何者正確？　(A)農產品於原始認列後，期末應依公允價值評價　(B)無法可靠衡量公允價值之生物資產，期末仍需依公允價值之估計數評價　(C)生物資產之公允價值減出售成本之變動數，應遞延至實際出售時才計入損益　(D)生物資產應於報導期間結束日，依當時公允價值減出售成本重新評價。

(　　) **18** 丁公司銷售某項資產時提供更換重要零件的保固，每個零件的更換成本為$2,000。依據過去經驗顯示，有30%會發生一個零件故障，50%會發生二個零件故障，20%會發生三個零件故障，則丁公司應認列的負債準備金額若干？　(A)$2,800　(B)$3,600　(C)$3,800　(D)$4,200。

(　　) **19** A公司以$1,100,000發行面額$1,000,000，10%，5年期公司債，則該公司實際負擔之利率為何？　(A)小於10%　(B)大於10%　(C)等於10%　(D)大於或等於10%。

(　　) **20** 小華誤將一筆$80,000的資本支出作為費用支出處理，請問對當年度財務報表的影響為何？　(A)資產低估　(B)費用高估　(C)資產高估，費用低估　(D)資產低估，費用高估。

(　　) **21** 圓訊公司列為透過其他綜合損益按公允價值衡量之金融資產－股票投資相關資料如下：

	成本總額	公允價值總額
X1年12月31日	$900,000	$840,000
X2年12月31日	900,000	960,000

則圓訊公司X2年度有關前項投資之其他綜合損益為：
(A)損失$60,000　(B)$0　(C)利益$60,000　(D)利益$120,000。

( ) **22** 庫藏股票交易採用本法處理時，以下之敘述，何者正確？ (A)庫藏股票交易可能使資本公積增加 (B)庫藏股票交易可能影響當期損益 (C)購回庫藏股票會使公司資產增加 (D)購回庫藏股票會使公司負債減少。

( ) **23** 正南公司於20X1年1月1日以$54,000之成本取得某一機器設備，估計使用年限為6年，無殘值。20X5年初，正南公司大修該機器設備，共花費$12,000，並進行每年一度的機油更換程序，支付現金$1,200。同時，正南公司重新評估該機器設備之使用年限，認定該機器設備尚可使用4年，殘值$800。假設正南公司採直線折舊法，試問，20X5年該機器設備之折舊費用應為多少？ (A)$4,600 (B)$7,300 (C)$8,150 (D)$9,000。

( ) **24** 春天公司106年底期末存貨為$50,000，淨利為$8,000，保留盈餘為$7,000。107年底淨損為$1,000，保留盈餘為$4,000。茲查帳發現106年底正確的期末存貨為$40,000，請問107年的正確損益是多少？ (A)淨損$1,000 (B)淨損$11,000 (C)淨利$1,000 (D)淨利$9,000。

( ) **25** 興輝公司X1年1月2日將成本$120,000，已提累積折舊為$55,000之舊卡車交換興業公司之機器，換入機器市價為$70,000，興輝公司另付現金$10,000給興業公司。若此交換具經濟實質，則交換損益為多少？ (A)利益$5,000 (B)利益$15,000 (C)損失$5,000 (D)損失$10,000。

12 Unit 近年試題

106年 統測試題

( ) **1** 下列各項敘述，錯誤與正確者為：
a.會計帳簿及憑證應於年度決算程序辦理終了後，至少保存十年
b.我國負責發佈與監督公開發行公司財務報告編製準則之單位為中華民國會計研究發展基金會
c.賒購商品（起運點交貨），另支付代理商之佣金應計入進貨成本
d.會計循環即企業之營業循環
(A)a.c.d.錯誤，其餘正確 (B)b.d.錯誤，其餘正確
(C)a.b.c.錯誤，其餘正確 (D)a.b.d.錯誤，其餘正確。

( ) **2** 下列各項敘述，正確與錯誤者為：
a.分類帳為以交易為主體之帳簿
b.標準式分類帳又稱「T字帳」
c.統制帳戶為實帳戶
d.過帳時互記日記簿頁次與分類帳頁次，可避免漏記或重複過帳的錯誤
(A)b.c.正確，其餘錯誤 (B)b.d.正確，其餘錯誤
(C)a.b.c.正確，其餘錯誤 (D)a.c.d.正確，其餘錯誤。

( ) **3** 下列哪一錯誤事項會使餘額式試算表借貸仍然平衡？
(A)賒購商品$850，分錄誤將該交易金額記為$85
(B)業主提取現金$450，分錄誤記為借：業主往來$450，貸：現金$540
(C)現銷商品$600，過帳時漏過該交易之貸方項（科）目
(D)現購文具用品$300，過帳時誤將現金項（科）目過帳至借方$300。

( ) **4** 甲公司對於遞延項目採記實轉虛法。若期末調整前有預付保險費$25,000，預收租金$5,000，調整後預付保險費$21,000，預收租金$3,000；又知甲公司調整前淨利為$26,000，則甲公司調整後淨利為：
(A)$32,000 (B)$28,000
(C)$24,000 (D)$20,000。

( ) **5** 下列有關期末漏作調整分錄之敘述，何者正確？

(A)漏作本期已發生但尚未支付租金之調整分錄，將導致負債高估，本期淨利高估

(B)記帳採權責發生基礎，漏作預收租金之調整分錄，將導致負債高估，本期淨利低估

(C)記帳採聯合基礎，漏作預付租金之調整分錄，將導致負債高估，本期淨利低估

(D)記帳採聯合基礎，漏作期末文具用品之調整分錄，將導致資產低估，本期淨利高估。

( ) **6** 甲公司存貨採定期盤存制，且期初及期末存貨先結轉至銷貨成本帳戶。下列關於甲公司十欄式工作底稿之敘述，何者錯誤？

(A)由調整後試算表移至綜合損益表欄之貸方總額若大於借方總額，表示甲公司發生本期綜合淨利

(B)本期淨利記入工作底稿綜合損益表欄之貸方,資產負債表欄之借方

(C)期末存貨記入工作底稿調整後試算表欄之借方,資產負債表欄之借方

(D)銷貨成本記入工作底稿調整後試算表欄之借方，綜合損益表欄之借方。

( ) **7** 下列有關結帳作業之敘述，何者錯誤？

(A)備抵壞帳應結轉下期

(B)「預收收入」項（科）目會出現於結帳後試算表中

(C)結帳後試算表只有實帳戶

(D)結帳分錄不須過帳。

( ) **8** 甲公司本年度綜合損益表資訊顯示，銷貨毛利率40%，營業利益率20%，稅前純益率18%，營業外收支項目只有租金收入$50,000以及財務成本若干。已知本期營業利益為$200,000；所得稅費用依所得稅法規定，$120,000以下免徵，課稅所得額超過$120,000者，就其全部課稅所得額課徵17%，但應納稅額不得超過課稅所得額超過$120,000部分之半數。依此，下列何者正確：

(A)營業費用$400,000 (B)財務成本$50,000

(C)稅後純益率15% (D)所得稅費用$15,000。

(　　) **9** 甲公司為適用一般稅率之加值型營業人，本期（3、4月份）進銷項資料如下（營業稅5%皆為外加）：

3/5賒購商品一批$1,000,000

3/15付清3/5賒購全部貨款，取得2%現金折扣

3/25內銷商品一批$500,000，如數收現

4/8購買土地$300,000，廠房$200,000

4/15購買機器一部$500,000

4/25外銷商品一批$800,000，如數收現

若上期無留抵稅額，則本期：

(A)購買土地與廠房時，應借記：土地成本$300,000、廠房成本$210,000

(B)得退稅額最高限額$65,000

(C)應收退稅款$59,000

(D)留抵稅額$15,000。

(　　) **10** 下列有關會計原則之敘述，錯誤者有幾項？

(1)期末對應收帳款提列壞帳損失，符合重大性原則

(2)不同資產類型採用不同之折舊方法，違反一致性原則

(3)業主以土地之公允價值作為業主資本之入帳基礎，違反成本原則

(4)雜誌社於期末預收客戶訂閱費，並如數於當期綜合損益表中認列為收入，違反配合原則

(A)一項　(B)二項　(C)三項　(D)四項。

(　　) **11** 下列有關傳票之敘述，何者錯誤？

(A)複式傳票是每一會計項（科）目填製一張傳票

(B)傳票為記帳憑證，可用以證明會計人員之責任

(C)傳票應按日或按月裝訂成冊

(D)現購商品，採複式傳票應編製現金支出傳票。

(　　) **12** 甲公司發行每股市價$32，面額$10之100,000股普通股向乙公司購入廠房用地，並另以現金支付股票發行成本$10,000及土地過戶登記費$15,000。若該土地之公告現值為$1,000,000，公允價值為$3,000,000，則下列有關該購置廠房用地交易之敘述，何者正確？

(A)土地之入帳成本為$3,215,000

(B)該交易使甲公司權益增加$3,190,000

(C)該交易使甲公司費損增加$15,000

(D)該交易使甲公司資本公積增加$1,990,000。

(　) **13** 甲公司X1年初累積虧損$100,000，當年提撥償債基金$100,000，估計董監事酬勞$115,000，員工紅利$55,000，X1年度已扣除董監事酬勞與員工紅利之稅前淨利為$1,000,000（設所得稅率為20%），X2年中經股東會決議X1年度的盈餘分配如下：
(1)彌補以前年度虧損
(2)提撥法定盈餘公積10%
(3)配發現金股利$100,000，股票股利$50,000
(4)配發員工紅利$55,000，董監酬勞$115,000
依上述決議，屬於X1年度之期末未分配盈餘為：
(A)$650,000　　(B)$530,000
(C)$480,000　　(D)$380,000。

(　) **14** 甲公司於X3年初有100,000股普通股發行並流通在外，每股發行價格為$18，公司於設立後未曾有過庫藏股交易，X3年1月2日以每股$20購入10,000股流通在外普通股。甲公司於X4年以每股$25出售4,000股庫藏股，X5年另以每股$15出售剩餘6,000股庫藏股。下列有關甲公司庫藏股票交易之敘述，何者正確？
(A)X3年庫藏股票交易使權益減少$20,000
(B)X4年庫藏股票交易使權益增加$20,000
(C)X5年庫藏股票交易使權益增加$90,000
(D)X5年庫藏股票交易使資本公積減少$30,000。

(　) **15** 下列有關每股盈餘之敘述，何者錯誤？
(A)買回庫藏股具有提升每股盈餘之作用
(B)計算每股盈餘時，本期淨利應減除本期宣告發放之股利
(C)宣告並發放普通股股票股利，會有降低每股盈餘之作用
(D)普通股股票股利按面額或公允價值入帳，不會影響當期每股盈餘之金額。

(　) **16** 甲公司於本年6月底收到之銀行對帳單顯示，對帳單上存款餘額為調整前公司帳上存款餘額之2倍。經查核相關資料，發現除公司一些未達帳之外，銀行方面之未達帳包括：
(1)月底存入銀行之即期支票$500，銀行尚未入帳
(2)未兌現支票合計$1,000

公司並依其所編製之銀行存款調節表作如下補正分錄：

應收帳款	1,000	
銀行存款	2,000	
利息收入		1,000
應收票據		2,000

由上述資料可知：
(A)銀行對帳單上餘額為$2,500
(B)銀行對帳單上餘額為$4,500
(C)調整前公司帳上銀行存款餘額為$5,000
(D)銀行存款調節表正確餘額為$4,500。

(　　) **17** 甲公司X5年期初備抵壞帳金額為$40,000。X5年間，實際發生壞帳$45,000，X4年收回已沖銷之壞帳$3,000，X5年期末評估備抵壞帳金額應為$50,000。下列有關壞帳會計處理之敘述，何者錯誤？
(A)甲公司X5年應認列壞帳損失$52,000
(B)收回已沖銷之壞帳時，會使應收帳款淨額減少
(C)實際發生壞帳時，會使應收帳款淨額減少
(D)收回已沖銷之壞帳時，不會影響資產總額。

(　　) **18** 甲公司X1年12月31日之資產負債表，存貨$100,000係由年底盤點而來。X2年初查核發現下列存貨盤點錯誤：
(1)X1年12月31日起運點交貨商品一批$2,000，盤點時未列入
(2)盤點存貨中包括以售價計入存貨成本之承銷品一批，售價$1,000，毛利率20%
(3)盤點存貨中包括過時商品一批，以成本$5,000列入，但估計只能以成本六折出售
上述錯誤若未更正，在不考慮所得稅因素下，對財務報表的影響為：
(A)X1年銷貨成本少計$1,000
(B)X1年底流動資產多計$800
(C)X2年淨利多計$1,000
(D)X2年底保留盈餘多計$1,000。

( ) **19** 甲公司於X1年初成立，1月份存貨相關資訊如下：
1/5進貨500單位，單位成本$10
1/15出售400單位，單位售價$18
1/25進貨300單位，單位成本$15
1/31盤點得知商品實際庫存量為400單位。
下列有關甲公司X1年1月底期末存貨之敘述，何者正確？
(A)存貨成本流動假設若採平均法，不論採永續盤存制或定期盤存制，期末存貨金額均相同
(B)存貨成本流動假設若採先進先出法，不論採永續盤存制或定期盤存制，期末存貨金額均相同
(C)在永續盤存制下，存貨成本流動假設若採平均法，其期末存貨金額較採先進先出法為高
(D)在定期盤存制下，存貨成本流動假設若採平均法，其期末存貨金額較採先進先出法為高。

( ) **20** 下列關於股票投資會計處理之敘述，何者正確？
(A)透過其他綜合損益按公允價值衡量之金融資產，於投資後續年度收到之現金股利，應列為營業外收入
(B)「透過損益按公允價值衡量之金融資產」項（科）目應都列在非流動資產項下
(C)採透過損益按公允價值衡量時，當期公允價值變動需認列其他綜合損益
(D)透過其他綜合損益按公允價值衡量之金融資產，於被投資公司發生虧損時，需認列資產減少。

( ) **21** 甲公司在X1年初以每股$30購入乙公司普通股股票10,000股，乙公司X1年淨利為$500,000，並於8月1日宣告及發放每股現金股利$2，X1年底乙公司普通股之每股公允價值為$40，全年流通在外普通股股數均為50,000股。若該股票投資符合各類權益證券投資之分類條件，則下列何種分類可使甲公司X1年淨利最高？
(A)分類為「持有供交易之金融資產」
(B)分類為「透過其他綜合損益按公允價值衡量之金融資產」
(C)分類為「採用權益法之投資」
(D)不論何種分類，甲公司X1年淨利均相同。

(　　) **22** 甲公司於X1年6月20日購入機器一部，成本$180,000，安裝費$20,000，估計耐用年限四年，無殘值，採年數合計法提列折舊，每月15日以前買入者，以全月計算折舊費用，每月16日以後買入者，當月不計算。公司於X3年初發現X1年記帳時誤將安裝費作為當期費用，在不考慮所得稅因素下，該項錯誤對財務報表之影響為：

(A)X1年底資產少計$20,000　　(B)X2年淨利少計$7,000

(C)X1年底資產少計$12,000　　(D)X2年底權益少計$9,000。

(　　) **23** 下列有關無形項目支出之敘述，錯誤與正確者為：

a.企業創業期間之廣告支出，若有利於商譽之建立，則該支出應認列為資產

b.研究階段之支出均應於發生時認列為費用

c.企業自行建立客戶名單資料庫之支出，若評估可帶來業績成長，該支出應認列為資產

(A)a.b.錯誤，c.正確　　(B)a.c.錯誤，b.正確

(C)b.c.錯誤，a.正確　　(D)a.b.c.皆錯誤。

(　　) **24** 甲公司於X1年1月1日平價發行5年期分次還本公司債，面額$500,000，票面利率10%，每年12月31日付息，並自X2年起每年12月31日還本$100,000。甲公司X3年應認列之利息費用及X3年底該應付公司債之帳面金額各為何？

(A)$50,000及$400,000　　(B)$30,000及$300,000

(C)$40,000及$400,000　　(D)$40,000及$300,000。

(　　) **25** 甲公司在X1年初對乙公司販售仿冒產品提出訴訟，截至X1年底，法院尚未作出判決，但乙公司之法律顧問判斷應有70%之敗訴可能性，且賠償金額應為$400,000。試問乙公司X1年應如何處理此事件？

(A)應認列$400,000負債準備

(B)應認列$280,000負債準備

(C)不須認列負債準備，但須揭露可能賠償$400,000之事件

(D)不須認列負債準備，亦不須揭露此事件。

107年 統測試題

( ) **1** 世界上兩個主要的企業會計準則制定機構為何？
(1)IASB：國際會計準則理事會（或稱委員會）
(2)FASB：美國財務會計準則委員會（或稱理事會）
(3)GASB：美國政府會計準則委員會
(4)IPSASB：國際公共部門會計準則委員會
(A)(1)及(2) (B)(2)及(3)
(C)(1)及(4) (D)(2)及(4)。

( ) **2** 勤信會計師事務所受託查核甲上市公司的財務報表，報表上的「現金及約當現金」項目為$1,188,336，經查核後有如下內容：庫存現金$48,056、90天到期之定期存款$400,000、員工借據$4,000、郵票$1,280、指定償債用途之存款$48,000、60天到期之銀行本票$180,000、偽鈔$3,000、支票存款餘額$260,000、即期支票$84,000、遠期支票（一個月後到期）$160,000。請問甲公司資產負債表上，「現金及約當現金」的正確餘額應為多少？
(A)$572,056 (B)$732,056
(C)$972,056 (D)$1,132,056。

( ) **3** 鍾勻事務所X3年期初權益餘額為$200,000，當年度發生的權益交易如下：(1)期中業主曾經提取$30,000自用；(2)業主年底再投資$100,000。已知X3年期末負債餘額為資產餘額之半數再減少$80,000，權益餘額為負債餘額的2倍，則當年營業結果為：
(A)淨利$10,000 (B)淨利$50,000
(C)淨損$10,000 (D)淨損$50,000。

( ) **4** 依商業會計法規定，會計帳簿分為哪兩種？
(A)分類帳及明細分類帳 (B)分類帳及備查簿
(C)日記簿及日記表 (D)序時帳簿及分類帳簿。

( ) **5** 企業在正式開業之前的籌備期間所發生的現金支出，譬如：註冊登記等，應記錄為哪一類的會計項目之變動？
(A)收入之增加 (B)費用之增加
(C)資產之增加 (D)負債之增加。

(　) **6** 下列敘述何者正確？
(A)過帳乃指將分類帳之餘額抄入試算表
(B)分類帳為過帳的依據
(C)總分類帳與明細分類帳具統制與隸屬的關係
(D)總分類帳係指日記簿。

(　) **7** 下列不影響試算表平衡的事項為何？
(A)借方資產項目誤以費用項目入帳
(B)貸方過帳至借方
(C)借方或貸方一方漏記
(D)借方單方加計錯誤。

(　) **8** 甲公司7月1日與客戶簽定不可取消之契約，合約金額共計$500,000，約定提供一年期的清潔服務，並於合約簽定時收取全部款項，甲公司於12月31日（會計期間終了日）已完成清潔服務之50%，在權責發生基礎之下，下列有關12月31日之敘述何者為非？
(A)期末應作分錄，認列負債之減少
(B)期末應作分錄，認列收入之增加
(C)期末未收到客戶款項，不需作任何分錄
(D)期末所作之分錄對公司資產無任何影響。

(　) **9** 麟苔公司X4年期初備抵壞帳有貸餘$500，已知X4年度實際發生壞帳$800，且收回以前年度已沖銷之應收帳款$1,000，若該公司X4年底有應收帳款借餘$100,000，經評估以應收帳款餘額百分比法應提列1%之備抵壞帳，則本期應提列多少壞帳損失？
(A)$300　(B)$500　(C)$700　(D)$1,300。

(　) **10** 以下對於結帳之敘述，何者不正確？
(A)實帳戶餘額結轉下期
(B)虛帳戶餘額結清歸零
(C)本期損益為結帳時專用，平時並無此帳戶記錄
(D)本期淨損金額應結轉業主資本。

(　) **11** 下列敘述何者為非？
(A)財務報表不包含報表之附註揭露
(B)本期損益為綜合損益表之組成項目
(C)依國際會計準則，企業應採權責發生基礎以編製財務報表
(D)計算本期損益時，需將收入及利益、費用及損失均列入計算。

( ) **12** 下列有關我國營業稅的敘述，何者錯誤？
(A)進項稅額的扣抵，若未經取得符合營業稅法規定之憑證者，不得扣抵
(B)加值型營業稅計算係採稅額相減法
(C)交際應酬用之貨物，其進項稅額不得扣抵銷項稅額
(D)加值型營業稅之稅率一律為5%。

( ) **13** 下列有關財務資訊之品質特性的敘述，何者不正確？
(A)攸關的財務資訊應具備預測價值或確認價值
(B)可比性包含不同公司間之比較以及相同公司不同期間之比較
(C)財務報表表達需與交易事實完全一致吻合，此為完整性之品質
(D)財務資訊之品質特性包括可了解性、時效性、可驗證性、可比性、忠實表述與攸關性。

( ) **14** 下列敘述何者為非？
(A)在人工會計系統下，是以人力將交易分析之結果填入傳票
(B)在電腦會計系統下，帳證表單可以電腦檔案的型態儲存
(C)相對於人力而言，電腦會計系統內設之各項控制措施可有效避免錯誤發生
(D)在任何情況下，電腦會計系統的處理速度均快於人工會計系統。

( ) **15** 暨軻公司X4年初有下列資訊：每股面值$10之普通股、流通在外30,000股；8%累積、全部參加、每股面值$10之特別股20,000股，且尚積欠X3年度一年之特別股股利。若當年度分配現金股利時，普通股股東所能收到的股利總金額為$211,200，則當年度分配的現金股利總金額為：
(A)$227,200　　(B)$243,200
(C)$352,000　　(D)$368,000。

( ) **16** 甲公司本月底帳面存款餘額$104,000，並有以下未達帳：存款不足退票$20,000、銀行手續費$600、在途存款$16,000、未兌現支票$120,000（含保付支票$12,000）、銀行代收票據$14,400。請問銀行寄來之對帳單餘額應為多少？
(A)$178,200　　(B)$189,800
(C)$202,200　　(D)$221,800。

(　　) **17** 甲公司106年之銷貨淨額為$350,000。年底調整前餘額顯示：應收帳款為借餘$62,500；備抵壞帳為借餘$600。甲公司採用應收帳款餘額百分比法，並假設壞帳率為2%。試問報導於106年底資產負債表之應收帳款淨變現價值為何？

(A)$56,100

(B)$61,250

(C)$60,650

(D)$54,900。

(　　) **18** 忠麟公司本期淨利多計$12,000的原因，係由於期初及期末存貨帳載記錄有誤所致，已知期初存貨多計$9,000，則期末存貨可能的錯誤為何？

(A)少計$3,000　(B)多計$3,000

(C)少計$21,000　(D)多計$21,000。

(　　) **19** 珂際公司只進銷一種商品且採定期盤存制，X3年底期末存貨數量為200件。X4年度銷貨成本若按先進先出法計算為$11,000，若按加權平均法計算為$11,520，且X4年度採加權平均法計算之單位成本為$48，已知X4年度該公司只進貨一次，進貨單價為$50，則X4年度的進貨數量為：

(A)240件　(B)300件

(C)440件　(D)500件。

(　　) **20** 採用權益法之投資的會計處理，以下敘述何者錯誤？

(A)每年收到現金股利時，一律列為股權投資成本之減少

(B)投資當年度獲配股票股利，應做投資成本退回分錄

(C)持有被投資公司表決權股份達50%以上者，應編製合併報表

(D)持有被投資公司表決權股份17%，但對被投資公司具有重大影響力者，應採權益法評價。

(　　) **21** 甲公司購買載貨卡車$5,000,000，運貨條件為起運點交貨，運費$50,000，每年卡車意外險保費$10,000。下列何者不列入卡車的取得成本？

(A)購車金額$5,000,000

(B)運費$50,000

(C)意外險保費$10,000

(D)運費$50,000及意外險保費$10,000。

( ) **22** 甲公司106年1月1日購買機器設備，估計耐用年限為四年，無殘值。若採用年數合計法提列折舊，該機器107年12月31日之帳面金額，會比採用倍數餘額遞減法之下的帳面金額多出$10,000。試問該設備之原始帳列成本為何？

(A)$160,000　(B)$180,000

(C)$200,000　(D)$240,000。

( ) **23** 刻霖公司X5年初以現金買入專利權，法定年限十年，經濟效益八年。X6年初發生專利權訴訟，支付訴訟費用$7,000，判決勝訴但並無增加該專利權之經濟效益，且發現使用年限只剩四年。於X7年初又與人訴訟，支付訴訟費用$10,500，結果判決敗訴，專利權喪失價值，X7年初該項專利權應認列損失金額為$63,000。請問X5年初入帳之專利權的成本為何？

(A)$72,000　(B)$80,000

(C)$88,000　(D)$96,000。

( ) **24** 金源公司成立於107年初，銷售附有兩年售後服務保證之產品，依過去經驗，第一年與第二年保證期間，估計保證成本分別為銷貨額的2%與5%。107年銷貨$600,000，實際售後服務支出為$28,000。108年銷貨$900,000，實際售後服務支出為$42,000。請問108年應提列產品保證費用金額為何？（依IFRS，產品保證費用為銷貨成本項目）

(A)$63,000　(B)$48,000

(C)$42,000　(D)$18,000。

( ) **25** 公司債折價採有效利息法攤銷時，發行公司之利息費用及折價攤銷數，逐期之變化為何？

(A)利息費用遞增，折價攤銷數遞增

(B)利息費用遞減，折價攤銷數遞減

(C)利息費用遞增，折價攤銷數遞減

(D)利息費用遞減，折價攤銷數遞增。

108年 統測試題

(　　) **1** 下列有關我國加值型營業稅的敘述，何者正確？
(A)出售土地不必繳納營業稅
(B)營業人在銷售階段免稅，因此可減低其進貨的負擔
(C)零稅率指適用的稅率為零，不用繳稅也無退稅問題
(D)目前我國以加值型營業稅來課徵各行各業的營業稅。

(　　) **2** 甲公司之產品附有一年售後服務保證，該公司於X7年初成立。依過去經驗估計保證成本為銷貨額的4%，X7年銷貨$1,200,000；X8年銷貨$1,800,000，X7年實際售後服務支出為$20,000。若X8年帳列與售後服務相關支出(包含產品保證費用與銷貨成本)之金額合計為$80,000，則X8年實際售後服務支出金額為何？(依金融監督管理委員會認可之國際財務報導準則(IFRS)，產品保證費用為銷貨成本項目)
(A)$72,000　(B)$80,000　(C)$108,000　(D)$120,000。

(　　) **3** 甲公司X8年1月1日帳列每股面值$10之普通股400,000股，當年度普通股交易如下：4月1日現金增資發行100,000股，8月1日股票分割1股分為2股，10月1日購入庫藏股票。已知該公司當年度流通在外加權平均股數為 800,000股，該公司10月1日購入庫藏股票多少股？
(A)200,000股　(B)400,000股　(C)600,000股　(D)800,000股。

(　　) **4** 甲公司本年度的所得稅費用為$45,000，本期淨利為稅前淨利的75%，銷貨毛利率為30%，銷貨成本為推銷管理費用的7倍，除推銷管理費用外，本期無其他的損益項目，則本期的銷貨收入淨額為何？
(A)$600,000　(B)$900,000　(C)$1,200,000　(D)$1,800,000。

(　　) **5** 甲公司帳載之累積特別股依發行條件每年特別股股利為$250,000。該公司X8年度淨利為$4,000,000，當年度宣告並支付股利$200,000。已知該年度普通股之每股盈餘為$5，X8年度普通股流通在外加權平均股數為何？
(A)710,000股　(B)750,000股　(C)760,000股　(D)800,000股。

(　　) **6** 下列有關會計基本假設的敘述，何者正確？
(A)在企業個體假設下，乃有期末調整事項的產生
(B)母子公司應編製合併報表，係根據權責發生基礎假設

(C)企業個體假設，為會計上流動與非流動項目之劃分提供理論基礎
(D)員工士氣是極有價值的人力資源，但傳統上基於貨幣評價假設，故不能入帳。

( ) **7** 下列有關基本會計原則的敘述，何者正確？
(A)不附息票據以票據現值入帳，係基於成本原則
(B)期末作預付費用之調整分錄，係基於收益原則
(C)收到客戶訂金以預收貨款入帳，係基於配合原則
(D)自行發展的商譽不可以入帳，係基於重大性原則。

( ) **8** 甲公司之應收帳款係採帳齡分析法估計壞帳，X7年底之資產負債表中顯示應收帳款淨額為$500,000，其他資料如右：
試問甲公司X7年度認列之壞帳損失為何？

X7年初應收帳款總額	$480,000
X7年初備抵壞帳（貸餘）	60,000
X7年底應收帳款總額	540,000
X7年間沖銷應收帳款	70,000

(A)$30,000 (B)$40,000 (C)$50,000 (D)$60,000。

( ) **9** 下列關於良好的電腦會計管理的敘述，何者錯誤？
(A)儲存於電腦之會計資料應定期備份，以保護資料安全
(B)電腦系統應設定密碼，非經核准操作的人員不得使用系統
(C)企業以電腦處理會計資料後，為節省紙張成本，不須定期將傳票及帳簿列印，只須列印會計報表
(D)編訂「會計資料處理作業手冊」，其內容應包含操作電腦處理會計資料之程序、錯誤資料之處理程序等相關資訊及程序。

( ) **10** 下列既為原始憑證亦是內部憑證項目的個數為何？ (甲)進貨發票，(乙)銷貨發票，(丙)水電費收據，(丁)折舊分攤表，(戊)轉帳傳票，(己)領料單，(庚)請購單，(辛)訂購單
(A)2項 (B)3項 (C)4項 (D)5項。

( ) **11** 下列有關轉回分錄的敘述，何者錯誤？
(A)記虛轉實之預收利息可做轉回分錄
(B)估計項目之提列折舊不可做轉回分錄
(C)應計項目若於下期期初做轉回，可使帳務工作簡化
(D)本期期初曾做過預付租金之轉回分錄，若本期無其他租金支出的交易，則期末調整前預付租金餘額為貸餘。

(　　) **12** 下列有關負債準備的敘述，何者正確？
(A)它是因過去事項而讓企業負有現時義務
(B)負債發生機率等於50%，且金額能可靠估計
(C)負債發生機率高於50%，惟金額無法可靠估計
(D)法院尚未判決之訴訟案件，皆須估計負債準備入帳。

(　　) **13** 下列有關財務報表品質特性的敘述，何者正確？
(A)企業公佈每月營收資訊，以強化財務報表之可驗證性
(B)財務報表應避免遺漏重要資訊，此為完整性之品質特性
(C)財務報表應具備之基本品質特性包含重大性及行業特性
(D)不同人員於期末同一時間盤點庫存現金，能得到相同結果，此為中立性之品質特性。

(　　) **14** 某公司X1年初向外購入甲專利權，法定年限20年，預估經濟年限15年，X6年初為保護甲專利權，以$150,000購入另一法定年限為15年之乙專利權，並因取得乙專利權估計能再增加甲專利權5年之經濟年限。若X6年底專利權總攤銷金額為$50,000，則X1年初購入之甲專利權成本為何？
(A)$400,000　(B)$600,000　(C)$800,000　(D)$900,000。

(　　) **15** 甲食品公司以短期內出售為目的，於X8年初購入乙公司股票，投資成本$340,000，該項投資X8年底公允價值為$280,000；X9年底公允價值為$292,000。X8年中甲公司收到乙公司股利$40,000；X9年中收到股利$90,000。有關該項投資的會計處理，何者錯誤？
（依金融監督管理委員會認可之國際財務報導準則第9號（IFRS 9）「金融工具」之會計處理）
(A)X8年底綜合損益表上，應於營業外收入段認列股利收入$40,000
(B)X9年底綜合損益表上，應於營業外收入段認列股利收入$90,000
(C)X8年底資產負債表上，「透過損益按公允價值衡量之金融資產」餘額應為$340,000
(D)X9年底資產負債表上，「透過損益按公允價值衡量之金融資產」餘額應為$292,000。

(　　) **16** 甲公司X8年度相關資料如下：銷貨淨額$750,000，銷貨毛利率20%，銷貨成本為進貨淨額的75%，已知期初存貨為$250,000，則該公司期末存貨為期初存貨的多少倍？
(A)0.4倍　(B)0.5倍　(C)1.8倍　(D)2.25倍。

( ) **17** 甲公司本月底帳載存款餘額$125,000，其他相關資料如下：存款不足退票$30,000、銀行手續費$800、在途存款$21,000、未兌現支票$100,000（含保付支票$12,000）、銀行代收票據$3,600已收現。下列敘述何者錯誤？

(A)銀行對帳單餘額比正確餘額多$79,000

(B)公司帳載存款餘額比正確餘額多$27,200

(C)公司帳載存款餘額比銀行對帳單餘額少$39,800

(D)保付支票不是造成公司帳載存款餘額與銀行對帳單餘額差異的原因。

( ) **18** 乙公司於X8年初，以每股$70購入甲公司普通股100,000股，作為「透過其他綜合損益按公允價值衡量之金融資產」投資，X8年與X9年均無購入或出售之情形，甲公司普通股每股公允價值如下：X8年底$60；X9年底$66。有關該項投資的會計處理，何者正確？（依金融監督管理委員會認可之國際財務報導準則第9號（IFRS 9）「金融工具」之會計處理）

(A)X8年底資產負債表，應認列「透過其他綜合損益按公允價值衡量之金融資產」$7,000,000

(B)X9年底資產負債表，應認列「透過其他綜合損益按公允價值衡量之金融資產」$7,000,000

(C)如對被投資公司無重大影響力，X8年底應承認該金融資產投資之公允價值變動損失$1,000,000，且應列入綜合損益表，作為營業外損失

(D)如對被投資公司無重大影響力，X9年底應承認該金融資產投資之公允價值變動利益$600,000，且應列入綜合損益表，作為其他綜合損益。

( ) **19** 下列有關公司發放股票股利前後所造成的影響，與執行股票分割前後所造成的影響，兩者比較的敘述，何者正確？

(A)兩者不論實施前或實施後，均不影響每股股票面值

(B)兩者不論實施前或實施後，均不影響保留盈餘金額

(C)兩者實施後之股東持股的總面額較實施前均會增加

(D)兩者不論實施前或實施後，股東彼此間相對的持股比例均不變。

▲根據下列狀況，回答第 20 ～ 21 題

甲商號X1年1月1日的負債總額比資產總額之半數少$4,000，淨值則為負債之1.5倍。

( ) **20** 若甲商號業主於年中時提回部分現金，X1年度經營所得之收益共計$80,000，費損則為$70,000，已知X1年12月31日該商號的負債總額比資產總額之半數少$5,000，淨值仍為負債之1.5倍，則業主於年中時提回的現金為何？ (A)$0 (B)$4,000 (C)$6,000 (D)$16,000。

( ) **21** 若甲商號於X1年1月1日借款並全部用於增購生產設備，且借款後的負債為淨值之1.5倍時，則舉債金額為何？ (A)$20,000 (B)$24,000 (C)$40,000 (D)$44,000。

▲根據下列狀況，回答第 22 ～ 23 題

甲公司於X7年2月1日銷售商品給乙公司，訂價$500,000，因為是老顧客，所以以八折優惠價成交，付款條件：2/10，n/30。乙公司於X7年2月15日償還貨款。

( ) **22** 若甲公司採淨額法認列銷貨，則X7年2月15日之分錄為何？

(A)借記：現金$400,000，貸記：應收帳款$400,000

(B)借記：現金$500,000，貸記：應收帳款$500,000

(C)借記：現金$392,000、銷貨折讓$8,000，貸記：應收帳款$400,000

(D)借記：現金$400,000，貸記：應收帳款$392,000、顧客未享折扣$8,000。

( ) **23** 若甲公司採總額法認列銷貨，則X7年2月1日之分錄為何？

(A)借記：應收帳款$500,000，貸記：銷貨收入$500,000

(B)借記：應收帳款$400,000，貸記：銷貨收入$400,000

(C)借記：應收帳款$392,000，貸記：銷貨收入$392,000

(D)借記：應收帳款$392,000、銷貨折讓$8,000，貸記：銷貨收入$400,000。

▲根據下列狀況，回答第 24 ～ 25 題

甲公司於X5年底以成本$1,200,000購入設備一部，耐用年限5年，殘值$75,000，採雙倍數餘額遞減法提列折舊。X7年底甲公司以此設備交換另一部設備，並支付現金$45,000。換出資產之公允價值無法可靠衡量，而換入資產之公允價值為$495,000。

( ) **24** 若該交換具商業實質，則甲公司應認列多少資產處分利益？

(A)$0 (B)$12,000 (C)$16,000 (D)$18,000。

( ) **25** 若該交換不具商業實質，則甲公司應認列多少資產處分利益？

(A)$0 (B)$12,000 (C)$16,000 (D)$18,000。

109年 統測試題

( ) **1** 下列交易事項對當期財務報表要素影響的敘述，正確者共幾項？
(1)賒購設備於超過現金折扣優惠期間後才付款，該筆付款交易分錄將導致資產減少、費損增加、負債減少。
(2)在期末估計應收帳款預期信用減損金額小於調整前備抵損失餘額情況下，該筆調整分錄將導致資產增加、收益增加。
(3)權責發生基礎下，期末調整金額為本期已耗用辦公用品，該筆調整分錄將導致資產減少、費損增加。
(4)本期發現前期機器折舊多計錯誤，若不考慮所得稅之影響，該筆更正分錄將導致資產增加、權益增加。
(A)一項　(B)二項
(C)三項　(D)四項。

( ) **2** 下列敘述正確者為何？
(1)一筆分錄借方或貸方其中一方重複過帳，此錯誤不會影響試算表借貸平衡
(2)試算是基於借貸平衡原理，用以檢查分錄與過帳的工作有無錯誤的驗證程序
(3)過帳時借貸方向如有誤置，試算表借方與貸方差額將可被2整除
(4)試算表如果借貸不平衡，表示平時會計處理程序存在錯誤
(A)僅(2)、(3)、(4)　(B)僅(1)、(2)、(3)
(C)僅(1)、(3)、(4)　(D)僅(3)、(4)。

( ) **3** 甲商店平時記帳採現金收付基礎，年終結算再以權責發生基礎作調整，期初辦公用品盤存$1,000，未作轉回分錄，當年度現購辦公用品$2,000，若期末辦公用品盤點尚存$800，但漏作調整分錄，將導致：
(A)資產低估　(B)費用高估
(C)淨利高估　(D)權益低估。

( ) **4** 甲公司X1年底與X2年底的資產負債表顯示，不動產、廠房及設備項目的帳面金額分別為$1,000與$1,500，X2年提列折舊$300。X2年未有處分不動產、廠房及設備，則該公司於X2年購入不動產、廠房及設備成本為何？
(A)$200　(B)$300　(C)$500　(D)$800。

(　　) **5** 下列敘述何者正確？
(A)存貨制度採定期盤存制，發生存貨盤虧會使銷貨成本增加
(B)永續盤存制下發生進貨退出，直接貸記「存貨」會計項目
(C)為了前後期報表比較，存貨計價方法一經採用應前後各期一致，絕對不得變更
(D)存貨制度採永續盤存制，可由進銷存明細表得知期末存貨，不需要實地盤點存貨，以節省人力成本。

(　　) **6** 甲公司X1年12月31日資產負債表無預付與預收項目，資產總額為$500,000。該公司X2年1月份發生下列交易事項：
(1)支付上個月的應付薪資$50,000
(2)認列服務收入$100,000，其中60%已收現
(3)收回X1年沖銷帳款$4,000
(4)認列營業費用$80,000，其中65%已付現，10%為折舊費用，5%為預期信用減損損失，其餘20%尚未付現
根據上述交易內容，甲公司X2年1月底的資產總額為何？
(A)$470,000　(B)$486,000　(C)$520,000　(D)$536,000。

▲閱讀下文，回答第 7 ～ 8 題

甲商店為四位合夥人共同出資設立的合夥組織，X1年期初資產$1,000（流動、非流動各半）、負債$500（皆為非流動）；期末資產中，流動資產占1/3；本期增資$500，無減資、存入或提取，新增流動負債若干，非流動負債不變，淨利$1,500。

(　　) **7** 已知甲商店X1年期末的流動比率為2倍，則本期新增負債為：
(A)$200　(B)$300　(C)$500　(D)$600。

(　　) **8** 承上題，因甲商店X1年期末存貨占流動資產半數，且都是即將過期的商品，為解決存貨可能滯銷問題，合夥人A找其他三位合夥人討論，建議以存貨成本5折的金額折價現銷，大家都贊同此建議，但對財務比率的影響卻有不同看法：
合夥人A：可提高流動比率
合夥人B：可增加營運資金
合夥人C：可降低負債比率（＝負債/總資產）
合夥人D：可提高速動比率
上述各合夥人的看法中，哪一位為正確？
(A)A君　(B)B君　(C)C君　(D)D君。

( ) **9** 下列敘述何者錯誤？
(A)營業稅是指對營業人銷售貨物或勞務所課徵的一種銷售稅
(B)目前我國加值型營業稅係採「稅額相減法」
(C)外銷貨物適用零稅率，其產生進項稅額不可申請扣抵
(D)當銷售貨物或勞務買受人為營業人需開立三聯式統一發票。

( ) **10** 下列敘述錯誤者為何？
(1)購入設備以購買價格加除役成本入帳，符合成本原則
(2)將不動產、廠房及設備之成本依預期使用年限進行分攤，係依據繼續經營慣例（假設）
(3)財務資訊若能提供有關先前評估的回饋（確認或改變先前的預期）是符合可驗證性
(4)當財務資訊欠缺攸關性或忠實表述時，可透過加強強化性品質特性提升資訊有用性
(A)(2)(3) (B)(3)(4) (C)(1)(4) (D)(2)(3)(4)。

( ) **11** 下列敘述正確者為何？
(1)採複式傳票四分法，賒銷商品交易需編製分錄轉帳傳票
(2)電腦編製的傳票必須再列印紙本經相關人員簽章，以確定責任歸屬
(3)單式傳票每一會計項目填製一張傳票
(A)僅(1)、(3) (B)僅(2)、(3) (C)僅(1)、(2) (D)(1)、(2)、(3)。

( ) **12** 甲公司X1年初流通在外普通股有100,000股，每股面額$10，同年5月20日宣告發放每股$1現金股利，30%股票股利，當日每股普通股市價$18，同年7月20日發放現金股利與股票股利。宣告日有關股利會計處理對財務報表影響，下列敘述何者錯誤？
(A)流動負債增加$100,000
(B)保留盈餘減少$400,000
(C)股東權益減少$400,000
(D)資產總額不變。

( ) **13** 甲公司於X1年10月1日向銀行借款$400,000，該借款須每半年（4月1日及10月1日）償還本金$100,000，並加計未償還本金的利息，利率5%，則X2年12月31日甲公司財務報表應列示多少流動負債？
(A)$115,000 (B)$200,000 (C)$202,500 (D)$310,000。

(　　) **14** 甲公司於X1年宣告將於X2年發放股票股利，該交易事項對甲公司X1年與X2年財務報表之影響，下列敘述何者錯誤？
(A)X1年及X2年股東權益總額均不受該交易事項影響
(B)X1年及X2年保留盈餘均不受該交易事項影響
(C)宣告股票股利使X1年每股盈餘降低
(D)宣告股票股利使X1年股本金額增加。

(　　) **15** 甲公司X1年1月1日應收帳款$620,000，備抵損失－應收帳款$6,200。當年度確定無法收回之應收帳款為$7,500，X1年底應收帳款為$800,000。若壞帳率的估計為應收帳款餘額單一比例，期末與期初比例相同，下列敘述何者錯誤？
(A)X1年底調整前備抵損失－應收帳款餘額為借餘$1,300
(B)X1年度綜合損益表認列之預期信用減損損失金額為$6,700
(C)X1年底備抵損失－應收帳款金額為$8,000
(D)X1年底預期應收帳款淨變現價值為$792,000。

(　　) **16** 甲公司X2年中面臨一項法律訴訟，經律師評估該訴訟案件很有可能敗訴，且有10%機率支付罰金$1,000,000，20%機率支付罰金$5,000,000，70%機率支付罰金$9,000,000。截至X2年底該訴訟案件尚未判決確定，甲公司此訴訟案件在財務報表表達方式為：
(A)揭露並認列負債準備$1,000,000
(B)揭露並認列負債準備$7,400,000
(C)揭露並認列負債準備$9,000,000
(D)僅需於財務報表附註中揭露該訴訟案件，不需認列入帳。

(　　) **17** 甲公司X1年至X2年年底商品存貨之成本與淨變現價值資料如下：X1年、X2年存貨成本$120,000、$100,000；淨變現價值$115,000、$102,000。若X2年初未作轉回分錄，X2年底存貨評價分錄為何？
(A)借記：銷貨成本2,000，貸記：備抵存貨跌價2,000
(B)借記：備抵存貨跌價2,000，貸記：銷貨成本2,000
(C)借記：備抵存貨跌價5,000，貸記：銷貨成本5,000
(D)借記：備抵存貨跌價7,000，貸記：銷貨成本7,000。

(　) **18** 下列敘述中，正確者共幾項？
(1)誤將進貨運費記為銷貨運費將使營業毛利多估
(2)期末資產負債表所列資料與結帳後試算表相同
(3)應收帳款明細分類帳若出現貸餘，應將借方餘額的總合與貸方餘額的總和分別列為流動資產與流動負債
(4)同一家銀行的銀行存款與銀行透支應分別列為流動資產與流動負債
(A)一項　(B)二項
(C)三項　(D)四項。

(　) **19** 甲公司於X5年1月2日以每股$30購買乙公司流通在外普通股數200,000股中的60,000股，因此對乙公司具有重大影響力。X5年7月20日乙公司發放現金股利每股$1，10%股票股利。X5年12月31日乙公司帳列本期淨利$1,800,000。下列甲公司對乙公司投資之敘述何者錯誤？
(A)甲公司應採權益法會計處理
(B)甲公司X5年度認列「採用權益法認列之損益份額」$540,000
(C)甲公司X5年12月31日「採用權益法之投資」帳面金額$2,280,000
(D)甲公司X5年12月31日持有乙公司股票，每股成本$38。

(　) **20** 甲公司於X1年以$500,000購入乙公司普通股10,000股，並將其分類為透過其他綜合損益按公允價值衡量之金融資產，X2年底該股票投資公允價值為$550,000。若甲公司於X3年以公允價值$530,000出售該股票投資，並支付$5,000手續費，則該交易對甲公司X3年稅前淨利之影響為何？
(A)$0　(B)增加稅前淨利$25,000
(C)減少稅前淨利$25,000　(D)減少稅前淨利$5,000。

(　) **21** 下列敘述何者錯誤？
(A)待出售非流動資產在資產負債表上，列示於非流動資產項下
(B)折舊方法變動應採既往不究法，不作更正分錄
(C)資產交換交易缺乏商業實質，不認列處分損益
(D)資本支出與收益支出劃分錯誤，在年度結帳後發現，須以「追溯適用及追溯重編之影響數」帳戶更正。

(　　) **22** 甲公司於X1年底將帳面金額$2,000,000，公允價值$2,500,000廠房拆除，改建新廠房。舊廠房之拆除成本為$800,000，拆除舊廠房殘料售得價款$500,000。關於甲公司拆除舊廠房之會計處理，下列敘述何者正確？
(A)應認列舊廠房處分損失$2,300,000
(B)應認列舊廠房處分損失$2,800,000
(C)舊廠房淨拆除成本$300,000應作為新廠房成本
(D)舊廠房拆除成本$800,000應作為新廠房成本，出售拆除舊廠房殘料$500,000應認列為其他收入。

(　　) **23** 甲公司於X1年4月1日將帳面金額$80,000舊設備售予乙公司，收到乙公司開立面額$105,000，不附息，一年期票據乙紙，當時市場利率（有效利率）為5%。X1年7月1日甲公司將該票據持向銀行貼現，貼現率8%。下列有關上述交易之敘述，何者錯誤？
(A)乙公司於X1年應認列該票據之利息費用$3,750
(B)乙公司X1年底資產負債表應認列該票據負債金額為$105,000
(C)甲公司應於4月1日認列處分資產利益$20,000
(D)甲公司票據貼現可取得現金$98,700。

(　　) **24** 下列敘述何者錯誤？
(A)內部產生商譽一定不得認列攤銷費用
(B)具明確年限的無形資產應於耐用年限內按合理而有系統之方法攤銷
(C)企業於每一財務年度應至少檢視一次無形資產耐用年限及殘值是否已改變
(D)無形資產耐用年限改變時，於編製以前年度財務報表時，應追溯調整以前年度攤銷費用。

(　　) **25** 下列有關資產負債表中無形資產之敘述何者錯誤？
(A)無形資產因其具有未來經濟效益一定能增加企業未來收入
(B)可個別辨認之無形資產須與商譽分別認列
(C)無形資產一定是非貨幣性資產
(D)無形資產一定為無實體形式。

110年 統測試題

( ) **1** 有關結帳會計程序之敘述，何者正確？
(A)結帳分錄乃用以記錄企業之結束營運
(B)不需要作結帳分錄，即可編製財務報表
(C)將資產、負債及權益等虛帳戶的餘額結轉下期繼續記錄
(D)將收益及費損等實帳戶的餘額結清，轉入本期損益帳戶。

( ) **2** 下列何者不是會計上所界定的交易？
甲、企業任命新的總經理
乙、企業設備資產因地震損壞而報廢
丙、企業與外商簽訂合作備忘錄
丁、企業向往來銀行貸款
戊、企業捐款給慈善機構
(A)甲、丙
(B)甲、丙、戊
(C)甲、乙、丙、丁
(D)甲、乙、丙、戊。

( ) **3** X1年5月1日賒購商品一批$800,000，6月1日開立$800,000遠期票據償還帳款，則6月1日交易對會計要素之增減影響為何？
(A)負債總額不變
(B)負債總額增加$800,000
(C)負債總額增加$1,600,000
(D)資產減少$800,000，負債減少$800,000。

( ) **4** 公司於本期購入辦公用品$5,800，期初用品盤存餘額為期末餘額的四倍，本期耗用金額為期初餘額的兩倍，則期初用品盤存餘額為何？
(A)$1,160 (B)$4,640
(C)$4,920 (D)$5,800。

( ) **5** 公司2020年底的資產負債表分析顯示，流動比率為3.00，流動資產項下之存貨為$120,000、用品盤存為$16,000及預付租金為$309,000。流動負債為$890,000，則該公司流動資產與速動比率各為多少？
(A)$2,225,000與1.96 (B)$2,241,000與2.10
(C)$2,445,000與1.80 (D)$2,670,000與2.50。

(　　) **6** 有關電腦化會計作業之敘述，下列何者錯誤？
(A)當所有會計作業程序皆由電腦處理時，才可稱為電腦化會計作業
(B)為整合內部財務會計、製造及人力資源等，企業資源規劃系統應運而生
(C)存貨管理系統可控管存貨的庫存數量，並減少倉儲及保管成本
(D)可以更快速提供財務報表，提供給不同使用者閱讀參考用。

(　　) **7** 如表(一)為X公司以舊汽車交換Y公司舊機器，Y公司並支付X公司$100,000。下列有關資產交換之敘述何者正確？

表(一)

	X公司汽車	Y公司機器
歷史成本	$3,000,000	$4,000,000
累計折舊	1,600,000	2,000,000
公允價值	1,900,000	1,800,000

(A)假設該交換不具商業價值，X公司不認列處分利益，Y公司認列處分損失$200,000
(B)假設該交換不具商業價值，X公司認列處分利益$500,000，Y公司不認列處分損失
(C)假設該交換具商業價值，X公司不認列處分利益，Y公司認列處分損失$200,000
(D)假設該交換具商業價值，X公司認列處分利益$500,000，Y公司認列處分損失$200,000。

(　　) **8** 公司於2018年起，依國際會計準則對應收帳款的規定，進行減損（呆帳）提列。該公司於2020年12月31日，調整前備抵損失－應收帳款（備抵呆帳－應收帳款）為貸餘$110,000。該公司有以下表(二)個別重大客戶之應收帳款金額及預估減損金額：

表(二)

客戶名稱	應收帳款金額	預估減損金額
甲公司	$900,000	
乙公司	1,200,000	$400,000
丙公司	700,000	50,000

其中甲公司之信用經個別評估後，並未發現有減損之客觀證據，故推斷甲公司之信用與以下表(三)非個別重大客戶之信用相接近：

表(三)

客戶名稱	應收帳款金額
子公司	$120,000
丑公司	80,000
寅公司	100,000

公司評估非個別重大客戶之估計呆帳率為5%，則該公司年底之備抵損失－應收帳款（備抵呆帳－應收帳款）與預期信用減損損失（呆帳損失）金額應為多少？
(A)$110,000與$450,000
(B)$400,000與$450,000
(C)$450,000與$510,000
(D)$510,000與$400,000。

(　) **9** 下列敘述何者錯誤？
(A)收益及費損為虛帳戶
(B)淨值乃指收益減費損
(C)費損將造成權益減少
(D)業主提取商品自用為對外交易。

(　) **10** 下列敘述何者正確？
(A)分類帳是由明細帳彙集而成
(B)過帳指從分類帳之金額轉記到日記簿
(C)將日記簿上借貸記錄轉登於分類帳之過程稱為結帳
(D)從分類帳可以瞭解企業在特定期間內會計項目的增減變化情形及餘額。

(　) **11** 下列調整分錄何者不可作回轉分錄？
(A)借：應收利息，貸：利息收入
(B)借：預付廣告費，貸：廣告費
(C)借：租金費用，貸：應付租金
(D)借：預收佣金，貸：佣金收入。

(　　) **12** 甲公司為適用一般稅率之加值型營業稅營業人，本年度三、四月總計含稅的銷貨總金額為$630,000；與一般營業人交易之進項（未含營業稅）如下：進貨$380,000，進貨訂金$30,000，購買土地$100,000，支付廠商聯誼之宴客餐費$20,000，購入辦公設備$35,000，購入文具$5,000，則該期得扣抵銷項稅額的進項稅額為何？

(A)$20,500　　(B)$21,000

(C)$22,500　　(D)$27,500。

(　　) **13** 甲公司採定期盤存制，期初存貨少計$15,000，本期進貨多計$4,000，期末存貨多計$8,000，則下列何者正確？

(A)本期銷貨成本少計$11,000

(B)本期淨利少計$27,000

(C)本期銷貨成本少計$19,000

(D)本期淨利多計$3,000。

(　　) **14** 甲公司於X1年7月1日以現金$200,000取得可使用10年之專利權，X3年底評估有減損跡象並進行減損測試，已知該專利權的可回收金額為$120,000，且該專利權使用年限僅剩3年，則下列有關該專利權的敘述何者錯誤？

(A)X3年底應認列減損損失$30,000

(B)截至X3年度該專利權的累計攤銷應為$50,000

(C)X3年底提列攤銷及減損後該專利權的帳面價值為$150,000

(D)X4年底該專利權的累計攤銷金額為$90,000。

(　　) **15** 甲公司在X1年初有流通在外面額$10之普通股80,000股，面額$100之5%非累積特別股2,000股，該公司在X1年度宣布發放股利$200,000。已知若為完全參加特別股所取得股利比部分參加特別股多$20,000，則下列敘述何者錯誤？

(A)若為部份參加特別股時，普通股股利為$180,000

(B)若為全部參加特別股時，普通股股利為$160,000

(C)若為不參加特別股時，普通股股利比若為部份參加特別股時之股利多$10,000

(D)若為全部參加特別股時，普通股股利比若為不參加特別股時之股利少$40,000。

( ) **16** 有關會計帳簿之敘述，何者正確？
(A)會計憑證至少保存十年
(B)財務報表至少保存十五年
(C)會計事項應按發生次序逐日登帳，至遲不得超過二個月
(D)記帳應以新臺幣「元」為單位，但可因交易性質而以萬元為單位。

( ) **17** 試算表無法發現下列哪一種錯誤？
(A)作分錄時應貸記應付帳款$10,000，卻錯誤地貸記應付票據$10,000
(B)作分錄時正確地借記應收帳款$10,000，但卻錯誤地貸記銷貨收入$1,000
(C)過帳時將折舊費用$1,000錯誤地過入分類帳中該會計項目的貸方金額欄
(D)過帳時將薪資費用$5,000正確地過帳，但卻錯誤地將現金$5,000重覆過帳。

( ) **18** 在調整後試算表與結帳後試算表中，哪一個會計項目金額會相同？（假設本期損益非為0）
(A)現金
(B)業主往來
(C)銷貨收入
(D)銷貨成本。

( ) **19** 公司於X3年1月1日，以$620,000購入生產設備一組，估計可用5年，殘值$20,000，採直線法提折舊。購入時預付4年意外保險費$24,000。X5年7月1日因火災而毀損，經確認可獲火險賠償$300,000，則該公司應認列之火災損失金額為何？
(A)$9,000 (B)$29,000
(C)$320,000 (D)$329,000。

( ) **20** 甲公司X1年1月1日帳列有每股面值$10之普通股，當年度普通股交易如下：4月1日現金增資發行100,000股，8月1日股票分割1股分為2股，10月1日購入庫藏股票800,000股，已知該公司當年度普通股流通在外加權平均股數為750,000股，則1月1日帳列的普通股為多少股？
(A)250,000 (B)300,000
(C)350,000 (D)400,000。

(　　) **21** 甲公司今年由於受到嚴重特殊傳染性肺炎（COVID–19）的影響，無法對海外分支機構進行盤點，因此擬採毛利率法估計該分支機構的期末存貨，已知該分支機構過去以銷貨為基礎之平均毛利率為25%，本年度期初存貨$10,000，進貨$580,000，進貨運費$25,000，進貨折扣$15,000，銷貨$720,000，銷貨退回$20,000，則有關該分支機構之敘述何者正確？

(A)估計銷貨毛利為$180,000

(B)估計銷貨成本為$540,000

(C)估計期末存貨為$75,000

(D)以銷貨成本為基礎之平均毛利率為30%。

(　　) **22** 下列有關投資之敘述，何者錯誤？

(A)「透過其他綜合損益按公允價值衡量之金融資產」及「採用權益法之投資」之下，均將交易成本計入購入投資成本中

(B)「透過損益按公允價值衡量之金融資產」及「透過其他綜合損益按公允價值衡量之金融資產」之下，均將收到的非清算股利之現金股利認列為股利收入

(C)「透過損益按公允價值衡量之金融資產」及「透過其他綜合損益按公允價值衡量之金融資產」之下，均於後續衡量時採公允價值法

(D)「透過其他綜合損益按公允價值衡量之金融資產」及「採用權益法之投資」之下，均將公允價值變動列為其他綜合損益。

(　　) **23** 甲公司X1年1月1日發行面額$100,000的公司債，票面利率為10%，每年底付息，期限五年，到期一次還本。有效利率為8%，採有效利息法攤銷折溢價，則X1年底攤銷後「應付公司債折價」金額為何？（5期利率8%之$1的複利現值為0.680583；5期利率10%之$1的複利現值為0.620921；5期利率8%每期$1的年金現值為3.992710；5期利率10%每期$1的年金現值為3.790787）

(A)0　　(B)$7,346

(C)$7,361　　(D)$7,985。

▲閱讀下文，回答第24～25題

甲公司月底銀行存款調節表相關項目之金額如下：

(1)調整前銀行對帳單餘額$31,815

(2)調整前公司銀行存款餘額$23,419

(3)銀行代收票據收現$2,070

(4)在途存款$4,403

(5)銀行手續費$300

(6)未兌現支票$11,808

(7)存款不足退票$851

(8)銀行對帳單上有一筆支票支付$2,452，公司帳上卻誤記為$2,524。

(　) **24** 除上述項目外，並無其他應調整事項，則現金之正確餘額為何？
(A)$25,261
(B)$24,410
(C)$22,340
(D)$20,007。

(　) **25** 甲公司應作之各項調整分錄，何者正確？

		借	貸
(A)	銀行存款	4,403	
	應收帳款		4,403
(B)	利息費用	300	
	銀行存款		300
(C)	銀行存款	851	
	應收帳款		851
(D)	應付帳款	72	
	銀行存款		72。

111年 統測試題

(　　) **1** 關於財務報表要素之敘述，下列何者不正確？
(A)收益及費損類帳戶又稱為暫時性帳戶
(B)表達企業財務狀況相關之要素包含資產、負債及權益
(C)資產是指因過去之交易或其他事項所產生，可由企業控制之經濟資源，預期將增加未來之現金流入或減少未來現金流出
(D)收益是指報導期間之交易造成資產增加或負債減少，而最後結果使得權益增加的總數，其中亦包含業主投資所增加的權益。

(　　) **2** 關於試算表的敘述，下列何者正確？
(A)試算表為企業正式報表，需定期向主管機關公告並申報
(B)調整前試算表的餘額可允當且完整呈現企業財務狀況及績效
(C)若分錄或過帳時所發生之錯誤並不影響借貸平衡，則此類錯誤可能無法藉由編製試算表發現
(D)試算表可驗證借方與貸方金額是否平衡。因此，只要平衡即可確認分錄與過帳程序並無發生任何錯誤。

(　　) **3** 甲公司在X8年7月1日預付二年期租金費用$240,000，當時記錄為租金費用，X8年及X9年年底並未對此交易記錄作任何調整分錄，則對財務報表影響之敘述何者正確？
(A)X9年底資產高估、淨利會低估
(B)X8年底資產低估、淨利會低估
(C)X8年底權益會高估、X9年底權益正確
(D)X8年底權益會低估、X9年底權益正確。

(　　) **4** 甲公司年底調整前試算表顯示：收入$30,000，費用$17,000，應調整之事項有：預收收益已實現部分為$2,500、本期折舊$1,200 及已賺得但尚未入帳之收益$2,000，則本期淨利為何？
(A)$7,300　　(B)$11,300
(C)$12,300　　(D)$16,300。

(　　) **5** 甲公司今年4月1日收到為期一年半的雜誌訂閱金$18,000，收款時貸記預收訂閱金。該公司並於7月1日預付一年期保險費$600，並以預付保險費入帳。如果期末未作調整分錄 ，則甲公司會產生：
(A)淨利低估$13,200　　(B)淨利高估$13,200
(C)淨利高估$8,700　　(D)淨利低估$8,700。

( ) **6** 下列為甲公司X2年度之資料，當年度租金費用$15,000，則該年度實際支付租金之現金為何？

	期初	期末
預付租金	$7,000	$4,500
應付租金	2,000	2,500

(A)$18,000 (B)$17,000
(C)$13,000 (D)$12,000。

( ) **7** 甲公司年底帳載有廣告費$10,000，利息支出$20,000，薪資支出$30,000，雜項費用$5,000，應付佣金支出$35,000，預收收入$10,000，銷貨收入$65,000，租金收入$15,000，在不考慮所得稅下的結帳敘述，下列何者正確？
(A)本期損益為淨損
(B)本期損益為貸餘$15,000
(C)全部收入結清時貸方之本期損益為$90,000
(D)全部費用結清時借方之本期損益為$100,000。

( ) **8** 某商店期初存貨$50,000、本期進貨$225,000、進貨折讓$45,000、進貨運費$20,000。若該商店今年營業毛利率為40%、銷貨收入及銷貨退回分別為$315,000及$15,000，則該商店期末存貨金額為何？
(A)$70,000 (B)$90,000
(C)$85,000 (D)$105,000。

( ) **9** 關於綜合損益表內容及格式之敘述，下列何者正確？
(A)表達格式有性質別及功能別兩種
(B)研究發展費用應於營業外支出項下表達
(C)功能別格式先表達營業損益，再列示營業毛利及本期損益
(D)主要營業活動所產生之收入，於買賣業稱為勞務收入或服務收入。

( ) **10** 關於現行統一發票的敘述，下列何者正確？
(A)現行統一發票有四種
(B)二聯式統一發票係屬於稅額外加
(C)特種發票專供總額課徵營業稅的營業人使用
(D)電子統一發票均屬於無實體電子發票。

( ) **11** 甲公司為加值型營業人，適用營業稅率5%，上期留抵稅額$150,000，1、2月份總銷項金額為$20,000,000，總進項交易金額為 $15,000,000。經查詢得知，銷貨中包含已開立發票的預收貨款

$6,000,000，而進項交易中包含賒購機器設備$500,000，購置一筆不動產$5,000,000（其中房屋$2,000,000，土地$3,000,000），一部董事長專用小客車$1,000,000及宴請客戶$300,000 與犒賞員工$200,000，則該公司申報1、2月份營業稅的敘述，下列何者正確？

(A)銷項稅額為 $ 700,000　　(B)進項稅額為 $ 500,000

(C)應付營業稅為 $ 325,000　　(D)留抵稅額為 $ 150,000。

(　　) **12** 關於銀行調節表各自獨立的調節項目之敘述，下列何者正確？

①未兌現支票會造成公司帳載銀行存款餘額較正確餘額為低

②在途存款會造成銀行對帳單餘額較正確餘額為低

③銀行託收票據收現會造成公司帳載銀行存款餘額較銀行對帳單餘額為低

④存款不足遭退票會造成銀行對帳單餘額較正確餘額為高

⑤銀行代扣手續費會造成銀行對帳單餘額較公司帳載銀行存款餘額為高

⑥未兌現的保付支票會造成銀行對帳單餘額較正確餘額為高

(A)②③　　(B)④⑤

(C)①②⑥　　(D)③④⑤。

(　　) **13** 關於應收票據之敘述，下列何者正確？

(A)當票面利率等於有效利率時，附息票據之現值會等於面值

(B)非因營業活動所產生之不附息票據得按面值入帳，因現值與面值差異不大

(C)因營業活動所產生之應收票據，無論票據期間是否超過一年，均應按面值入帳

(D)企業將票據貼現時，應在貼現日除列該應收票據，因為該票據的風險於該日已完全移轉至金融機構。

(　　) **14** 關於應收帳款預期信用減損損益之衡量程序及表達的敘述，下列何者正確？

(A)該損益應列為營業費用之加、減項

(B)實際發生帳款無法收回時，應貸記備抵損失

(C)期末調整前備抵損失帳戶餘額一定是貸方餘額

(D)企業若採準備矩陣法（帳齡分析法）估計預期信用減損損益時，該金額等於準備矩陣中各組應收帳款餘額乘以各組估計損失率。

( ) **15** 甲公司於12月31日將一批商品委託其他公司寄銷，公司誤記為賒銷並將該批商品從存貨中扣除，甲公司存貨採永續盤存制，則對12月31日財務報表的影響為何？

(A)淨利及流動資產皆低估 (B)淨利及流動資產皆高估

(C)淨利高估，但流動資產低估 (D)淨利低估，但流動資產高估。

( ) **16** 乙公司 X2 年度進銷貨資料如下：

1月5日	存貨	7,000 單位	單位成本	$5
2月28日	出售商品	5,000 單位	單位售價	$12
6月15日	進貨	20,000 單位	單位成本	$6
10月31日	出售商品	15,000 單位	單位售價	$10

若該公司存貨採定期盤存制之先進先出法，則該年度銷貨毛利為何？

(A)$97,000 (B)$113,000

(C)$150,000 (D)$210,000。

( ) **17** 假設丙公司X7年至X9年的帳載淨利都是$100,000，但其存貨記錄曾發生錯誤且均未更正；其中X7年底存貨低估$5,000，X8年底存貨高估$8,000，X9年底存貨高估$10,000，則公司X7年至X9年正確的淨利分別為何？

(A)$105,000，$92,000，$90,000

(B)$105,000，$87,000，$98,000

(C)$95,000，$108,000，$110,000

(D)$100,000，$100,000，$100,000。

( ) **18** 甲公司於X1年初以每股$25購入乙公司股票10,000股，該投資係以短期內出售為目的。X1年中收到乙公司現金股利$11,000及10%的股票股利；X2年中收到現金股利$22,000。已知X1年底該投資之「透過損益按公允價值衡量之金融資產評價調整」為借餘$14,000，X2年底該投資認列「透過損益按公允價值衡量之金融資產損失」$22,000，則下列有關該投資的敘述，何者正確？（依金融監督管理委員會認可之國際財務報導準則第9號（IFRS 9）「金融工具」之會計處理）

(A)X2年底該投資之公允價值每股$22

(B)X1年底該投資之公允價值每股$23

(C)X1年度綜合損益表上，該投資不應認列股利收入

(D)X2年底資產負債表上，該投資之「透過損益按公允價值衡量之金融資產評價調整」餘額為貸餘$19,000。

(　　) **19** 關於生物資產及其衡量模式之敘述，下列何者正確？
(A)用於生產芒果的芒果樹，應列為生物資產，而非不動產、廠房及設備
(B)若生物資產的公允價值能可靠衡量，應以公允價值減出售成本認列入帳
(C)羊毛、牛奶等農業產品應分類為生物資產，並於收成及續後評價時以公允價值減出售成本認列入帳
(D)若生物資產的公允價值能可靠衡量，購買生物資產時所支付之運費，基於成本原則，入帳時應借記生物資產。

(　　) **20** 大直公司於2018年1月1日購入設備一部，成本為$730,000，估計耐用年數6年。公司採直線法提列折舊，估計殘值$10,000。2021年6月1日因設備過時陳舊，決定報廢。報廢時售價$120,000，則該設備除列時之會計處理，下列何者正確？
(A)帳面價值$310,000
(B)應認列處分損失$200,000
(C)應借記累計折舊$420,000
(D)2021年除列設備時，應先補提列折舊$120,000。

(　　) **21** 關於負債的定義及內容之敘述，下列何者不正確？
(A)或有負債若發生可能性甚低時，無須揭露
(B)若負債很有可能發生，但金額無法可靠估計，則無須入帳，僅須揭露
(C)產品售後服務保固屬於負債準備，因過去事項負有現時義務，故無須認列為負債
(D)負債是指企業因過去事項或交易所產生之現時義務，於未來償付時將造成經濟資源流出。

(　　) **22** 下列交易之會計處理，何者正確？
(A)應付公司債折價應列為應付公司債的加項
(B)公司債的發行成本應作為應付公司債溢價增加處理
(C)企業支付現金股利給股東是屬於企業盈餘之分派，會造成保留盈餘減少，因此，應付現金股利在財務報表中應在權益項下表達
(D)為復原不動產、廠房及設備所衍生之經濟義務，在取得資產時將此義務折算現值，列入資產成本的一部分，且須認列負債準備，稱之「除役成本」。

▲閱讀下文，回答第 23～24 題

甲公司發行每股面值$10之普通股，1/1流通在外20,000股，5/1發放10%股票股利，7/1現金發行股份 6,000股，11/1股票分割1股分為2股。

(　) **23** 甲公司當年底的普通股股數為何？
(A)26,000股　(B)52,000股
(C)56,000股　(D)57,200股。

(　) **24** 承上題，已知甲公司當年度的淨利為$30,800，當年度宣告並支付普通股股利$2,800，則當年度普通股流通在外加權平均股數及每股盈餘為何？
(A)50,000股、$0.560　(B)50,000股、$0.616
(C)56,000股、$0.500　(D)56,000股、$0.550。

Notes

112年 統測試題

(　　) **1** 會計學老師提出以下四個錯誤敘述，請班上同學作修正。以下為四位同學之回答，何者仍然錯誤？　(1)會計師與會計人員因業務需要，可不須維持獨立性王同學修正：會計師基於職業道德規範，不論何種情況均須維持獨立性，但會計人員面對維護公司利益或存亡危機時，不必然要維持獨立性　(2)會計師提供財務報表查核，只需維持實質上之獨立性李同學修正：會計師提供財務報表之查核，除維持實質上獨立性，還須維持形式上獨立性　(3)公開發行公司適用會計研究發展基金會公開之「企業會計準則公報及其解釋」林同學修正：公開發行公司適用金管會認可之IFRSs，以及會計研究發展基金會公開之「企業會計準則公報及其解釋」　(4)「商業會計處理準則」只適用於非公開發行公司許同學修正：「商業會計處理準則」不僅適用於非公開發行公司，公開發行公司的主管機關雖是金融監督管理委員會，亦適用　(A)僅李同學、王同學　(B)僅林同學、許同學　(C)僅王同學、林同學　(D)僅李同學、許同學。

(　　) **2** 甲公司經營藥妝商品買賣，下列何者屬於甲公司之存貨項目？　(A)代銷他公司之洗面乳　(B)向供應商購買之美白面膜，起運點交貨，尚在運送途中　(C)安裝於員工辦公室之冷氣機　(D)分期付款銷貨之護膚凝膠，顧客尚未付清尾款。

(　　) **3** 下列事項屬會計估計變動者，共計有幾項？　(1)折舊方法由直線法改變為年數合計法　(2)資產未來經濟效益之預期消耗型態改變　(3)無形資產的耐用年限由非確定改變為有限　(4)估計應收帳款預期信用減損損失率，因景氣不佳，由3%調升為5%　(5)存貨採用成本與淨變現價值孰低衡量時，由逐項比較法改變為分類比較法　(A)一項　(B)二項　(C)三項　(D)四項。

(　　) **4** 下列應調整項目於期末漏作調整分錄一定會導致淨利低估之項目，共計有哪幾項？　(1)預期信用減損損失估計　(2)記虛轉實下之預付佣金　(3)記虛轉實下之預收雜誌訂閱費　(4)記虛轉實下之文具用品未耗用部分　(A)僅(1)、(2)　(B)僅(1)、(2)　(C)僅(2)、(4)　(D)僅(3)、(4)。

( ) **5** X2年因原物料短缺以及全球通貨膨脹，導致甲公司的進貨成本持續上升。下列關於存貨成本公式之敘述，何者正確？ (A)採用先進先出法比平均法有較低的期末存貨成本 (B)採用先進先出法比平均法有較低的本期淨利 (C)採用先進先出法比平均法較有可能造成X2年虛盈實虧 (D)先進先出法不可適用於永續盤存制度。

( ) **6** 下列哪一項作法可加強公司現金之內部控制制度？ (A)核准付款與開立支票的作業，分別由不同人擔任 (B)現金支出的授權及付款由同一個人擔任 (C)支票預先簽字以增加付款作業效率 (D)由出納負責編製銀行存款調節表。

( ) **7** 甲公司為加值型營業人，適用營業稅率5%。1、2月份：銷貨收入$3,000,000，其中內銷$500,000、外銷$2,500,000；進貨及費用$600,000；購買土地、廠房一筆，其中廠房$500,000，土地$1,000,000；購買一台九人座汽車$1,000,000，作為員工交通車；購置電視$200,000，贈送某公立醫院附設護理之家。若上期累積留抵稅額$100,000，則甲公司2月底結算營業稅時，分錄中將出現： (A)貸：應付營業稅$40,000 (B)借：應收退稅款$150,000 (C)借：留抵稅額$40,000 (D)貸：留抵稅額$100,000。

( ) **8** 甲商店為獨資企業，X1年期初權益50萬元；其中，X0年淨損10萬元已結帳至業主往來；X1年期末權益75萬元。X1年度營業利益18萬元，無營業外收支；業主曾提取若干商品自用，且無其他借支事項，增資30萬元。X1年度營利事業所得稅為：全年課稅所得額在12萬元以下者，免徵營利事業所得稅；全年課稅所得額超過12萬元者，就其全部課稅所得額課徵20%，但其應納稅額不得超過課稅所得額超過12萬元部分之半數。依此，業主在X1年提取金額為多少？ (A)10萬元 (B)13萬元 (C)20萬元 (D)23萬元。

( ) **9** 甲公司為3C產品專賣商，存貨盤點系統採定期盤存制，所代理的藍芽耳機期初存貨成本為$150,000（共30組），本期進貨兩次，第一次進貨30組，每組成本$6,000；第二次進貨40組，每組成本$7,000。若本期共售出80組，則依平均法計算之本期期末存貨成本應為多少？ (A)$100,000 (B)$122,000 (C)$180,000 (D)$210,000。

(　　) **10** 甲公司符合政府新興產業從事研發活動特定條件，收到政府捐贈之土地一筆，公允價值為$79,000。該項捐贈之附帶條件為三十年後需將該土地規劃為供民眾遊憩之親水公園。甲公司於接受捐贈時的分錄應為何？　(A)貸：遞延政府補助之利益$79,000　(B)貸：資本公積–受贈資產$79,000　(C)貸：政府補助之利益$79,000　(D)貸：處分不動產、廠房及設備利益$79,000。

(　　) **11** 甲公司章程規定如有獲利應提撥員工酬勞10%及董監事酬勞3%，X1年初甲公司帳列累積盈虧為$300,000（借餘），X1年度未扣除員工酬勞及董監事酬勞之稅前淨利為$800,000。若所得稅率為20%，則甲公司X1年底累積盈虧為多少？　(A)$256,800（貸餘）　(B)$288,000（貸餘）　(C)$340,000（貸餘）　(D)$348,000（貸餘）。

(　　) **12** 甲公司於X1年10月1日簽發面值$1,000,000，6個月期不附息票據乙紙，向銀行借款。若借款有效利率為12%，則下列敘述何者正確？(A)甲公司借款取得現金為$1,000,000　(B)甲公司還款時應支付現金高於$1,000,000　(C)X1年12月31日該筆借款帳面金額為$1,000,000　(D)甲公司應認列該筆借款之利息費用總額低於$60,000。

(　　) **13** 甲公司X1年調整後帳戶餘額如下：（單位：萬元）銷貨收入500存貨（期初）50存貨（期末）150進貨300薪資支出50處分投資損失50利息費用20公司採本期損益法做結帳分錄。若甲公司所得稅率為20%，依上述資料，下列調整、結帳分錄，何者錯誤？　(A)借：本期損益200，貸：銷貨成本200　(B)借：本期損益50，貸：薪資支出50　(C)借：本期所得稅費用36，貸：本期所得稅負債36　(D)借：本期損益144，貸：累積盈虧144。

(　　) **14** 下列有關資產之敘述，何者正確？　(A)乳牛牧場於乳牛交易市場購入牛隻時，原始認列會產生損失　(B)農業產品之後續衡量只能採公允價值模式，不得採用成本模式　(C)企業營運中所使用具生命之動物與植物，應於資產負債表中列報為生物資產　(D)生產性生物資產若生產農產品的期間可超過一年以上，則其會計處理得比照不動產、廠房及設備。

(　　) **15** 甲公司於X1年初以$560,000購入設備，估計耐用10年，無殘值。X6年初發現該設備尚可再使用10年，殘值$20,000。若甲公司均採直線法折舊，則下列敘述何者錯誤？　(A)耐用年限改變屬於會計估計變

動 (B)X6年折舊費用為$26,000 (C)X6年底調整後之累計折舊金額為$306,000 (D)X7年因廠房大修，設備停止運轉6個月，X7年折舊費用為$13,000。

( ) **16** 甲公司於X1年底以現金$1,000,000，買入具輻射性設備，估計耐用年限3年，無殘值。依政府法規規定該設備安裝與拆卸均須委請專業機構處理，甲公司支付安裝費$300,000，並估計3年後需花費拆卸費$300,000。若有效利率為5%，甲公司於X4年底報廢該設備並支付拆卸費$300,000，則下列有關購置該設備之敘述，何者正確？ (A)該設備之成本為$1,300,000 (B)該設備之可折舊成本為$1,600,000 (C)甲公司因購置該設備使X1年底權益減少 (D)甲公司X2年至X4年因購置該設備合計認列費損總金額為$1,600,000。

( ) **17** 甲公司以短期出售為目的，於X1年4月30日購入2,000股乙公司股票，每股面額$10，每股成交價$20，另支付手續費$50。乙公司於X1年6月28日發放現金股利每股$1，以及股票股利每股$0.5。甲公司於X1年底以每股$25出售全部股票，另支付手續費及交易稅共$100。關於此投資，甲公司於出售日應認列的「透過損益按公允價值衡量之金融資產利益」為多少？ (A)$0 (B)$9,500 (C)$10,000 (D)$12,500。

( ) **18** 甲商店採曆年制，為方便帳務處理採用現金收付基礎編製財務報表。商店會計師發現 (1)X1年底尚有以下交易事項未入帳，依商業會計法第10條規定，按權責發生制予以調整：X1年已完成之銷貨，尚有$100,000未收現 (2)進貨皆於當年度銷售，期末尚有進貨未支付款項$20,000 (3)X1年預付一年期租金$15,000，屬於本年者為1/3 (4)以前年度購入機器設備應提列折舊$20,000 (5)員工薪資固定於次月5日發放，X1年12月底尚未發放薪資$50,000下列有關甲商店依現金收付基礎自行編製財務報表之敘述，何者錯誤？ (A)甲商店自行編製之財務報表總資產少計$90,000 (B)甲商店自行編製之財務報表流動負債少計$70,000 (C)甲商店自行編製之財務報表營運資金少計$20,000 (D)甲商店自行計算之本期損益低估$20,000。

( ) **19** 甲公司於X1年1月1日奉准發行面額$1,000,000，票面利率6%，5年到期之公司債，每年1月1日付息，該公司債於X1年3月1日才售出，扣除公司債發行成本$50,000後，甲公司計收到現金$980,000（內含逾期利息）。有關甲公司發行該公司債之敘述，下列何者正確？　(A)該公司債係以折價於交易市場發行　(B)甲公司X1年3月1日之負債因發行該公司債增加$980,000　(C)甲公司X1年12月31日資產負債表之流動負債中與該公司債有關金額為$50,000　(D)甲公司每年認列該公司債利息費用之有效利率低於6%。

(　　) **20** 甲公司X3年淨利為$300,000，全年有6%累積非參加特別股100,000股流通在外，每股面額為$10，X1年及X2年均未發放股利。X3年1月1日普通股流通在外120,000股，7月1日買回庫藏股30,000股，11月1日發行6,000股普通股購入土地。若X3年宣告發放現金股利$50,000，則甲公司X3年之每股盈餘為多少？（四捨五入至小數點後第二位）(A)$1.70　(B)$2.26　(C)$2.36　(D)$2.50。

(　　) **21** X1年7月1日甲公司向乙公司購入售價為$100,000資產，約定付款條件為2/10，n/30，甲公司於7月30日支付現金$100,000，下列敘述何者正確？　(1)甲公司購入資產若為存貨，其成本得為$98,000或$100,000　(2)甲公司購入資產若為設備，其成本為$100,000　(3)乙公司若評估甲公司高度很有可能會於7月10日前付款，7月1日應認列銷貨收入$98,000　(4)乙公司若評估甲公司高度很有可能會於7月10日後付款，7月1日應認列銷貨收入$100,000　(A)僅(1)(2)(3)　(B)僅(1)(2)(4)　(C)僅(1)(3)(4)　(D)僅(2)(3)(4)。

(　　) **22** 甲公司主要營業項目為電腦設備買賣，X8年10月1日有下列交易事項：　(1)銷貨商品給乙公司，收到一張面值$80,000，附息3%，九個月期的票據　(2)出售成本為$100,000的土地給丙公司，收到一張面值$102,000，半年期不附息票據，有效利率為4%甲公司於X8年有關上述兩張票據合計應認列之利息收入為多少？　(A)$0　(B)$1,600　(C)$1,620　(D)$3,200。

▲閱讀下文，回答第 23 ～ 24 題

甲公司X1年12月31日資產負債表中，流動資產、非流動資產、負債與權益等項目皆為400萬元；負債項目包括流動負債（其中，應付帳款與短期借款各為100萬元）與非流動負債200萬元。X1年度銷貨收入800萬元，純益率20%。甲公司目前產能已充分利用，預期X2年度銷貨收入將成長25%，流動資產、非流動資產與應付帳款也會隨著銷貨收入成長25%，純益率維持不變。甲公司X1年淨利一半發放現金股利，在此政策以及流動比率維持不變之前提下，甲公司因應X2年銷貨收入成長所需之外部資金籌措規劃優先順序為：先短期借款，不足再由非流動負債支應。

(　　) **23** 依此規劃方式，甲公司X2年需增加多少非流動負債？　(A)50萬元　(B)75萬元　(C)100萬元　(D)150萬元。

(　　) **24** 若公司的政策改變為將當期淨利全部作為現金股利發放給股東，在此政策下，以下為公司董事在董事會所提出之見解，何者正確？丁董事：其他情境維持不變，提高純益率可減少非流動負債資金籌措金額王董事：其他情境維持不變，降低流動比率可減少非流動負債資金籌措金額林董事：其他情境維持不變，提高銷貨收入成長率可減少非流動負債資金籌措金額許董事：其他情境維持不變，延長帳款付款期間可再增加應付帳款15萬元，減少非流動負債資金籌措金額　(A)丁董事　(B)王董事　(C)林董事　(D)許董事。

Notes

113年 統測試題

(　　) **1** 甲公司為非公開發行公司，其會計事務處理之各項法令及準則的適用位階為何？
(A)商業會計處理準則＞商業會計法＞金管會認可之IFRSs
(B)商業會計處理準則＞商業會計法＞企業會計準則公報
(C)公司法＞證券發行人財務報告編製準則＞金管會認可之IFRSs
(D)公司法＞商業會計處理準則＞企業會計準則公報。

(　　) **2** 下列何者符合財務報表要素之定義？
(A)企業的研究發展支出　(B)企業經營者的團隊精神
(C)員工高學歷的價值　(D)經營地點的方便性。

(　　) **3** 甲商店賒購商品一批$11,000，支付三個月的票據$8,000，餘款暫欠，則此交易種類及適用的複式傳票為何？
(A)轉帳交易；分錄轉帳傳票　(B)轉帳交易；現金轉帳傳票
(C)混合交易；分錄轉帳傳票　(D)混合交易；現金轉帳傳票。

(　　) **4** 甲公司於8月3日賒購商品一批，以八折成交，付款條件為2/10，1/15，n/30，採淨額法入帳。8月5日因品質不佳進貨退出$2,000。若甲公司已於8月12日支付$7,350，另於8月19日支付剩餘款項$9,900，則商品定價為何？
(A)$17,500　(B)$21,750
(C)$24,250　(D)$24,375。

(　　) **5** 下列敘述何者正確？
(A)編製財務報表之根據為日記簿
(B)分類帳的主要功用為明瞭各會計項目的增減變化
(C)分類帳之記錄係以事項發生之財務報表要素為主體
(D)分類帳中之每一帳戶係所有會計項目名稱與餘額之列表。

(　　) **6** 在永續盤存制之下，公司將現金購貨$2,000的交易記錄為借：應付帳款$2,000及貸：現金$2,000，該錯誤對餘額式試算表之影響為何？
(A)試算表仍平衡，且借貸總和正確
(B)試算表仍平衡，但借貸方皆高估$2,000
(C)試算表仍平衡，但借貸方皆低估$2,000
(D)試算表不平衡，且借貸方相差$4,000。

(　) **7** 甲公司採應收帳款餘額單一損失率法認列預期信用減損損失，X3年期末應收帳款餘額$400,000，而X3年期初帳列貸餘備抵損失－應收帳款$3,000，且本年度已沖銷實際發生無法收回帳款的$7,000。已知X3年期末提列預期信用減損損失$6,000，若X3年曾收回X1年已沖銷之應收帳款$2,000，則該公司X3年預期損失率為多少？
(A)0.5%　(B)1.0%
(C)2.0%　(D)2.5%。

(　) **8** 下列敘述何者正確？
(A)年底少提列專利權攤銷會使資產少計
(B)年底少提列機器折舊費用會使負債少計
(C)年底多提列應付利息會使負債及淨利少計
(D)年底多提列預期信用減損損失會使權益少計。

(　) **9** 甲商店會計基礎採權責發生制，111年度銷貨總額$300,000，賒銷佔二分之一，收到110年度貨款$30,000，預收112年度貨款$20,000；111年度進貨總額$100,000，其中賒購為$50,000，支付貨款$25,000，111年度期初存貨$20,000，期末存貨$30,000；除下列文具用品及應付薪資事項外，111年度實際發生營業費用共計$80,000；111年度購入文具等辦公用品$7,000，期末盤存尚餘$2,000；111年底另有未估計入帳應付薪資$15,000，則111年度甲商店本期損益為何？
(A)$50,000　(B)$110,000
(C)$125,000　(D)$130,000。

(　) **10** 甲商店於7月1日購買貨車一部，除買價外，甲商店另支付運費$6,000、關稅$4,000及運送期間之保險費$10,000，估計耐用年限10年，殘值$10,000，採直線法提列折舊，若當年底貨車帳面金額為$485,000，則貨車之買價為何？
(A)$480,000　(B)$490,000
(C)$500,000　(D)$510,000。

(　) **11** 甲公司X2年度的預期信用減損損失多計$1,000、折舊費用少計$2,000、利息費用$3,000誤記為租金費用、薪資費用漏列$4,000、預收租金$5,000誤記為租金收入，則這些錯誤對X2年度的淨利影響為何？
(A)多計$8,000　(B)少計$6,000
(C)多計$10,000　(D)少計$11,000。

(　　) **12** 下列有關綜合損益表的敘述正確的有哪幾項？　①採功能別表達需列出銷貨成本　②處分不動產、廠房及設備損失屬營業費用　③普遍以性質別編製綜合損益表　④數字以外的重要資訊可採附註方式說明　⑤按功能別表達無法瞭解收益或費損產生的原因

(A)僅①、④　　(B)僅①、③
(C)僅②、③、⑤　　(D)僅②、④、⑤。

(　　) **13** 甲商店欲進行短期償債能力分析，結果包含如下：營運資金$8,000、流動比率為5、速動比率為3.5，但發現有一筆定價$3,000，當時進貨成本$1,000的賒銷漏未入帳，若甲商店採永續盤存制，則正確之速動比率為何？

(A)3　　(B)4
(C)4.5　　(D)5。

(　　) **14** 下列有關我國營業稅的敘述正確的有哪幾項？　①出售土地不必繳納銷項稅額的營業稅　②我國現行營業稅就只有一種加值型營業稅　③我國現行加值型營業稅的計算係採銷售總額課徵營業稅　④我國營業稅法規定，除本法另有規定外，一般營業稅最高稅率10%，最低稅率5%　⑤中華民國境內銷售貨物或勞務的買受人是我國營業稅的納稅義務人　⑥免稅與零稅率的差異在於免稅可扣抵進項稅額，零稅率不可扣抵進項稅額

(A)僅①、④　　(B)僅⑤、⑥
(C)僅③、④、⑤　　(D)僅①、②、③、⑥。

(　　) **15** 丙公司為適用加值型營業稅的商號，X3年初帳載有上期累積留抵稅額$50,000，X3年1月及2月發生了下列交易：進貨$2,100,000；購買機器及設備$1,300,000（包含五人座自用乘人小客車$1,000,000）；營業費用支出$670,000(包含職工福利康樂活動支出$50,000及向小規模營業人購買的雜項支出$20,000)；國內銷貨為外銷金額的四倍，若營業稅率為5%，已知溢付稅額大於退稅限額，且本期營業稅申報時應收退稅款為$40,000，則下列何者正確？

(A)本期銷貨總額$2,000,000
(B)本期銷項稅額$125,000
(C)本期可扣抵進項稅額$152,500
(D)本期期末累積留抵稅額$60,000。

( ) **16** 乙公司帳載有銀行存款$6,500，其往來的銀行在同一天顯示其有銀行存款$7,200。造成雙方金額差異的可能原因為何？
(A)有未兌現支票$850及$150的存款不足支票
(B)有銀行代收一張$400的票據及未兌現支票$1,100
(C)有$20的手續費及未兌現支票$680
(D)有在途存款$700。

( ) **17** 甲公司為食品業，於X3年10月1日出售成本$550,000的土地，收到九個月不付息票據乙紙，面值$618,000。若市場有效利率為4%，則X3年底應收票據之帳面金額為何？
(A)$600,000 (B)$606,000 (C)$612,000 (D)$618,000。

( ) **18** 下列有關存貨成本公式（又稱成本流動假設）的敘述正確的有哪幾項？ ①個別認定法最容易受人為操縱損益 ②移動平均法適用於定期盤存制 ③個別認定法適用於定期盤存制及永續盤存制 ④物價下跌時，先進先出法的期末存貨會大於平均法 ⑤物價上漲時，採用先進先出法計算的銷貨成本之金額最高 ⑥採用先進先出法時，無論是定期盤存制及永續盤存制下，期末存貨及銷貨成本會完全相同？
(A)僅①、②、⑤ (B)僅②、③、④
(C)僅①、③、⑥ (D)僅④、⑤、⑥。

( ) **19** 甲公司於X2年5月1日以每股$47購入1,000股乙公司股票，手續費$1,000，作為透過損益按公允價值衡量之金融資產，8月1日收到現金股利每股$2，X2年12月31日乙公司股票每股市價$49，則甲公司X2年度對該股票投資全部相關交易應認列之淨損益為何？（依金融監督管理委員會認可之國際財務報導準則第9號（IFRS9）「金融工具」之會計處理）
(A)淨利益$4,000 (B)淨利益$3,000
(C)淨利益$2,000 (D)淨利益$1,000。

( ) **20** X3年初甲公司支付$550,000開始進行碳盤查系統的研發。當年度4月1日進入發展階段，符合資本化條件支出為$250,000。甲公司完成系統設計，並於7月1日支付相關規費$50,000取得專利權，經濟效益年限5年，法定年限6年。X4年底結帳後發現因產業競爭，此專利權估計僅剩3年年限，則X5年底專利權帳面金額為何？
(A)$140,000 (B)$160,000 (C)$280,000 (D)$300,000。

(　　) **21** 開心農場以每隻交易價格$100購入200隻小鴨，另共支付運送至農場運費$2,000，準備飼養至成鴨後於肉品市場出售。估計若立即將全部小鴨出售則應支付運費$3,000及出售成本$5,000。下列敘述何者正確？
(A)消耗性生物資產$10,000
(B)消耗性生物資產$13,000
(C)原始認列生物資產及農產品之損失$8,000
(D)原始認列生物資產及農產品之損失$10,000。

(　　) **22** 某公司有一面額$400,000、票面利率10%、有效利率12%之公司債流通在外，該公司債於X2年12月31日之帳面價值為$380,328。該公司債每年6月30日及12月31日支付利息，該公司以有效利率法攤銷折溢價。下列有關該公司債的敘述何者正確？
(A)X3年6月30日付息時應貸記應付公司債折價為$2,820
(B)X3年7月1日該公司債未攤銷的應付公司債折價為$15,672
(C)X3年6月30日付息時應借記利息費用為$24,000
(D)X3年7月1日該公司債的帳面價值為$384,328。

(　　) **23** 丙公司發行之普通股，每股面值$100，1月1日流通在外30,000股，5月1日現金增資發行普通股股票，10月1日股票分割1股分為2股，11月1日購進庫藏股票12,000股，已知當年度普通股流通在外加權平均股數為66,000股，則5月1日現金增資發行多少股？
(A)2,000股　　(B)4,000股
(C)6,000股　　(D)8,000股。

(　　) **24** 丁公司X3年初流通在外普通股有100,000股，3月1日發放20%股票股利，4月1日購買庫藏股20,000股，9月1日普通股分割，每股分割為2股，10月1日現金增資發行普通股60,000股，該公司X3年度稅後淨利$225,000，則普通股每股盈餘為？
(A)$0.25　　(B)$0.50
(C)$0.75　　(D)$1.00。

▲閱讀下文，回答第 25 題

甲公司於X1年1月1日設立，存貨依國際會計準則IAS 2規定處理，公司採用定期盤存制及加權平均法來決定期末存貨金額。當年度期末存貨之淨變現價值為$9,900，其商品進出情形如下：

日期	交易事項	數量	單位成本
1月1日	進貨	20	$100
3月20日	進貨	40	$110
7月21日	進貨	60	$120
9月4日	銷貨	110	—
11月15日	進貨	80	$130

假設甲公司為一完全獨占廠商，目前在國內有A市場與B市場兩個銷售據點，甲公司符合實施第三級差別訂價之所有條件。其中在A市場，X2年初訂定商品售價是以X1年底甲公司財務報表存貨評價金額為基礎，銷售每單位商品要能為公司賺取毛利$30。已知A市場的需求弧彈性資料為：當商品售價為$110，市場需求量為27單位；當商品售價為$120，市場需求量為19單位。B市場的需求弧彈性資料為：當商品售價為$110，市場需求量為29單位；當商品售價為$120，市場需求量為17單位。

(　) **25** X1年底甲公司應認列之備抵存貨跌價為多少？
(A)$0　(B)$300
(C)$900　(D)$1,200。

Notes

解答與解析

Unit 01／會計原則及會計處理程序

小試身手

主題1 會計基本概念

P.1 **(D)**。 會計的目的在於：

(1)幫助財務報表使用者之投資、授信及其他經濟決策（最主要）。（選項(A)）
(2)幫助財務報表使用者評估其投資與授信資金收回之金額、時間與風險。
(3)報導企業之經濟資源、對經濟資源之請求權及資源與請求權變動之情形。
(4)報導企業之經營績效。（選項(B)）
(5)報導企業之流動性、償債能力及現金流量。
(6)幫助財務報表使用者評估企業管理當局運用資源之責任及績效。（選項(C)）

主題2 會計的五大要素及會計方程式

P.2 **1 (B)**。 (1)與資產負債表有關的科目為實帳戶，包含：資產、負債、權益。
(2)與損益表有關的科目為虛帳戶，包含：收入、費損。

2 (D)。 收益是指企業因提供勞務或出售商品所獲得之代價，進而使公司業主權益增加者。

主題3 會計品質特性

P.3 **1 (A)**。 基本品質特性包含：
(1)攸關性：指與決策有關的資訊，具有改變決策之能力。
(2)忠實表述：忠實表述之資訊可合理避免錯誤及偏差。

2 (A)。 預測價值係指所提供的資訊雖為過去或現在發生的交易所彙整的結果，但可做為未來事件的結果預測。

主題4 會計的基本假設及原則

P.5 **1 (D)**。 (1)重大性原則：指會計事項或金額如不具重要性，在不影響財務報表使用的原則下，可不必嚴格遵守會計原則，從簡處理。
(2)甲公司會計人員直接將金額不大之文具用品支出，認列為當期費用，主要是基於重大性原則的特性。

2 (B)。 配合原則係指只要合理可行，則費用應與收入相配合。

3 (B)。 企業清算時應改按清算價值入帳，繼續經營假設在此時不適用。

4 (A)。選項(A)企業研究發展支出，係企業為達到未來取得收入而研發新產品所投入之成本，使企業流出經濟資源，符合費損之定義。選項(B)(C)(D)團隊精神、員工學歷及地點方便係屬於無法量化的項目，未符合財務報表要素之定義及貨幣評價假設。故此題答案為(A)。

主題5 會計分錄之借貸法則

P.5 **(A)**。 借貸法則可以以下圖示之：

	借方	貸方
資產	＋增加	－減少
負債	－減少	＋增加
權益	－減少	＋增加
收入	－減少	＋增加
費用	＋增加	－減少

主題6 會計基礎

P.6 **(B)**。 一般企業之會計處理採權責基礎。

主題7 會計處理程序（會計循環：分錄至結帳編表）

P.7 **1 (C)**。 結帳分錄為：

收入	xxx	
本期損益（損失）	xxx	
費用		xxx
本期損益（利益）		xxx

本題選(C)。

2 (A)。 平時會計工作：分錄、過帳、試算三階段，故答案為(A)。

3 (C)。 (A)試算表為公司的非正式報表，且不需定期向主管機關申報。
(B)調整前試算表的餘額無法允當且完整呈現企業財務狀況及績效，必須等調整後分錄入帳之後才可完整呈現企業財務狀況與績效。
(D)試算表可驗證借方與貸方金額是否平衡。但是借貸方平衡無法確認分錄與過帳程序並無發生任何錯誤。

主題8 期末調整與期初轉回

P.9

1 (C)。 (1)本題為記虛轉實，7月1日投保一年期之員工團體保險分錄如下：
保險費　$60,000
　　預付保險費　$60,000
(2)期末應作的調整分錄如下：
預付保險費　$30,000
　　保險費　$30,000
期末已未過期的預付保險費＝60,000÷12×6＝30,000。
$60,000－$30,000＝$30,000

2 (A)。 (1)漏記應付租金之調整分錄如下：
租金支出　$xxx
　　應付租金　$xxx
(2)上述分錄漏列會使費用與負債均低估，致淨利高估進而使權益高估。

3 (A)。 (1)轉回非必要的會計程式。
(2)應收應付事項可作轉回分錄。
預收預付事項，僅採先虛後實法，可作轉回分錄。
估計事項，不可作轉回分錄。
(3)轉回的對象僅限於與次期損益計算有關的調整分錄。

主題9 國際財務報導準則（IFRS）及財務報表

19

1 (D)。 企業遵循國際財務報導準則編製及表達一般目的財務報表。所謂一般目的財務報表，是指滿足通用目的的財務報表。完整的財務報表應包括：「財務狀況表（資產負債表）」、「綜合損益表」、「現金流量表」、「權益變動表」、「附註」。

2 (C)。 X3年底現金餘額＝來自營業活動淨現金流入＋投資活動淨現金流入＋籌資活動淨現金流入＋X3年初現金餘額＝210,000＋105,000＋165,000＋90,000＝570,000

3 (D)。本期淨利＋其他綜合損益=綜合損益總額，（50,000）＋135,000=85,000，答案為(D)。

4 (A)。(B)研究發展費用應於營業費用項下表達。錯誤。
(C)功能別格式先表達營業毛利，再列示營業損益及本期損益。錯誤。
(D)主要營業活動所產生之收入，於買賣業稱為銷貨收入。錯誤。

主題10 錯誤更正

P.21 **1 (D)**。本題前期財務報表中之錯誤，其錯誤在X1年結帳後才發現，X1淨利少計$9,000。會計人員應作更正其錯誤如下：

追溯適用及追溯重編影響數	$9,000	
現金		$9,000

2 (C)。期末存貨低估→銷貨成本多計→本期淨利少計
故本題正確淨利＝130,000＋80,000＝210,000（淨利）。

主題12 財務報表分析

P.23 **1 (B)**。流動比率＝$\frac{流動資產}{流動負債}=\frac{流動資產}{\$100,000}=2$

流動資產＝$200,000

流動比率＝$\frac{\$200,000}{\$100,000-\$50,000}=4$

2 (B)。流動比率高表示企業償債能力強。

試題演練

P.23 **1 (B)**。(1)
X7年淨利$100,000
X7年底存貨低估$5,000→銷貨成本高估$5,000
X7年正確淨利為$100,000＋$5,000＝$105,000
(2)
X8年初存貨低估$5,000→銷貨成本低估$5,000
X8年底存貨高估$8,000→銷貨成本低估$8,000
X8年正確淨利為$100,000－$5,000－$8,000＝$87,000

(3)
X9年初存貨高估$8,000→銷貨成本高估$8,000
X9年底存貨高估$10,000→銷貨成本低估$10,000
X9年正確淨利為$100,000＋$8,000－$10,000＝$98,000

2 (B)。內部憑證：凡由企業本身自行製存的憑證均屬之，係基於內部管理上需要而製存的各項證明單據。本題計有：(丁)折舊分攤表，(己)領料單，(庚)請購單三種。

.24

3 (B)。整份財務報表包括綜合損益表（含損益表）、權益變動表、資產負債表、現金流量表、附註。

4 (C)。依商業會計法之規定，商業會計事務之處理，依商業會計法之規定。

5 (C)。依商業會計法之規定，會計基礎應採用權責發生制。

6 (C)。結帳工作底稿為非正式報表，而係彙列調整前試算表、期末調整分錄，然後求出調整後試算表，以作為調整、結算及編表依據的綜合工作底稿。故結算工作底稿為結算前的草稿。結算工作底稿係方便期末會計程序（包括調整、結算及編表）的進行所編製非正式報表，編製期間係在調整前，為會計循環的選擇性或非必要步驟。

7 (A)。(1)IFRS將以往表達於損益表之部分稱為「本期損益」，直接列為權益表變動權益增減部分之「未實現損益」稱為「其他綜合損益」，並將兩者合計成為「綜合損益」。
(2)綜合損益表項目包括停業單位的損益、資產重估增值、備供出售金融資產未實現評價損益，不包括前期損益調整。前期損益調整列於權益變動表項下。

8 (B)。實帳戶（永久性帳戶）指列報於資產負債表之資產、負債及權益帳戶，需結轉下期，毋需結清。虛帳戶（暫時性帳戶）指列報於綜合損益表之收益及費損帳戶，需定期結清。因此，虛帳戶指收益及費損。

9 (B)。預付費用是指企業已經支付，但本期尚未受益或本期雖已受益，但受益期涉及多個會計期間的費用。因此，預付費用不屬費損類科目。

10 (D)。(A)在「會計期間」假設下，乃有期末調整事項的產生。錯誤。
(B)母子公司應編製合併報表，係根據「企業個體假設」。錯誤。
(C)「繼續經營假設」，為會計上流動與非流動項目之劃分提供理論基礎。錯誤。
(D)員工士氣是極有價值的人力資源，但傳統上基於貨幣評價假設，故不能入帳。

P.25 **11 (A)**。(A)不附息票據以票據現值入帳，係基於成本原則。正確。
(B)期末作預付費用之調整分錄，係基於「配合原則」。錯誤。
(C)收到客戶訂金以預收貨款入帳，係基於「權責原則」。錯誤。
(D)會計準則規定僅購入的商譽可以認列，自行發展的商譽不能認列。錯誤。

12 (D)。公司部分機器雖閒置，但仍應提列折舊，此係遵守配合原則。

13 (A)。企業個體假設係指會計上視企業為獨立於業主以外之個體，會計處理業主私人之財產、債務與企業之資產、負債應加以區分。

14 (A)。垃圾桶支出在會計報表直接認列成費用而不作資產是基於重要性原則。

15 (A)。世界上兩個主要的企業會計準則制定機構為IASB（國際會計準則理事會）及FASB（美國財務會計準則委員會）。

16 (A)。應付憑單制度是控制現金支出的一種制度，所有現金在支出之前必須填製應付憑單，經核准後再以支票付款，其程序如下：(1)收到發票或其他付款憑證時，填寫付款憑單。(2)付款憑單及有關憑證送交負責人審核後，送記帳人員填上會計科目，送主管核簽。(3)經核准後之應付憑單登入應付憑單登記簿。(4)應付憑單依到期日先後放入未付憑單櫃，俟到期日取出付款。(5)應付憑單到期以支票付款並登記支票登記簿，並於應付憑證登記簿付款欄位填上付款日期及支票號碼。

P.26 **17 (B)**。基本會計恆等式：資產＝負債＋權益

18 (A)。分類帳戶中，左邊為借方，右邊為貸方。

19 (A)。複式傳票是以每一交易為記錄單位的傳票，交易的所有科目記入同一張傳票。選項(A)有誤。

20 (A)。為確保所提供之資訊具備攸關性，該資訊必須符合預測價值、回饋價值及時效性。

21 (D)。可驗證性係指由多位獨立的衡量者，採用相同的衡量方法，對同一事項加以衡量，可獲得相同的結果。

22 (D)。我國是由中華民國會計研究發展基金會負責翻譯「國際財務報導準則（IFRs）」，以作為財務會計準則之依據。

23 (D)。(1)分類帳的主要功用為明瞭各科目的個別內容，並提供編製各項財務報表所需資料。
(2)可完全避免會計項目重複記錄、漏記或其他錯誤發生並不是分類帳的功能。

P.27 **24 (B)**。不動產、廠房及設備重估之重估損失，認列為「減損損失」，列為當期損益項下。故不動產、廠房及設備重估之損失不列入其他綜合損益。

25 (A)。成本原則係指資產應採歷史成本為入帳與評價之基礎。

26 (C)。試算表借貸不平衡的檢查的速查法，可分為：
(1)數字顛倒：如$4,567誤寫為$5,467，其差額可被9除盡。
(2)數字移位：如$45,000誤寫為$4,500，其差額可被9除盡。
(3)借貸一方重複或遺漏過帳：其差額為2的倍數，故可被2除盡。
(4)計算錯誤：即借貸雙方相差為0.1、1、10或100等錯誤，此種錯誤應重新計算。
故借貸方差額可被9除盡，表示數字移位，不是過帳時借貸方向誤記。

27 (B)。(1)配合原則：係指當收入認列時，相對的成本或費用應同時認列。
(2)採用備抵法估計壞帳時，是基於成本收益配合原則。

28 (B)。(A)在進行結帳工作前，須先完成期末調整工作。(B)結帳時本期損益產生貸方餘額，係代表本期有淨利；本期損益產生借方餘額，係代表本期有淨損。(C)結帳分錄主要目的，係將所有損益科目（虛帳戶）餘額歸零。(D)結帳分錄不可於隔年初作轉回分錄。

29 (A)。該2項錯誤造成負債漏記200,000，及資產多計100,000，因此若公司配合會計師要求補作調整分錄後，公司資產總額會減少100,000。

30 (B)。結帳時應將虛帳戶結清。選項(B)有誤。

31 (B)。資產負債表係表達一公司在某一時點之財務狀況。

32 (A)。營業週期是指由現金、購貨、賒銷迄收款之循環，至於選項(B)為會計循環，(C)是景氣循環，(D)是PCDA循環。

33 (C)。會計的目的：
(1)幫助財務報導使用者作成決策，包括提供投資人作成投資決策、債權人作成授信決策、公司管理當局制訂管理決策所需的參考資訊。
(2)幫助財務報導使用者評估管理人員運用資源之責任及績效。
(3)幫助財務報導使用者評估企業的投資與授信資金回收之風險。
(4)報導企業之財務狀況、經營績效、現金流量及業主的權益變動。
(5)報導企業之經濟資源、對經濟資源之請求權及資源與求權變動之情形。
(6)提供稅捐機關核定課稅所得之資料。
財務會計的報表使用者為外部使用者，因此，財務會計最主要目的是供投資人、債權人決策所需的參考資訊。而提供稅捐機關核定課稅所得之資料為次要目的。

34 (B)。商業會計是營利會計，營利會計著重於計算損益，其平時記載交易事項，並定期結算損益，主要功用是提供財務資訊給有關人員作決策參考。因此選營利會計。

35 (C)。會計資訊認定及報導的門檻指重大性。重大性指會計事項或金額如不影響報表使用者之決策，則在符合一般公認會計原則之前提下可權宜處理。

36 (A)。(1)依商業會計法之規定，會計基礎採用權責發生制；在平時採用現金收付制者，俟決算時，應照權責發生制予以調整。

(2)依商業會計法之規定，權責發生制指收益於確定應收時，費用於確定應付時，即行入帳之記帳方法。決算時收益及費用，並按其應歸屬年度作調整分錄。

(3)依商業會計法之規定，現金收付制指收益於收入現金時，或費用於付出現金時，始行入帳之記帳方法。

因此，美美公司每年的年終獎金於次年度一月十日發放，如採權責發生基礎，則年終獎金應於發生當年度十二月記錄薪資費用。

P.29 **37 (B)**。期末資產＝期末負債＋期末權益＝期末負債＋〔期初權益＋（當期收入－當期費用）〕→85,000＝100,000＋25,000－30,000＋（當期收入－當期費用）

（當期收入－當期費用）＝－10,000

→當期收入小於當期費用，即淨損$10,000

38 (D)。當不同事故或環境變化，導致長期性資產帳面價值無法回收的情況，在會計帳上列為累計減損，以幫助報表使用者預測該企業未來現金流量的不確定性。因此，累計減損為資產的抵減帳戶。

39 (C)。「前期損益調整－會計政策變動」應歸屬於權益變動表項下。

40 (D)。依借貸法則，有借必有貸，借貸必相等。當費損發生時，即費損增加可能發生的要素變化為資產減少、負債增加、權益增加、收益增加、費用減少。因此，當費損發生時，不能配合發生的要素變化為權益減少。

41 (A)。應計基礎下分錄如下：

收到貨款時

　現金　1,200

　　預收貨款　1,200

交貨時

　預收貨款　1,200

　　銷貨收入　1,200

現金基礎下分錄如下：

　現金　1,200

　　銷貨收入　1,200

42 (B)。(1)IFRS將以往表達於損益表之部分稱為「本期損益」，直接列為權益表變動權益增減部分之「未實現損益」稱為「其他綜合損益」，並將兩者合計成為「綜合損益」。
(2)本期損益＝1,000,000－650,000－50,000－30,000＝270,000。
(3)本期其他綜合損益＝70,000＋30,000＝100,000。
(4)綜合損益＝本期損益＋本期其他綜合損益＝270,000＋100,000＝370,000。

43 (A)。「股利收入」在現金流量表應以各期一致的方式歸類為營業活動、投資活動或籌資活動之現金流入。

44 (C)。$20,000－$15,500＝$4,500

45 (C)。營業外收入及費用不需以稅後淨額表達。

46 (C)。在權責基礎下，亞歷健身中心在收取會費時的會計處理如下：
現金　XXX
　預收收入　XXX

47 (B)。(A)「借貸法則」係指會計的記帳原則。
(C)若一筆交易分錄重複過帳，並不會影響試算表平衡問題。
(D)明細帳並不是特種日記簿的一種。

48 (D)。(1)營業活動＝（40,000）＋（1,000,000）＝（1,040,000）（流出）。
(2)投資活動＝(100,000)＋(150,000)＋(400,000)＝(650,000)（流出)。
(3)籌資活動＝（80,000）＋（300,000）＋500,000＝120,000（流入）。

49 (A)。轉回非必要的會計程序，應收應付事項可作轉回分錄。預收預付事項，僅採先虛後實法，可作轉回分錄。估計事項，不可作轉回分錄。本題是預收事項，且桃園公司採記實轉虛法，是該調整分錄不可作轉回分錄。

50 (D)。(A)(B)混合交易分錄指借方或貸方除現金科目尚有非現金科目之分錄。是混合交易分錄的「現金」會計科目，可能出現在「借方」，也可能出現在「貸方」。(C)轉帳交易分錄借方或貸方均為非現金科目之分錄。

51 (D)。(1)應收票據。(2)不動產、廠房及設備。(3)股東投資。(6)預收收入屬於永久性（實帳戶）。

52 (C)。重要性原則指會計事項或金額如不具重要性，在不影響財務報表使用的原則下，可不必嚴格遵守會計原則，從簡處理，但仍須符合會計原則。

53 (A)。(1)試算表是將分類帳上的各帳戶之借方總額及貸方總額加以彙總列表，試算表為非正式報表（僅用來檢查借貸是否平衡的報表）。故試算僅視實際需要而編製，故試算程序省略，仍不影響報表之正確性。

(2)試算表若有借貸不平衡，即表示試算表有錯誤，但試算表借貸平衡卻不代表試算表完全正確，因為試算表有無法發現之錯誤。試算表不能發現的錯誤：A.借貸雙方同時遺漏或同時重複記帳。B.借貸科目誤用或借貸方向顛倒。C.借貸雙方發生同數之錯誤。D.過錯帳戶，但方向沒錯。E.原始憑證與分錄不符。F.會計原理或原則錯誤。

(3)本題係屬於借貸方向錯誤，但借貸仍平衡，「試算表」所發生的差額為0。

54 (B)。設小金公司108年之淨利為X

<u>營業活動現金流量</u>

本期淨利	$X	
調整項目：		
折舊費用		1,250,000
出售設備利益		(300,000)
透過損益按公允價值衡量之金融資產評價損失		650,000
營業活動現金流入		$5,500,000

X＝3,900,000。

55 (C)

56 (D)。乙公司購入由甲公司發行之公司債，此項交易在發行公司（甲公司）為籌資活動，在購買公司（乙公司）為投資活動。

57 (B)。(1)營業活動之現金流量：營業活動是指所有與創造本業營業收入有關的交易活動及其他不屬於投資或籌資活動之收入，如進貨、銷貨等。投資活動的現金流量：投資活動是指為創造營收所進行之各項資產投入活動。籌資活動之現金流量：指為了支應營業活動與投資活動所需資金而向外籌措（償還）的各種籌資性活動。

(2)支付水電費應屬於現金流量表中的營業活動。

58 (A)。500,000－125,000＋80,000－30,000＋108年度淨利＝550,000－120,000

108年度淨利＝5,000

59 (A)。該分錄如下：

借：廣告費　5,000,000

　　貸：現金　5,000,000

該交易會造成廣告費用增加$5,000,000，進而使權益減少$5,000,000，且因為該交易為付現，所以不影響負債。本題選項(A)有誤。

P.33 **60 (A)**。期末調整分錄應於日記簿作正式分錄，且需於分類帳正式過帳，另轉回非必要的會計程序，應收應付事項可作轉回分錄。預收預付事項，僅採先虛後實法，可作轉回分錄。估計事項，不可作轉回分錄。

61 (C)。「產品售後服務保證費用」與產品出售收入認列在同一年度，係符合配合原則。

62 (B)。275,000＋40,000＋9,000－（112,000－108,000）－（105,000－93,000）＋（6,500－4,500）－（89,000－75,000）＝296,000

63 (D)。(A)「臨時存欠法」下分錄如下：

借方科目	借方金額	貸方金額	備註
臨時存欠	100,000		（普通日記簿）
應收票據	50,000		
銷貨		150,000	
現金	100,000		
臨時存欠		100,000	（現金支出簿）

(B)(C)「虛收虛付法」下分錄如下：

借方科目	借方金額	貸方金額	備註
現金	150,000		（現金收入簿）
銷貨		150,000	
應收票據	50,000		
現金		50,000	（現金支出簿）

(D)「拆開分記法」下分錄如下：

借方科目	借方金額	貸方金額	備註
現金	100,000		（現金收入簿）
銷貨		100,000	
應收票據	50,000		
銷貨		50,000	

64 (A)。試算表若借貸平衡不表示完全正確，若干錯誤並不影響借貸平衡，試算表並不能發現，像是：

(1)借貸同時遺漏：因為如此使試算表借貸總數同額減少，故難發現錯誤。

(2)借貸同時重複記載：也使試算表借貸總數同額減少，故難發現錯誤。

(3)借方或貸方偶生同數的錯誤：由於一項交易借方多計或少計，另一項交易貸方也同時產生同數的多計或少計，將會互相抵消使借貸總額仍相等，因此難以發現錯誤。

(4)分錄記錯科目或過帳過錯帳戶。

(5)分錄科目或過帳帳戶借貸顛倒。

(6)兩筆交易錯誤相抵。

(7)會計方法或原則應用的錯誤。

65 (C)。國際財務報導準則有(1)非常損益禁止採用、(2)存貨評價禁止採用後進先出法、(3)存貨成本與淨變現價值孰低，禁止採用總額比較之「禁止」。

66 (B)。X1年購買辦公用品分錄：

文具用品　　10,000
　現金　　　　　　10,000

X1年12月31日調整分錄：

文具用品盤存　　5,000
　　　文具用品　　　5,000

67 (A)。速動比率＝$\frac{速動比率}{流動資產}$＝$\frac{700{,}000+400{,}000+100{,}000}{800{,}000}$＝1.5

※速動資產＝流動資產－預付費用－存貨

68 (B)。(1)正確分錄：

X8/7/1：
預付租金　240,000
　　銀行存款　　240,000

X8/12/31：
租金費用　　60,000
　　預付租金　　　60,000

錯誤分錄：

X8/7/1：
租金費用　240,000
　　銀行存款　　240,000

X8年底→資產低估，費用高估→淨利低估

(2)正確分錄：

X9/12/31：
租金費用　　120,000
　　預付租金　　　120,000

錯誤分錄：

X9/12/31：
未做分錄

X9年底→費用低估→淨利高估

故答案為(B)。

69 (D)。(1)應調整部分：

A.預收已實現→　　預收收入　2,500
　　　　　　　　　　收入　　　　2,500

B.折舊費用

C.已賺得但尚未入帳之收益→　銀行存款　2,000
　　　　　　　　　　　　　　　收入　　　　2,000

(2)調整後本期淨利

收入＝$30,000＋2,500＋2,000＝$34,500
費用＝$17,000＋$1,200＝$18,200
本期淨利＝$34,500－$18,200＝$16,300
故答案為(D)。

35 **70 (D)**。(1)X1/4/1：

銀行存款　　18,000
　　預收雜誌訂閱金收入　　　　18,000

X1/7/1：

預付保險費　　600
　　銀行存款　　　　600

(2)期末調整：

預收雜誌訂閱金收入　　9,000
　　雜誌訂閱金收入　　　　9,000

18000/1.5年×9/12＝$9,000

保險費　　300
　　預付保險費　　　　300

600×6/12＝300

收入低估$9,000→淨利低估$9,000

費用低估$300→淨利高估$300

總淨利低估$8,700

故答案為(D)。

71 (D)。(1)X2 1/1　預付費用$7,000

X2 12/31 預付費用$4,500

年底已實現費用為$2,500

租金費用　　2,500
　　預付租金　　　　2,500

(2)X2 1/1　應付費用$2,000

X2 12/31 應付費用$2,500

年底應認列費用為$500

租金費用　　500
　　應付租金　　　　500

(3)當年度租金費用為$15,000

須扣除已實現費用$2,500及年底認列費用$500

故答案為(D)。

72 (B)。(1)收入＝$65,000＋$15,000＝$80,000

(2)費用＝$10,000＋$20,000＋30,000＋$5,000＝$65,000

營業毛利（損）＝$80,000－$65,000＝$15,000

(3)在不考慮所得稅的情形，本期損益為$15,000

故答案為(B)。

Unit 02 加值型營業稅會計實務

小試身手

主題1 營業稅的意義（特質）及稅法相關規定

P.37 **(A)**。(A)根據加值型及非加值型營業稅法第8條規定，出售土地不必繳納營業稅。
(B)營業人在銷售階段免稅，無法減低其進貨的負擔，會造成進項稅額完全不能扣抵。
(C)交際應酬用之貨物或勞務為不可扣抵之進項稅額。
(D)目前我國加值型及非加值型營業稅法。

主題2 統一發票的總類

P.38 **(D)**。三聯式統一發票：專供營業人銷售貨物或勞務與營業人，並依本法第四章第一節規定計算稅額時使用。

主題3 營業稅之計算及會計處理（含401申報書）

P.40 **(C)**。進項稅額＝1,000,000×5%＋200,000×5%＝60,000
銷項稅額＝500,000×5%＝25,000
可退稅上限＝800,000×5%＋200,000×5%＝50,000
應收退稅款＝60,000－25,000＝35,000
35,000<50,000，故可全退

試題演練

P.40 **1 (C)**。(A)現行統一發票有五種，有二聯式統一發票，三聯式統一發票，特種統一發票，收銀機統一發票，電子發票。
(B)二聯式統一發票係屬於稅額內含。
(D)電子統一發票屬於有實體電子發票。
故答案為(C)。

2 (C)。銷項稅額＝$20,000,000×5%＝$1,000,000
進項稅額＝$15,000,000－1,000,000－300,000－200,000＝$675,000
本期應付營業稅＝$1,000,000－$675,000＝$325,000
故答案為(C)。

3 (D)。採加值型營業稅時，若銷項稅額大於進項稅額，即產生應納稅額。

4 (D)。 營業人自用或贈送的貨物、勞務，視同銷售要徵營業稅。

5 (B)。 可申請退稅之交易為A購買機器；C購買建築物。

6 (C)。 210,000 ÷（1＋5%）－100,000＝100,000。

7 (B)。 銷項稅額－進項稅額－上期留抵稅額＝應納稅額
20,000－12,000－2,000＝6,000（應納稅額）。

8 (A)。 (A)根據加值型及非加值型營業稅法第8條規定，出售土地不必繳納營業稅。
(B)營業人在銷售階段免稅，無法減低其進貨的負擔，會造成進項稅額完全不能扣抵。
(C)零稅率指適用的稅率為零，有退稅問題。
(D)目前我國加值型及非加值型營業稅法。

9 (D)。 加值型營業稅之稅率有5%及零稅率。

10 (C)。(A)加值型營業稅稅率分為一般及特種二大類。選項(A)有誤。
(B)加值型營業稅係依銷售淨額計算營業稅。選項(B)有誤。
(C)加值型營業稅對外銷貨物或勞務適用稅率為0%。選項(C)正確。
(D)加值型營業稅實際負擔者為消費者。選項(D)有誤。

11 (D)。(1)按加值型與非加值型營業稅法第19條之規定，自用乘人小汽車其進項稅額不得扣抵銷項稅額。
(2)按加值型與非加值型營業稅法第39條之規定，因銷售第7條規定適用零稅率貨物或勞務而溢付之營業稅及因取得固定資產而溢付之營業稅，應由主管稽徵機關查明後退還之。
(3)銷項稅額－可扣抵進項稅額＝75,000－200,000＝125,000（留抵稅額）
可扣抵進項稅額＝150,000＋1,000,000×5%＝200,000元
退稅上限＝（1,000,000＋1,000,000）×5%＝100,000<125,000
故可退稅額＝100,000
累積留抵稅額＝上期留抵稅額＋本期留抵稅額
＝50,000＋（125,000－100,000）＝75,000

12 (D)。本期營業稅應納稅額＝銷項稅額－進項稅額－留抵稅額
＝10,000－6,000－3,000＝1,000

13 (C)。進項＝1,000,000×0.98＝980,000
進項稅額＝980,000×5%＋200,000×5%＋500,000×5%＝84,000

銷項稅額＝500,000×5%＝25,000
應收退稅款＝84,000－25,000＝59,000

P.43 **14 (C)**。外銷貨物適用零稅率，其產生進項稅額可以扣抵。

15 (A)。\$105,000 ÷ 1.05×5% ＝\$5,000 。

16 (B)。（\$220,000－\$200,000）×5%＝\$1,000 。

17 (B)。該筆稅款應計入應納稅額中。

18 (A)。加值型營業稅針對銷售額課徵營業稅。

19 (D)。（\$1,000,000－\$1,200,000）×5%＝－\$10,000，溢付稅額10,000 。

20 (D)。外銷零稅率。

21 (C)。不可扣抵之進項稅額及憑證：
(1)購進之貨物或勞務未依規定取得並保存憑證者。
(2)非供本業及附屬業務使用之貨物或勞務。但為協助國防建設、慰勞軍隊及對政府捐獻者，不在此限。
(3)交際應酬用之貨物或勞務。
(4)酬勞員工個人之貨物或勞務。
(5)自用乘人小汽車。
(6)營業人專營免稅貨物或勞務者，其進項稅額不得申請退還。
(7)統一發票扣抵聯經載明「違章補開」者。（但該統一發票係因買受人檢舉而補開者，不在此限）

P.44 **22 (B)**。「零稅率」為應稅但稅率為零，「免稅」則為不課稅。

Unit 03 ／現金及內部控制

小試身手

主題 1 現金之意義及內部控制

.46

1 (A)。現金保管人員以外之人須定期編製銀行往來調節表。

2 (D)。可稱為現金有：(1)庫存現金。(2)零用金。(3)即期支票。(4)即期本票。(5)郵政匯票。(6)支存：活存、活儲。

主題 2 零用金制度

.47

1 (B)。零用金制度之意義為「簡化」管理流程，對於日常零星開支，設置定額之零用金，交專人保管支付之管理制度，使用時無須透過請款流程。

2 (D)。70,000－(30,000＋40,500＋1,000)＝1,500（貸記現金缺溢）。

主題 3 銀行存款調節表

.49

1 (A)。18,050＋3,250－2,750＝18,550

2 (A)。銀行帳上的未達帳，公司不須作調整分錄。

3 (D)。在編製銀行往來調節表後，公司作：借記「現金」、貸記「其他收入」之調整分錄，此分錄代表該公司銀行有代收款項。

4 a.

小花公司

銀行往來調節表

X1年6月30日

銀行對帳單餘額	$ 157,240	公司帳面餘額	$ 159,700
加：在途存款	24,500	加：錯誤更正	900
錯誤更正	12,400	客戶償還	8,500
減：未兌現支票	(28,400)	減：手 續 費	(360)
		存款不足退票	(3,000)
正確餘額	$ 165,740	正確餘額	$ 165,740

b. 銀行存款 6,040
手 續 費 360
文具用品 900
應收帳款 5,500

試題演練

P.50 **1 (A)**。①未兌現支票會造成銀行對帳單餘額較正確餘額為高。
④存款不足遭退票會造成公司帳載銀行存款餘額較正確餘額為高。
⑤銀行代扣手續費會造成公司帳載銀行存款餘額較正確餘額為高。
⑥未兌現的保付支票不需要做任何調整。
故答案為(A)。

2 (A)。

甲公司
銀行調節表

銀行對帳單餘額	$ X	公司帳上餘額	$125,000
加：在途存款	21,000	加：代收票據	3,600
減：未兌現支票	（88,000）	減：手續費	（800）
		存款不足退票	（30,000）
正確餘額	$97,800	正確餘額	$97,800

X＝164,800
銀行對帳單餘額比正確餘額多$67,000（$164,000－$97,800）

3 (B)。

甲公司
銀行往來調節表
XX年XX月XX日

銀行對帳單餘額	$ X	公司帳上餘額	$104,000
加：在途存款	16,000	加：代收票據	14,400
減：未兌現支票	（108,000）	減：手續費	（20,000）
		存款不足退票	（600）
正確餘額	$97,800	正確餘額	$97,800

X＝$189,800

P.51

4 (D)。設調整前公司帳上存款餘額為X

2X＋500－1,000＝X＋2,000

X＝2,500

銀行存款調節表正確餘額＝2,500＋2,000＝4,500。

5 (D)。大大公司12月底未兌現支票＝25,580＋76,000－20,500＝81,080

6 (A)。8月底撥補零用金分錄如下：

郵電費	820	
文具用品	2,500	
雜費	1,270	
銀行存款		4,580
現金短溢		10

7 (A)。

甲公司

銀行往來調節表

XX年7月

銀行對帳單餘額	$X	公司帳上餘額	$3,250
加：在途存款	1,600	加：代收票據	2,000
		利息收入	700
減：未兌現支票	(1,900)	減：存款不足退票	(800)
		電話費	(150)
		公司誤記	(90)
正確餘額	$ 5,010	正確餘額	$ 4,910

X＝$5,210

P.52

8 (C)。本題撥補分錄如下：

各項費用	382.40	
現金短溢		4.00
現金		378.40

9 (B)。

丁公司
部分銀行往來調節表
2013年2月底

銀行對帳單餘額	$90,000
加：在途存款	$4,500
減：未兌領支票	$(9,000)
正確餘額	$85,500

10 (D)。(1)3月底墾丁公司的銀行對帳單餘額＋18,000－32,000＝53,800
3月底墾丁公司的銀行對帳單餘額＝67,800
(2)調整前公司帳上餘額＋10,200－90－6,710＝53,800
調整前公司帳上餘額＝50,400

11 (B)。現金之內部控制應由負責現金收支以外員工定期編製銀行往來調節表。故選項(B)有誤。

P.53 **12 (C)**。撥補時之分錄如下：

各項費用	4,200	
現金		4,000
現金短溢		200

13 (D)。設7月底台灣銀行對帳單餘額為X正確金額＝
27,680－2,700－50＋5,000＋500＝30,430
X＋2,000－1,550＝30,430
X＝29,980

14 (D)。現金的內部控制最主要的原則如下：
(1)工作的劃分：一筆交易不能由一人或一個單位，從頭包辦到底。
(2)會計與出納的嚴格獨立，不得同為一人承辦。
(3)每筆現金收入應立即入帳。
(4)每筆現金支出應事先經過核准。
(5)全部現金收入應全數存入銀行。
(6)所有現金支出應簽發支票付款。
(7)設置限額零用金以支付日常零星開支。

15 (C)。使用零用金時，不需要作分錄，但為求備忘起見，可作備忘記錄即可，並將發票或憑證留存，等到一定時間要撥補零用金時，再將各項費用作記錄。

16 **(A)**。2,000＋5,500＋2,000＝9,500

17 **(B)**。可稱為現金者有：(1)庫存現金。(2)零用金。(3)即期支票。(4)即期本票。(5)郵政匯票。(6)支存、活存、活儲。

18 **(B)**。減少零用金時，應做以下分錄：
銀行存款（現金）　xxx
　零用金　　　　　　　xxx
是選項(B)正確。

19 **(A)**。零用金制度之意義為「簡化」管理流程，對於日常零星開支，設置定額之零用金，交專人保管支付之管理制度，使用時無須透過請款流程。

20 **(A)**。需要提高零用金額度時，會計分錄如下：
零用金　xxx
　現金（銀行存款）　xxx

21 **(C)**。本題僅(3)及(4)為公司帳上應調整事項。調整分錄如下：
郵電費　　　300
應收帳款　6,000
　銀行存款　　　6,300

22 **(C)**。公司帳上多列費用，應列為公司帳上存款餘額的加項。

23 **(D)**。在途存款為銀行帳上應調整事項。

24 **(C)**。51,200＋800－1,500＝50,500

25 **(D)**。原則上不得與銀行存款相抵銷，除非兩者在同一銀行。

26 **(A)**。僅(4)為公司帳上應調整事項。

27 **(B)**。小新公司8月31日銀行存款正確金額＝80,900＋2,000＝82,900

28 **(B)**。現金及約當現金需具備兩個條件：(1)屬法定通貨；(2)可自由運用。
(A)該資產已限定用途，屬基金。
(C)約當現金是指短期證券投資，投資時間不得超過三個月。
(D)補償性存款已限定用途不得隨意使用，故非屬現金或約當現金。

29 **(A)**。$25,600＋$4,400－$600＝$29,400。

30 **(B)**。

神岡公司
銀行往來調節表
99年05月31日

銀行對帳單餘額	$25,470	公司帳上餘額	$22,600
加：在途存款	2,000	加：代收票據	3,000
減：未兌現支票		減：手續費	(100)
#106	(3,500)	利息支出少計	(X)
#115	(2,340)	存款不足退票	(3,600)
正確餘額	$21,630	正確餘額	$21,630

X＝$270 是該筆利息支出的實際金額＝250＋270＝520。

Unit 04 應收款項

小試身手

主題1 應收款項的意義及內容

57 **(A)**。 應收款項依收現時間長短區分為流動資產或其他資產。

主題2 應收帳款（含認列及衡量）

60 **1 (D)**。 150,000×2%＋500＝3,500

2 (D)。 在正常情況下以「備抵法」進行壞帳沖銷時，應借記備抵壞帳，貸記應收帳款，會造成費用不變，資產不變。

3 (B)。 已沖銷之壞帳因客戶財務狀況好轉收回時，將使當時「應收帳款帳面價值」減少。

4 (1)應收帳款收現金額總數＝（1,000,000－80,000－70,000－20,000）＋100,000－（150,000＋20,000）＝760,000

(2)乙企業：

備抵壞帳　　20,000

　　應收帳款　　20,000

(3)期末壞帳調整分錄：

期末提列壞帳＝$20,000－（150,000×5%）＝12,500

壞帳　　12,500

　　備抵壞帳　　12,500

主題3 應收票據（含認列及衡量）及應收票據貼現

63 **1 (A)**。 (B)非因營業活動所產生之不附息票據不得按面值入帳。

(C)因營業活動所產生之應收票據，票據期間一年以內，按面值入帳；票據期間一年以上，按現值入帳。

(D)企業將票據貼現時，不應在貼現日除列該應收票據，因為銀行享有追索權，若付款人拒絕付款，公司有償還銀行之義務。

2 (A)。 (B)實際發生帳款無法收回時，應借記備抵損失。

(C)期末調整前備抵損失帳戶餘額有可能是借方餘額。

(D)企業若採準備矩陣法（帳齡分析法）估計預期信用減損損益時，依據應收帳款過期天數訂定不同的準備率（損失率），計算應收帳款的減損損失。

3 (D)。以上皆為正確敘述。

4 (A)。到期值＝500,000＋（500,000×8%×6/12）＝520,000
貼現可得金額＝520,000－（520,000×9%×4/12）＝504,400
貼現時應認列多少應收票據貼現折價＝
500,000＋（500,000×8%×2/12）－504,400＝2,267（借方）

試題演練

P.64 **1 (C)**。540,000－480,000－（70,000－60,000）＝50,000

2 (A)。(1)期末應收帳款餘額＝$100,000
(2)調整前備抵壞帳餘額＝$500－$800＋$1,000＝$700（貸餘）
(3)期末備抵壞帳餘額＝期末應收帳款餘額×預計壞帳率
＝$100,000×1%＝$1,000
(4)壞帳費用＝期末備抵壞帳應有餘額－（＋）調整前備抵壞帳餘額（借）方餘額＝$1,000－$700＝$300

3 (C)。實際發生壞帳分錄如下：
備抵壞帳　xxx
　應收帳款　xxx
上述分錄對應收帳款淨額不生影響。

P.65 **4 (B)**。金源公司年底所提列之壞帳損失
＝期末備抵壞帳應有餘額 ＋調整前備抵壞帳借方餘額
－調整前備抵壞帳貸方餘額
＝（900,000＋660,000＋100,000＋130,000＋150,000）×1%＋200,000＋140,000－50,000＝309,400

5 (D)。(1)期末應收帳款餘額＝300,000
(2)期末備抵壞帳餘額＝期末應收帳款餘額×預計壞帳率＝300,000×1%＝3,000
故選項(D)有誤。

6 (D)。應借記「催收款項」金額＝51,500＋100＝51,600

66 **7 (C)**。乙公司於100年11月1日應有之分錄如下：
催收款項　30,300
　應收票據　　30,000
　利息收入　　300

8 (A)。100年底備抵壞帳餘額＝100,000－110,000＋90,000＝80,000
西方公司100年底應收帳款餘額＝80,000÷4%＝2,000,000

9 (D)。11/15收回已沖銷壞帳分錄如下：
應收帳款　500
　備抵壞帳　　500
現金　500
　應收帳款　　500
是本題選(D)。

10 (A)。所謂的「商業折扣」就是定價跟成交價之間的差額；「現金折扣」通常是為提早收回現金所作的折扣動作。例如：「2/10,n/30」，表示帳款必須於銷貨隔日起算的三十日內付清，假若買方於銷貨隔日起算的十天內付款，即可少付發票價格的2%。

67 **11 (C)**。利息收入＝95,000×8%×3/12 ＝1,900
到期值＝95,000＋95,000×8%＝102,600
貼現可得金額＝95,000＋1,900－1,995＝94,905
設貼現利率＝R
102,600－（102,600×R× 9/12）＝94,905　R＝10%

12 (B)。到期值＝1,000,000＋（1,000,000×8%× 6/12）＝1,040,000
貼現可得金額＝1,040,000－（1,040,000×9%×4/12）＝1,008,800
貼現時應認列多少應收票據貼現折價=1,000,000+（1,000,000×8%×2/12）－1,008,800＝4,533（借方）

13 (D)。持應收票據向銀行貼現，對貼現公司而言會產生或有負債。

14 (C)。在應收帳款壞帳採用備抵法之做法下，壞帳之沖銷對淨利不生影響。

15 (A)。200,000×3%＝6,000

16 (D)

17 (B)。已沖銷之壞帳因客戶財務狀況好轉收回時，將使當時「應收帳款帳面價值」減少。

P.68 **18 (B)**。到期值＝100,000＋100,000×6%×3/12 ＝101,500
貼現息＝101,500×7%×2/12 ＝1,184
貼現收到金額＝101,500－1,184＝100,316

19 (B)。2/（100－2）× 365/（30－10）×100%＝37.24%

20 (C)。備抵壞帳之沖銷對資產總額不生影響。

21 (C)。當發生壞帳並實際沖銷分錄如下：
備抵備壞　xx
　應收帳款　xxx
此分錄對資產總額無影響，權益總額無影響。

22 (D)。1,000,000×2%－5,000＝15,000

23 (C)。當發生壞帳並實際沖銷分錄如下：
備抵備壞　XXX
　應收帳款　XXX
此分錄對資產總額無影響，權益總額無影響。

24 (A)。(1)本題沖銷對甲客戶之應收帳款$1,000之分錄如下：
備抵壞帳　1,000
　　應收帳款　1,000
(2)上述分錄不影響應收帳款的淨變現價值，故在沖銷之前與沖銷之後應收帳款的淨變現價值（Net Realizable Value）均為43,000（50,000－7,000）。

P.69 **25 (B)**。(1)調整前備抵壞帳餘額＝$7,000－5,200－$1,100 ＝$700（借餘）。
(2)本期壞帳＝$700＋$4,900＝$5,600。
(3)X3年底的壞帳分錄：
壞帳費用　$5,600
　　備抵壞帳　$5,600

26 (D)。壞帳費用＝賒銷收入×壞帳率＝(3,000,000－180,000－6,000)×0.5%＝14,070。

27 (C)。以賒銷金額去推估應有之壞帳費用，符合會計上費用與收入配合原則。

28 (A)。(A)基於收益認列原則，應收帳款通常在商品出售、所有權移轉或勞務提供時，與相關收入同時認列。正確。
(B)銷貨退回或折扣，會使應收帳款減少。錯誤。

(C)備抵法是在銷貨年度即預估可能之壞帳，並事先入帳。錯誤。

(D)採直接沖銷法時，其會計分錄為：借記「預期信用減損損失」，貸記「應收帳款」。錯誤。

29 **(D)**。30,000÷10%×1.1×1.1＝363,000。

30 **(B)**。應收帳款年底餘額＝1,500,000＋7,000,000－6,700,000－30,000
＝1,770,000
調整前備抵損失－應收帳款餘額＝75,000－30,000＋20,000＝65,000
94年提列預期信用減損損失＝1,770,000×5%－65,000＝23,500。

31 **(B)**。98年底票據現值＝266,200÷（1＋10%）^{2}＝220,000
99年度應計之利息收入＝220,000×10%＝22,000。

32 **(A)**。230,000＋600,000－580,000－14,000－16,000＝220,000。

33 **(A)**。(1)確定應收帳款無法收回分錄如下：

備抵損失－應收帳款	xxx	
應收帳款		xxx

上述分錄使應收帳款（資產）減少，及備抵損失－應收帳款（資產減項）的減少，使得應收帳款帳面價值不變。

(2)期末提列備抵損失費用分錄如下：

備抵損失	xxx	
備抵損失－應收帳款		xxx

上述分錄使備抵損失－應收帳款（資產減項）的增加，使得應收帳款帳面價值減少。

34 **(B)**。本題為第13日付款，折扣率＝（500,000－495,000）÷500,000＝1%
付款條件最有可能的是2 / 10，1 / 20，n / 30。

35 **(D)**。設貼現率R
到期值＝10,000＋（10,000×4%）＝10,400
10,400－（10,400×R×1/12）＝10,348
R＝6%。

36 **(A)**。450,000＋80,000－500,000＝30,000。

37 **(B)**。（60,000－20,000）÷800,000＝5%。

38 (D)。

備抵損失－應收帳款			
		91/12/31	19,000
	25,000		
			5,000
			40,000
		期末	39,000

2,000,000×2%＝40,000。

39 (C)。

應收帳款			
91/12/31	400,000		
	2,000,000		
	5,000		
			1,400,000
			25,000
			3,000
期末	977,000		

備抵損失－應收帳款			
		91/12/31	19,000
	25,000		
			5,000
		期末	48,850

期末＝977,000×5%＝48,850

故本期應提列數X＝48,850－19,000－5,000＋25,000＝49,850。

Unit 05 存貨

小試身手

主題1 存貨之定義

1 (C)。(A)採永續盤存制的企業，雖隨時可掌控存貨的資料，期末仍需實地盤點存貨。
(B)「承銷品」屬於寄銷公司的存貨。
(C)如進價不變動，則無論採用何種成本公式，算得的期末存貨金額相同。
(D)在「目的地交貨」的情況下，「在途存貨」屬於賣方的存貨。

2 (D)。期初存貨＋本期進貨淨額－期末存貨＝銷貨成本
期初存貨少記1,000＋0－期末存貨少記1,500→銷貨成本多計500
銷貨成本多計500→本期淨利少記500

3 (A)。存貨錯誤，會造成本期及下期銷貨成本錯誤，進而造成本期及下期淨利錯誤，惟存貨錯誤為會自動抵銷的錯誤，存貨錯誤僅會造成本期保留盈餘錯誤，下期保留盈餘則為正確。

主題2 存貨數量之衡量（定期盤存制、永續盤存制）

1 (B)

2 (D)。永續盤存制可於平時的進貨與銷貨時，除總分類帳中隨時記錄各項存貨的進貨或銷貨外，另設存貨明細帳隨時記錄，因此帳上可隨時查知應有之存貨量。故採永續盤存制，可對存貨數量作較佳之管理與控制。

主題3 存貨成本之衡量

1 (B)。(1)可售商品總成本＝100×11＋80×14＋150×16＋100×17＝6,320
(2)可售商品總數量＝100＋80＋150＋100＝430
(3)加權平均單價＝可售商品總成本÷可售商品總數量＝6,320÷430＝14.7
(4)期末存貨成本＝平均單位成本×期末存貨數量＝14.7×100＝1,470

2 (A)。依據國際會計準則，在衡量存貨成本時，不允許採用後進先出法。

3 (A)。80×100＝8,000

主題4 存貨之續後衡量

P.80 **1 (D)**。(1)淨變現價值孰低法指企業均應以成本與「淨變現價值」兩者孰低來衡量，且自成本沖減至「淨變現價值」之金額，應認列為銷貨成本。淨變現價值指在正常情況下之估計售價減除至完工還須投入之的成本及銷售費用後的餘額。

(2)

	A商品	B商品	C商品
成本	$72,500	$14,800	$33,000
淨變現價值	71,000	15,200	32,600
淨變現價值孰低	71,000	14,800	32,600

$71,000＋$14,800＋$32,600＝$118,400

2 (D)。依據國際財務報導準則的規定，期末存貨應按 「成本與淨變現價值孰低法」評價，所謂「淨變現價值」是指企業在正常營業情況下的估計售價，減除至完工尚需投入的製造成本及銷售費用後的餘額。當期末存貨的淨變現價值低於成本時，需將差額列為「存貨跌價損失」，作為當期銷貨成本的一部分。相反的，當淨變價值高於成本時，仍使用原始衡量之成本評價，不認列價值上升的利益，以符合會計上的穩健原則。

主題5 存貨之估計方法

P.81 **1 (D)**。（6,000,000－50,000－55,000）×（1－20%）＝4,716,000

P.82 **2 (B)**。竹山公司估計的期末存貨＝
（500,000＋7,800,000）－10,000,000×（1－35%）＝1,800,000。

3

	成 本	零售價
期初存貨	$ 400	$1,000
本期進貨	4,500	6,050
加價		350
減價		(420)
可銷售商品	$4,900	$6,980
減：銷 貨		(5,600)
期末存貨		$1,380

(1)平均成本零售價法

$$成本比率=\frac{可銷售商品成本}{可銷售商品零售價}=\frac{\$4,900}{\$6,980}=70.20\%$$

期末存貨成本＝$1,380×70.2%＝$969

(2)平均成本與市價孰低零售價法

$$成本比率=\frac{可銷售商品成本}{期初存貨+本期進貨淨額+淨加價}=\frac{可銷售商品成本}{可銷售商品零售價}$$

$$=\frac{\$4,900}{\$6,980+\$420}=66.22\%$$

期末存貨成本＝$1,380×66.22%＝$914

(3)先進先出成本零售價法

$$成本比率=\frac{本期進貨成本}{本期進貨零售價}=\frac{\$4,500}{\$6,050+\$350}=70.31\%$$

期末存貨成本＝$1,380×70.31%＝$970

試題演練

82

1 (A)。(1)$50,000＋（$225,000－$45,000＋$20,000）－期末存貨＝銷貨成本
(2)銷貨淨額＝$315,000－$15,000＝$300,000
(3)銷貨毛利率＋銷貨成本率＝1
40%＋銷貨成本率＝1→銷貨成本率＝60%
故銷貨成本＝$300,000×60%＝$180,000
(4)$50,000＋（$225,000－$45,000＋$20,000）－期末存貨＝$180,000
期末存貨為$70,000

2 (B)。錯誤分錄：
應收帳款
　　銷貨收入
→淨利高估、流動資產高估
銷貨成本
　　存貨

3 (A)。(1)銷貨收入＝$12×5,000＋$10×15,000＝$210,000
(2)銷貨成本＝$5×5,000＋$5×2,000＋$6×13,000＝$113,000
銷貨毛利＝$210,000－$113,000＝$97,000

P.83 **4 (C)**。(1)銷貨成本＝750,000×0.8＝600,000
(2)進貨淨額＝600,000/0.75＝800,000
(3)期初存貨＋進貨淨額－期末存貨＝銷貨成本
250,000＋800,000－期末存貨＝600,000
期末存貨＝450,000
(4)期末存貨/期初存貨＝450,000/250,000＝1.8（倍）

5 (D)。因為「銷貨成本＝期初存貨＋本期進貨－期末存貨」及「本期淨利＝銷貨收入－銷貨成本」，期初存貨多計$9,000與本期淨利多計$12,000，代表銷貨成本少計$12,000，期初存貨多計$9,000及多計$21,000，造成銷貨成本少計$12,000。

6 (B)。(1)銷貨數量＝$11,520/48＝240（件）
設X3年底期末存貨單位成本為A
→200A＋40×50＝11,000
A＝45
(2)設X4年度的進貨數量為B
（45×200＋50×B）/（200＋B）＝48
B＝300（件）

7 (A)。期初存貨＋本期進貨－期末存貨＝銷貨成本
2,000少計
1,000多計
上述二項影響存貨錯誤若未更正，在不考慮所得稅因素下，期末存貨少計1,000，X1年銷貨成本少計1,000。

8 (B)。當採用先進先出法時，實地盤存制與永續盤存制所得之期末存貨結果相同。

P.84 **9 (D)**。(A)物價持續性上漲時，先進先出法與其他可使用之存貨會計處理方法比較下，帳面上會顯示較高的毛利。選項(A)有誤。
(B)先進先出法是先買進的存貨先賣出去，是以最晚的存貨成本與最近的收入相配合。選項(B)有誤。
(C)物價持續性上漲時，先進先出法是先買進的存貨先賣出去，其所列的銷貨成本最低，故淨利較高，所得稅費用較高。選項(C)有誤。
(D)物價持續性上漲時，先進先出法是先買進的存貨先賣出去，評價前的期末存貨價值與淨變現價值或市價相近。選項(D)正確。

10 (A)。(1)銷貨成本＝期初存貨＋本期進貨淨額－期末存貨＝125,000＋（500,000－15,000＋20,000）－90,000＝540,000

(2)銷貨淨額＝540,000/（1－40%）＝900,000
(3)銷貨毛利＝銷貨淨額－銷貨成本＝900,000－540,000＝360,000

11 (A)。X3年度銷貨成本＝900,000＋（100,000－93,000）－（60,000－58,000）＝905,000
X3年底備抵存貨跌價＝100,000－93,000＝7,000

12 (C)。甲公司正確存貨金額＝30,000＋1,000＋2,500－3,500－2,200＝27,800

13 (D)。(1)銷貨成本率＝40%
(2)銷貨成本＝本期銷貨淨額－本期銷貨毛利估計數
＝720,000－720,000×40%＝432,000
(3)期初存貨＋進貨淨額－期末存貨＝銷貨成本
期初存貨＋（460,000－10,000＋18,000）－60,000＝432,000
期初存貨＝24,000

14 (B)。買方存貨→分期付款銷貨在買方尚未繳清貨款時，所有權仍屬賣方，但通常不包括在賣方存貨中，因經濟效益事實上已移轉給買方，故為買方資產。選項(B)有誤。

15 (C)。200,000×（1－1%）＋3,000＝201,000

16 (B)。101年度帳列銷貨成本＝100,000＋500,000－80,000＝520,000
101年正確期末存貨＝80,000＋30,000＝110,000
101年度正確的銷貨成本＝100,000＋500,000－110,000＝490,000

17 (A)。採永續盤存制，隨時記錄存貨，可隨時反應存貨之數量，便於期中報表之編製，且有助於存貨之管理控制，但須於期末盤點存貨時，可發現存貨之差異。故本題選(A)。

18 (B)。存貨損失＝80,000＋（330,000－10,000－6,000＋10,000）－〔（512,000－22,000－10,000）×（1－25%）〕－18,000＝26,000

19 (D)。

	成本	零售價
期初存貨	$60,000	$100,000
進貨	320,000	535,000
進貨退出	（30,000）	（50,000）
進貨運費	10,000	
淨加價		20,000
淨減價		（5,000）
合　計	360,000	600,000

成本率＝360,000/600,000＝60%

減：銷貨淨額	（456,000）
期末存貨	144,000

期末存貨成本＝144,000×60%＝86,400

P.87 **20 (B)**。「備抵存貨跌價損失」在資產負債表上應列為存貨之減項。故選項(B)有誤。

21 (B)。「備抵存貨跌價損失」期末餘額＝3,000－2,400＝600

是發生存貨跌價回升利益＝800－600＝200

該存貨跌價回升分錄如下：

備抵存貨跌價損失	600	
存貨跌價回升利益		200

22 (C)。（136,600＋397,500＋3,680－4,000）－（645,600－4,600）×（1－38%）＝136,360

23 (A)。採傳統零售價法，計算如下：

	成本	零售價
期初存貨	0	0
本期進貨	130,000	190,000
進貨運費	17,000	
可銷進成本	147,000	190,000
淨加價		20,000
小計	147,000	210,000

成本率＝147,000÷210,000＝70%

淨減價		（10,000）
減：銷貨		（150,000）
期末存貨零售價		50,000

期末存貨成本＝50,000×70%＝35,000

P.88 **24 (C)**。起運點交貨：運費由買方負擔，進貨運費列入買方成本。

目的地交貨：運費由賣方負擔，進貨運費為賣方銷售費用。

25 (D)

26 (B)。324/（20,000－2,000）＝1.8%

27 (B)

28 (D)

29 (A)。可銷售商品＝75,000＋401,500－25,000＝451,500
存貨損失＝451,500－〔520,000×（1－25%）〕－25,000＝86,500

30 (C)。期初存貨＋250,000－〔600,000×（1－40%）〕＝40,000
期初存貨＝150,000

P.89

31 (C)。期末存貨數量＝80＋90－50－60＝60
期末存貨金額＝60×55＝3,300
銷貨成本＝（80×52＋90×55）－3,300＝5,810
銷貨毛利＝（50×85＋60×90）－5,810＝3,840

32 (C)。建築公司所生產之商品較具個別差異性，是較適合採用個別認定法。

33 (D)。在定期盤存制下，當公司賒購商品以供銷售之用時，
應借記「進貨」，貸記「應付帳款」。

34 (A)。依據國際會計準則，在衡量存貨成本時，不允許採用後進先出法。

35 (D)。永續盤存制下平時的進貨與銷貨，除總分類帳中隨時記錄各項存貨的進貨或銷貨外，另設存貨明細帳隨時記錄，因此帳上可隨時查知應有之存貨量。年終仍要實地盤點存貨，以便與帳上餘額相比較，可發現存貨之差異。平時進貨時，借記「存貨」科目。

36 (D)。

	X1年	X2年	X3年
帳列淨利	100,000	100,000	100,000
X1存貨低估	10,000	（10,000）	
X2存貨高估		（10,000）	10,000
X3存貨高估			（10,000）
正確淨利	110,000	80,000	100,000

P.90

37 (B)。〔（50,000－15,000）×（1－2%）〕＋500＝34,800

38 (D)。商業折扣不須入帳。

39 (C)。期末存貨漏列在途存貨，進貨也漏列，則對銷貨成本及淨利不生影響，但會造成資產低估。

40 (A)。(1)企業對性質及用途類似之存貨，應採用相同成本計算方法；對性質或用途不同之存貨，得採用不同成本計算方法。成本計算方法選定後，必須於各期一致使用。選項(A)有誤。
(2)因產能較低或設備閒置導致存貨及銷貨成本未分攤固定製造費用，應於發生當期認列為銷貨成本。選項(B)正確。

(3)異常耗損之原料、人工或其他製造成本，宜於發生時認列為費用，不列入存貨成本。選項(C)正確。

(4)因特殊情況例如因水災、火災等致會計憑證或帳簿毀損滅失，成本計算困難時，得採用毛利法評價。選項(D)正確。

41 (D)。存貨記錄採用淨額法時，未享進貨折扣為財務費用。

42 (B)。若銷貨運費被誤記為進貨運費，將造成銷貨成本多計，銷貨毛利少計，營業費用少計。

P.91 **43 (D)**。甲公司將產品寄放於乙公司由其承銷。當商品運送至乙公司時，甲公司不需作會計分錄。

44 (B)。10,000＋110,000－100,000×（1－平均毛利率）＝40,000
平均毛利率＝20 %。

45 (A)。在使用成本與淨變現價值孰低法來評估期末存貨時，以逐項比較法最穩健，其通常計算出來的金額最低。

46 (D)。(A)資產負債表上之期末存貨金額，無論是採永續盤存制或是定期盤存制，均以「實際盤點庫存金額」為準。

(B)進貨時，定期盤存制需借記「進貨」；而永續盤存制需借記「存貨」。

(C)永續盤存制的「存貨」科目餘額可隨時反映庫存商品的數量；而定期盤存制的「存貨」科目餘額無法反映庫存商品的數量。

47 (B)。

	成本	零售價
期初存貨	$70,000	$120,000
本期進貨	200,000	440,000
進貨運費	10,000	－
可銷售商品	280,000	560,000
成本率＝280,000/560,000＝50%		
銷貨	－	410,000
期末存貨零售價		150,000

期末存貨成本＝150,000×50%＝75,000

P.92 **48 (B)**。期末存貨少計，會造成銷貨成本多計，致而使淨利少計。
是本題正確損益＝460,000＋240,000＝700,000（淨利）

49 (D)。「存貨盤盈」科目應列入綜合損益表項下。

50 (B)。

	97年	98年
原列淨利	200,000	250,000
97年期末存貨低估	22,000	（22,000）
正確淨利	222,000	228,000

51 (B)。在途商品，起運點交貨屬買方存貨。承銷品屬寄銷人存貨。分期付款銷貨，未繳清貨款前，所有權仍屬於賣方，但通常不包括在賣方之存貨中，此為以所有權作為確定存貨標準之例外。
是期末存貨的正確餘額＝50,000－5,000－10,000＝35,000

52 (A)。銷貨毛利率＝ 25%/1＋25%＝20%
估計期末存貨＝200,000＋2,000,000－2,500,000×（1－20%）＝200,000

.93 **53 (D)**。期末的存貨採成本與淨變現價值孰低法評價，是選項(D)有誤。

54 (B)。銷貨毛利多，但營業淨利卻很低，主要係因為營業費用太多所致。

55 (C)。銷貨成本＝25,000＋356,000－2,000＋10,000－83,000＝306,000
銷貨毛利＝520,000－20,000－306,000＝194,000

56 (B)。存貨購入時的成本係指到達可出售狀態及地點前之一切必要支出。是成本＝ 購價－折讓＋「與進貨有關」的附加費用（運費、保險、稅捐、進口關稅……等）。

57 (C)。可供銷售商品＝30,000＋200,000＋5,000－6,000＝229,000
銷售淨額＝250,000－20,000－10,000＝220,000
存貨損失＝229,000－220,000×（75%－5%）＝75,000

58 (D)。招財貓公司平時的進貨分錄均借記「進貨」，貸記「應付帳款」或「現金」，表示招財貓公司採實地盤存制，是選(D)。

.94 **59 (A)**。會計上對於「土地」這個會計科目，有其明確定義，即「目前正供營業上所使用的土地」，才可列於財務報表上的固定資產項下；反之，若非同時符合「目前」及正供「營業上」所使用的土地，則應視實際情況（用途）列為其他項目，茲舉幾例如下：
(1)營建業待出售的土地→為流動資產項下的「存貨」。
(2)供將來擴建廠房的土地→列為「長期投資」或「其他資產」。
(3)目前閒置的土地→列為「其他資產」。

60 (B)。起運點交貨為買方存貨；目的地交貨為賣方存貨。

61 (D)

62 (B)。（200×10＋300×12＋100×13＋100×15）/（200＋300＋100＋100）＝12
期末存貨＝（200＋300＋100＋100－500）×12＝2,400。

P.95 **63 (A)**。永續盤存制由於平時銷貨時除了記錄銷貨收入外，亦同時記錄銷貨成本，是永續盤存制不需經由盤點，就可結出銷貨成本。

64 (B)

65 (A)。目的地交貨的運費為賣方負擔是該批貨品之帳列進貨成本
＝200,000×（1－20%）＋5,000＋500＝165,500。

66 (C)

67 (B)。起運點交貨→買方存貨
目的地交貨→賣方存貨
是本題應列入紅帽公司存貨。

P.96 **68 (A)**。5/9付款享有折扣
25,000×（1－3%）＝24,250

69 (B)。可供銷售商品＝40,000＋200,000－3,000＋6,000＝243,000
賠償金額＝243,000－（250,000－2,000）×（1－25%）＝57,000。

70 (C)。25,000＋2,000－500＋本期購貨－8,000＝30,000－9,000
本期購貨＝2,500。

Unit 06 投資

小試身手

主題1 投資之意義及類別

98 (D)

主題2 權益證券投資之會計處理

04 **1 (B)**。力麗公司持有國內分公司30%的股權，採權益法會計處理，當國內分公司發放現金股利時，力麗公司應有會計處理為：
借：現金　xxx
　貸：長期股權投資　xxx

2 (B)。100,000＋（50,000×30%）－（20,000×30%）＝109,000

3 (A)。180,000－160,000＝20,000。

4 (D)。

	成本	市價
B股票	20,000	19,400
C股票	18,000	21,000
合計	38,000	40,400

則X1年底A公司之調整後「金融資產未實現損益」帳戶之餘額
＝40,400－38,000＝2,400。

05 **5 (C)**。持有至到期日金融資產到期時該投資等於面額。

6 (D)。當溢價購入其他公司發行的公司債並列為按攤銷後成本衡量之金融資產，採用利息法攤銷，則按攤銷後成本衡量之金融資產－公司債之溢價攤銷金額逐期減少。

試題演練

05 **1 (A)**。(1)X1年初購入分錄：
金融資產－按公允價值衡量　250,000
　現金　250,000
$25×10,000股＝$250,000

X1年中收到現金股利：
現金　　　　11,000
　　股利收入　　　　11,000
股票股利＝10,000股×10%＝1,000股　共11,000股
X1年底評價分錄：
金融資產－按公允價值衡量評價調整　　14,000
　　金融資產－按公允價值衡量評價利益　　14,000
X1年底每股公允價值＝（$250,000＋$14,000）/11,000股＝$24
(2)X2年中收到現金股利：
現金　　22,000
　　股利收入　　　　22,000
X2年底評價分錄：
金融資產－按公允價值衡量評價損失　22,000
　　金融資產－按公允價值衡量評價調整　　　　22,000
X2年底每股公允價值＝（$250,000＋$14,000－$22,000）/11,000股＝$22
透過損益按公允價值衡量之金融資產評價調整＝$14,000－$22,000＝（$8,000）－貸餘

2 (C)。X8年底資產負債表上，「透過損益按公允價值衡量之金融資產」餘額應為$280,000。

P.106 **3 (D)**。(A)X8年底資產負債表，應認列「透過其他綜合損益按公允價值衡量之金融資產」$6,000,000。
(B)X9年底資產負債表，應認列「透過其他綜合損益按公允價值衡量之金融資產」$6,600,000。
(C)如對被投資公司無重大影響力，X8年底應承認該金融資產投資之公允價值變動損失$1,000,000，且應列入綜合損益表，作為其他綜合損益。
(D)被投資公司無重大影響力，X9年底應承認該金融資產投資之公允價值變動利益$600,000，且應列入綜合損益表，作為其他綜合損益。

4 (A)。(A)透過其他綜合損益按公允價值衡量之金融資產，於投資後續年度收到之現金股利，應列為營業外收入。選項(A)正確。
(B)「透過損益按公允價值衡量之金融資產」項（科）目有可能列在流動資產項下。選項(B)有誤。
(C)採透過損益按公允價值衡量時，當期公允價值變動需認列其他權益。選項(C)有誤。
(D)透過其他綜合損益按公允價值衡量之金融資產，於被投資公司發生虧損時，不需認列資產減少。選項(D)有誤。

5 (A)。分類為「持有供交易之金融資產」X1年淨利＝股利收入＋評價損益
＝10,000×2（40×10,000－30×10,000）＝120,000
分類為「透過其他綜合損益按公允價值衡量之金融資產」
X1年淨利＝股利收入＝10,000×2＝20,000
分類為「採用權益法之投資」X1年淨利＝500,000×10,000÷50,000＝100,000

07 **6 (C)**。(1)對於被投資公司每年發生的損益，投資公司應按約當持股比例認列投資損益，且同額增加投資帳戶。投資收益＝被投資公司淨利（損）×約當持股比例。故己公司當年投資科目應隨投資收益增加10,000×30%＝3,000
(2)被投資公司發放現金股利將使投資公司股東權益減少，因此投資公司收到現金股利時，應視為股票投資的減少。故丙公司當年的投資科目應隨丁公司現金股利的發放減少2,000×1＝2,000
(3)丁公司20X3年12月31日「採用權益法之投資」帳面金額＝期初投資成本+按比例認列之投資收益（損失）－按比例認列之宣告股利＝（20×2,000）+3,000－2,000＝41,000

7 (B)。當年底該投資期末評價後餘額＝（2,000＋500）×25＝62,500

8 (B)。X2年年底該投資帳面價值＝（30×1,000）＋（20,000×25%）＋（20,000×25%）－（1,000×2）－（1,000×2）＝36,000
應認列處分投資損益＝40,000－36,000＝4,000（利益）

9 (C)。本題因持股已達30%，應採權益法認列長期股權投資，收到股票股利時，僅註明增加股數，重新計算每股成本。選項(C)正確。

08 **10 (B)**。帳面價值＝9,000,000＋（1,000,000×30%）－（6×150,000）＝8,400,000
該投資的減損金額＝8,400,000－8,000,000＝400,000

11 (B)。透過其他綜合損益按公允價值衡量之金融資產之手續費計入成本，是本期應認列透過其他綜合損益按公允價值衡量之金融資產143,375（143,000+375）。

12 (B)。持股比率＝3,000÷10,000＝30%
台北公司長期股權投資的期末餘額＝（40×3,000）－（2×3,000）＋（50,000×30%）＝129,000

13 (A)。甲公司X1年底應做之會計分錄如下：
金融資產－按公允價值衡量　5,500
　其他綜合損益－金融資產公允價值變動　　5,500

P.109 **14 (A)**。透過損益按公允價值衡量之金融資產之公允價值變動，列入本期損益，故透過損益按公允價值衡量之金融資產之公允價值增加，會使企業之本期淨利增加。

15 (D)

16 (C)。取得(2)透過其他綜合損益按公允價值衡量、(3)按攤銷後成本衡量，所支付之手續費可做為取得成本。

17 (D)。公司持有之長期股權投資，若獲配發股票股利時，僅備註註明取得股數即可，不需作分錄。

18 (B)。在權益法下，當收到被投資公司發放之現金股利時，應借記：現金；貸記：長期股權投資。

19 (B)。按攤銷後成本衡量之金融資產：指有固定或可決定之收取金額及固定到期日，且企業有積極意圖及能力持有至到期日之債權證券投資；而大部分股權證券投資因無到期日或可收取金額非可決定，故不屬於持按攤銷後成本衡量之金融資產。綜上，甲公司購買某公司普通股為投資標的不能歸類為「持有至到期日之金融資產」。

P.110 **20 (C)**。長期股權投資之取得成本包括成交價格及交易成本（例如：證券交易手續費、交易稅、佣金……等），但不包含融資買入之利息。

21 (A)。$200,000×30%＝$60,000

22 (B)

23 (C)。

按攤銷後成本衡量之金融資產	$551,000	
現金		$551,000

24 (D)。透過損益按公允價值衡量之金融資產會使企業之本期淨利增加。

25 (A)。透過其他綜合損益按公允價值衡量證券投資，證券投資市價變動先認列證券金融資產公允價值變動損益，故蘭花公司X9年3月1日應認列處分投資損益是$0。

P.111 **26 (D)**。當下列二條件均符合時，金融資產應按攤銷後成本衡量：

(1)該資產是在一種經營模式下所持有，該經營模式的目的是持有資產以收取合約現金流量。

(2)該金融資產的合約條款規定在各特定日期產生純屬償還本金及支付按照流通本金的金額所計算的利息現金流量。

27 (B)。長期股權投資按其對被投資公司之影響力，可分為有控制能力、有重大影響力、無重大影響力。

28 **(A)**。凡不符合以攤銷後成本衡量條件的金融資產均應按公允價值衡量，包括所有權益工具（無合約現金流量），獨立存在的衍生性工具（其現金流量有槓桿作用）、可轉換公司債（合約現金流量非純屬還本付息）及所有非以按期收取合約現金流量為目的的債務工具等，均以公允價值為衡量。本題(2)透過損益按公允價值衡量之金融資產、(3)透過其他綜合損益按公允價值衡量金融資產、(4)指定透過損益按公允價值衡量之金融資產等均應以公允價值為衡量基礎，其續後評價亦以公允價值為衡量基礎。綜上，按攤銷後成本衡量之金融資產之續後評價並非以公允價值為衡量基礎。

29 **(C)**。會計科目「證券投資－公允價值」較重視資產的評價。

30 **(A)**。已提足額「償債基金」之公司債，到其清償時，分錄如下，
應付公司債 xxx
　償債基金　xxx
故答案為(A)。

31 **(D)**。本題南園的銀行定期存款可賺得5%之利息，若半年複利一次，總共存5年，則實際係按每2.5%利率，複利10期，故南園應使用複利終值表中的10期、2.5%因子。

12

32 **(C)**。X2年應認列分錄：
金融資產－按公允價值衡量 $3,000
　金融資產公允價值變動損益　$3,000
$33,000－$30,000＝$3,000

33 **(B)**。551,250÷（1＋5%）^{2}＝500,000。

34 **(C)**。（100,000－300,000×10%）×40%＝28,000。

35 **(D)**。持有至到期日之債券投資，若採用利息法攤銷溢價時，將使前期所攤銷之溢價比後期少。

36 **(B)**。(1)北方公司視此投資為透過其他綜合損益按公允價值衡量之金融資產，期末應按公允價值評價。
(2)106年7月1日該投資總成本$600,855（30,000×20＋855），106年總市價$750,000（30,000×25），107年總市價$660,000（30,000×22）→資產負債表上應為$660,000，107年底的分錄為：750,000－660,000＝90,000
其他綜合損益－金融資產未實現損益　90,000
　透過其他綜合損益按公允價值衡量之金融資產　90,000
北方公司於107年12月31日此筆「透過其他綜合損益按公允價值衡量之金融資產」帳戶餘額$660,000。

37 (B)。透過損益按公允價值衡量金融資產之公允價值變動應在損益表上報導，透過其他綜合損益按公允價值衡量金融資產之公允價值變動應列示在權益項下，至採權益法之長期股權投資、持有至到期日按攤銷後成本衡量之金融資產不採公允價值評價。

P.113 **38 (A)**

39 (D)。金融資產主要包括庫存現金、銀行存款、應收帳款、應收票據、其他應收款項、股權投資、債權投資和衍生性金融工具形成的資產等。預付費用「非屬」金融資產。

40 (B)。持股比率＝50,000÷200,000＝25% 東台公司95年12月31日之「採權益法之長期股權投資」科目餘額＝40×50,000＋1,000,000×25%－50,000×2＝2,150,000。

41 (B)。4,000÷0.4＝10,000（股）。
原始投資成本＝（10,000×9）＋14,000＝104,000
該投資採權益法在去年底的帳面價值＝104,000－4,000＋9,000＝109,000。

42 (B)。840,000＋（400,000×80%）－（100,000×80%）＝1,080,000。

P.114 **43 (C)**。20X6年12月31日
金融資產公允價值變動損益　　2,000
　金融資產－按公允價值衡量　　2,000
現金　　7,000
　利息收入　　7,000
綜上，關於此債券投資，A公司20X6年之本期淨利增加
＝7,000－2,000＝5,000。

44 (A)。本題僅(1)通常不另設折溢價科目、(5)出售時所發生之證券交易稅及手續費為處分所得之減少2項，可同時適用於備供出售債券投資與持有至到期日債券投資。

45 (D)。當企業取得金融資產的目的是打算近期內就要將它處分，或企業將以短期獲利的操作模式持有，則此類金融資產應歸屬於「透過損益按公允價值衡量之金融資產」。

46 (B)。被投資公司若有淨利，投資公司於被投資公司宣告時即可認列投資收益，是選項(B)有誤。

47 (A)。(1)透過損益按公允價值衡量之金融資產－流動：係指係指符合下列條件之一者：A.持有供交易之金融資產。B.除依避險會計指定為被避險項目外，原始認列時被指定為透過損益按公允價值衡量之金融資產。
(2)透過損益按公允價值衡量的金融資產，其未實現損失在財務報表上應列為綜合損益表之營業外損失。

15 **48 (D)**。透過其他綜合損益按公允價值衡量之金融資產進行續後評價時，因公允價值變動產生之「金融商品未實現損失」應分類為其他綜合損益科目。

49 (C)。500,000－20,000＋30,000＝510,000

50 (B)。(B)發行公司債於物價下跌時期，有利投資，對債權人較有利。

Notes

Unit 07 不動產、廠房及設備

小試身手

主題1 不動產、廠房及設備之意義及內容

P.117 **1 (A)**。土地成本包括現金購買價格、過戶相關之規費、代地主承擔的稅捐、手續費、仲介佣金、整地支出以及地方政府一次徵收的工程收益費等「一切為使土地達到可供使用狀態的所有成本」。

2 (A)。所謂的投資性不動產（包含土地或建築物、或部分建築物、或兩者兼具），係指企業為賺取租金、資本增值、或兩者兼具為目的而持有之不動產。如其持有目的是為生產、提供商品或服務所使用，則該項不動產應按IAS16「不動產、廠房及設備」處理。如出售不動產係企業之正常營運活動時，則該不動產係由 IAS2「存貨」所規範，其自用不動產並不符合投資性不動產的定義。綜上，自用不動產非屬投資性不動產之適用範圍。

3 (B)。(1)農產品者指生物資產的收獲品，應按其公允價值減去處分成本衡量。(2)本題牛奶及羊毛屬農產品。

主題2 不動產、廠房及設備成本之衡量

P.119 **(D)**。一項折舊性資產的可折舊成本為資產成本減去估計殘值部分。

主題3 折舊

P.122 **1 (B)**。固定資產之折舊提列方法自年數合計法變更為直線法，屬會計估計變動。

2 (D)。(1)折舊率＝2／耐用年限＝2÷5＝4%

(2)每年之折舊＝期初帳面價值×折舊率。

$$X1折舊=54{,}000\times40\%\times\frac{9}{12}=16{,}200$$

X1年底帳面金額＝54,000－16,200＝37,800

(3)X2年之折舊費用

X2年折舊＝37,800×40,010＝15,120

3 (C)。(1)X1年3月1日～X3年12月31日累計折舊＝

（成本－殘值）×（各年使用年數／總年數）＝

耐用年限合計數＝5×（5＋1）÷2＝15

X1/3/1～X3/12/31

$$(450{,}000-30{,}000)\times\left[\left(\frac{5+4}{15}\right)+\left(\frac{3}{15}\times\frac{10}{12}\right)\right]=420{,}000\times\frac{23}{30}=322{,}000$$

(2)該機器於X3年12月31日帳面金額＝$450,000－$322,000＝$128,000。

4 (A)。（32,500－24,000－500）÷8,000＝1（年）

5 (A)。該機器X1年度應提列折舊＝（$30,000－2,000）÷10＝$2,800。

主題4 續後支出之處理

1 (D)。可回收金額＝Max（淨公平淨值，使用價值），即以使用價值與公允價值減出售成本二者較高者決定。

2 (A)。150,000－145,000＝5,000

3 (D)。X1年誤將一筆設備支出記錄成當期費用，將導到X1年費用多計，資產少計，X2年折舊費用少計。

4 (C)。收益支出一經濟效益僅及於當期或金額不大者，選項中只有更新舊卡車雨刷符合此定義，答案為(C)。

主題5 不動產、廠房及設備之處分

1 (C)。(1)出售舊辦公設備之成本＝800,000－500,000＝300,000
(2)出售舊辦公設備之累計折舊＝120,000－40,000＝80,000
(3)舊辦公設備之帳面價值＝300,000－80,000＝220,000
(4)舊辦公設備出售的價格＝舊辦公設備之帳面價值＋出售舊辦公設備利益＝220,000＋20,000＝240,000

2 (A)。150,000－130,000－12,000＝8,000（交換利益）

3 (C)。今年應提折舊＝（200,000÷10）×（3÷12）＝5,000
報廢損失＝40,000－5,000＝35,000

主題6 不動產、廠房及設備之後續衡量

1 (D)。(1)該房屋X1年折舊＝（成本－估計殘值）÷估計耐用年限＝（$10,000,000－$0）÷10＝$1,000,000。

(2)重估前該房屋帳面價值＝成本－累計折舊＝$10,000,000－$1,000,000＝$9,000,000。

(3)X1年度應認列資產重估增值＝$10,200,000－$9,000,000＝$1,200,000。

2 (B)。重估價模式：

(1)國際財務會計準則鼓勵採行此模式。

(2)反映報導期間結束日（資產負債表日）之市場狀況。

(3)公允價值變動產生之利得或損失，應於發生當期認列為損益（不計提折舊）。

(4)會計處理：

重估增值　列入其他綜合損益。

若曾重估減值：扣除曾重估減值金額→列入其他綜合損益。

綜上，資產重估價模式資產重估增值之增加數應認列為「重估價增（減）值」，應列於其他綜合損益之下。X2年其他綜合損益增加＝813,000－812,000 ＝1,000

P.130 **3**

(1)X5年12月31日

累計折舊＝（$3,000,000－$500,000）÷25×5＝$500,000

其他綜合損益－資產重估增值＝$4,200,000－$2,500,000＝$1,700,000

＊$4,200,000÷$2,500,000＝168%

累計折舊等比例增額＝$500,000×168%＝$840,000，

$840,000－$500,000＝$340,000

科目	借方	貸方
房屋	2,040,000	
累計折舊－房屋		340,000
其他綜合損益－資產重估增值		1,700,000
其他綜合損益－資產重估增值	1,700,000	
其他權益－資產重估增值		1,700,000

(2)X5年12月31日

科目	借方	貸方
累計折舊－房屋	500,000	
房屋		500,000
房屋	1,700,000	
其他綜合損益－資產重估增值		1,700,000
其他綜合損益－資產重估增值		1,700,000
其他權益－資產重估增值		1,700,000

主題7 投資性不動產

132 **1 (D)**。 (1)X1年至X31年該內牆已提列折舊＝4,000,000×30/ 50＝2,400,000
(2)元元公司重置新內牆應認列「處分投資性不動產損失」
＝4,000,000－2,400,000＝1,600,000

2 (A)。 不動產、廠房及設備認列條件：(1)與資產相關之未來經濟效益很有可能流入企業。(2)資產之取得成本能可靠衡量。 上述二個條件須同時符合，始得認列為不動產、廠房及設備。

主題8 生物資產及農產品

133 **1 (D)**。 生物資產收成之「農產品」原始評價按其公允價值減去處分成本衡量，列於資產負債表「農產品」項下，並按照公允價值減去處分成本衡量所產生的利益和損失，列入當期損益，嗣後採成本與淨變現價值孰低法衡量。選項(D)。

34 **2 (A)**。 應認列生物資產之價值＝$2,000×20－（$2,000＋$500）＝$37,500。

主題9 天然資源

35 **(C)**。 每單位折耗＝（42,000,000－2,000,000）÷10,000,000＝4
該機器X10年折舊費用＝（2,500,000－700,000）×5/15＝600,000
X10年底每噸煤之存貨成本＝4＋600,000÷1,500,000＝4.4

試題演練

35 **1 (B)**。 (A)用於生產芒果的芒果樹，屬於生物性資產，應列入不動產、廠房及設備。
(C)羊毛、牛奶等農業產品應分類為農產品，收成時以淨公允價值衡量，後續衡量以存貨成本與淨變現價值孰低法衡量。
(D)應借記淨公允價值變動損益。

36 **2 (B)**。 (1)每年折舊費用＝（$730,000－$10,000）/6＝$120,000
(2)截至2021/6/1 累計折舊＝$120,000×3＋$120,000×5/12＝$410,000
截至2021/6/1 帳面價值＝$730,000－$410,000＝$320,000
除列分錄：

科目	借	貸
現金	120,000	
累計折舊一設備	410,000	
處分資產損失	200,000	
設備		730,000

3 (B)。(1)農產品者指生物資產的收獲品，應按其公允價值減去處分成本衡量。(2)本題牛奶及羊毛屬農產品。

4 (D)。該化學原料倉儲設備入帳之成本＝$500,000＋$10,000＋$20,000＋$5,000＋$10,000＝$545,000。

5 (A)。土地成本：

購價	$10,000,000
拆除舊建物淨支出	500,000
佣金	350,000
過戶費	10,000
土地成本	$10,860,000

6 (C)。(1)機器設備之成本包括發票價格、運費、安裝、試車等，「使機器設備達到可使用之地點與狀態的一切必要支出」。

(2)該機器應有之帳面成本＝$600,000－$35,000＋$25,000＋$25,000＝$615,000。

7 (C)。將廠房及設備成本逐期轉列為費用，以達到收入與費用的配合原則。這種分攤成本的程序在會計上稱之為「折舊」。會計上提列折舊之目的為將資產之成本作系統而合理的分攤。

P.137 **8 (D)**。直線法每年之折舊 ＝（成本－估計殘值）÷估計耐用年限
＝（$60,000－$1,000）÷5＝$11,800。

9 (D)。所謂成本模式，是指投資性不動產按照成本減累計折舊及累計減損衡量，除認列減損損失外，不考慮公允價值變動。

10 (B)。資產重估價模式：資產重估增值之增加數應列於其他綜合損益之下。
X2年其他綜合損益增加＝$1,300,000－$1,200,000＝$100,000。

11 (A)。折舊基礎＝可折舊金額，即資產成本減去估計殘值後之金額，表示資產將於使用期間耗用之成本，此金額稱為可折舊金額。

12 (B)。(1)X3初－X4年底，該設備已用年數合計法提列2年折舊
＝（$150,000－$0）×（5+4）/（1+2+3+4+5）＝$90,000。

(2)X4年底該設備帳面價值＝$150,000－$90,000 ＝$60,000。

(3)估計變動，應採推延調整法，不作更正分錄將剩餘應提之折舊額以新估計的耐用年數或殘值由未來各期分攤。

(4)X5年應提折舊＝$60,000× 2/（1+2）＝$40,000。

13 (D)。X6年折舊＝1,200,000×2/5＝480,000
X7年折舊＝（1,200,000－480,000）×2/5＝288,000
X7年底該設備帳面價值＝1,200,000－480,000－288,000＝432,000
認列資產處分利益＝495,000－432,000－45,000＝18,000

138 **14 (C)**。設該設備原始帳列成本為A

$$（A－A\times\frac{4+3}{1+2+3+4}）－（A－A\times\frac{2}{4}－\frac{2}{4}A\times\frac{2}{4}）＝10,000$$

0.3A－0.25A＝10,000
A＝200,000

15 (D)。公司於X3年初發現X1年記帳時誤將安裝費作為當期費用，在不考慮所得稅因素下，該項錯誤造成X1年安裝費多計20,000，X1年折舊少計20,000×4/10×6/12＝4,000，X2年折舊少計20,000×4/10×6/12＋20,000×3/10×6/12＝7,000，X2年底權益少計9,000（20,000－4,000－7,000）＝9,000。

16 (B)。可回收金額＝Max（資產之淨公允價值，其使用價值）
＝Max（100,000,80,000）＝100,000
X6年底該設備帳面金額＝100,000－（100,000÷4）＝75,000

17 (A)。年數合計法總年數＝（1＋2＋.....＋n）＝n（n＋1）/2年之折舊費用
＝（成本－殘值）×（各年初所剩耐用年數/總年數）。
X2年該設備提列160,000＝（450,000－殘值）×（4/10）
殘值＝50,000
故本題可折舊成本＝450,000－50,000＝400,000

18 (A)。生物資產指有生命（活的）動物和植物。
(1)原則：應按其公允價值減去處分成本衡量。
(2)例外：當公允價值無法可靠衡量時，按成本減去累計折舊和累計減損衡量。綜上，生物資產於原始認列時無法取得其市場決定之價格或價值，且公允價值之替代估計顯不可靠時，則應以其成本減累計折舊及累計減損損失衡量。

39 **19 (B)**。(1)2010年初～2012年初，該設備已用直線法提列二年折舊＝（320,000－20,000）$\times\frac{5+4}{1+2+3+4+5}$＝180,000
(2)2012年初該設備帳面價值＝320,000－180,000＝140,000
(3)2012年初瑞珍公司決定將折舊方法改為直線法，屬於估計變動，應採推延調整法，不做更正分路將剩餘應提之折舊額以新折舊方法未來各期分攤。
(4)2014年提列折舊＝（140,000－10,000）$\times\frac{1}{5}$＝26,000

20 (A)。102年4月1日

現金	60,000	
累計折舊—機器設備	127,500	
處分資產損失	12,500	
機器設備		200,000

$(200,000-20,000) \div 6 \times 4\frac{3}{12} = 127,500$

故選項(A)有誤。

21 (B)。土地＝500,000＋30,000＋20,000＋100,000－20,000＝630,000
房屋＝800,000

22 (C)。至100年底累計折舊＝$(320,000-20,000) \times \frac{(5+4+3)}{15} = 240,000$

處分損失＝（320,000－240,000）－50,000＝30,000

P.140 **23 (B)**。甲公司應作的交換分錄如下：

（新）機器	210,000	
累計折舊	350,000	
現金	50,000	
（舊）機器		550,000
處分機器利益		60,000

乙公司應作的交換分錄如下：

（新）機器	260,000	
累計折舊	75,000	
處分機器損失	15,000	
（舊）機器		300,000
現金		50,000

24 (B)。資產$160,000，誤列為維修費用，會造成資產少計160,000，97年費用多計135,000（160,000－25,000），98年費用少計45,000，99年費用少計35,000，所以該錯誤會造成100年初保留盈餘低列55,000（135,000－45,000－35,000）。

97年折舊費用＝$(160,000-10,000) \times \frac{5}{15} \times \frac{1}{2} = 25,000$

98年折舊費用＝$\left[(160,000-10,000) \times \frac{5}{15} \times \frac{1}{2}\right] + \left[(160,000-10,000) \times \frac{4}{15} \times \frac{1}{2}\right] = 45,000$

99年折舊費用＝〔（160,000－10,000）× $\frac{4}{15}$ × $\frac{1}{2}$ 〕＋〔（160,000－10,000）× $\frac{3}{15}$ × $\frac{1}{2}$ 〕＝35,000

25 (B)。前述錯誤將使98年費用多計8,000，及折舊少計1,600（8,000÷5），合計將使98年之淨利少計$6,400。

26 (A)。土地成本＝8,000,000＋240,000＋50,000＋30,000－10,000＝8,310,000
新廠房的成本＝6,000,000＋450,000＝6,450,000

141

27 (C)。至97年底累計折耗＝ $\frac{600,000}{800,000}$ ×（80,0000＋100,000）＝135,000

98年折耗＝ $\frac{(600,000 - 135,000 + 135,000)}{(800,000 - 80,000 - 100,000 + 130,000)}$ ×280,000＝224,000

98年底煤礦之帳面價值＝（600,000＋135,000）－（135,000＋224,000）＝376,000。

28 (C)。至97年底該機器累計折舊＝ $\frac{(1,000,000 - 200,000)}{5}$ ×3＝480,000

97年底該機器帳面價值＝1,000,000－480,000＝520,000
97年應認列之減損損失＝520,000－350,000＝170,000。

29 (D)。依照國際財務報導準則的規定，「不動產、廠房及設備」係指企業所擁有，用於生產或提供商品或勞務、或供出租、或供行政管理目的使用，且預計使用年限超過一個會計期間的有形資產。在動物園的立場，企鵝應分類為「不動產、廠房及設備」。

30 (A)。機器之成本包括現金購買價格、運費、運送途中之保險費用、安裝費、試車等，「一切使設備達到可供使用之地點與狀態之必要支出」。是本題該機器之入帳成本＝（100,000×0.9）＋400＋2,000＋500＝92,900

31 (C)。投資性不動產係指持有目的為賺取租金或資本增值。本題(4)以銷售為目的之不動產、(5)因融資租賃擁有或持有，並以營業租賃方式出租的建築物應歸類為「投資性不動產」。

32 (B)。（900,000＋30,000）÷750,000×40,000＝49,600

P.142 **33 (B)**。所有生物資產應按公允價值減除出售成本予以衡量，此種衡量即為當日適用國際會計準則第2號「存貨」或其他適用準則之成本。
所以購入乳牛時應借記生產性生物資產270,000（4,500×60－18,000－12,000），並立即認列購入乳牛時應借記生物資產評價損失30,000（300,000－270,000）。

34 (C)。將費用支出誤記為資本支出，將使當年度資產高估，費用低估。

35 (A)。依據國際會計準則第16號，不動產、廠房及設備於認列後之衡量模式有成本模式與重估價模式兩種，企業可針對不同類別中之全部不動產、廠房及設備採取不同的衡量模式。

36 (D)。(1)至X31年該內牆以提列折舊＝$4,000,000\times\frac{30}{50}$＝2,400,000
(2)甲公司重置新內牆應認列「處分投資性不動產損失」
＝4,000,000－2,400,000 ＝1,600,000

P.143 **37 (A)**。(B)自建資產因成本節省部分，不能認列利益。
(C)年度當中取得資產，其當年度之折舊提列，應按月計算。
(D)受贈取得之設備應按市價入帳。

38 (D)。國際會計準則（International Accounting Standards, IAS）第36號「資產減損」適用範圍之除外項目有：(1)存貨。(2)工程合約所產生之資產。(3)遞延所得稅資產。(4)退休辦法下之資產。(5)放款及應收款。綜上，本題存貨為國際會計準則第36號「資產減損」適用範圍之除外項目。

39 (A)。將資產列為待出售資產，應於計畫核准日時，以帳面價值和淨公允價值孰低者衡量，並停止提列折舊。故待出售資產與未將其分類為待出售資產相較，待出售資產的折舊費用較少。

40 (C)。每單位折耗＝（32,000,000－2,000,000）÷10,000,000＝3
該機器X10年折舊費用＝（2,200,000－400,000）×$\frac{5}{15}$＝600,000
X10年底每噸煤之存貨成本＝3＋（600,000÷1,500,000）＝3.4

41 (C)。收益支出係借記費用帳戶。

42 (A)。(1)重估價模式：如果一項不動產、廠房及設備的公允價值能可靠地衡量，則企業可以選用重估價模式作為後續衡量的會計政策。重估減值列為損失，重估增值原則上不認列為利益（除非過去曾發生重估減值），而屬其他綜合損益的一部分。

(2)綜上，重估價模式不影響本期淨利，故不影響每股盈餘。選項(A)有誤。

144 **43 (C)**。當不動產、廠房及設備發生大修時，若此支出金額重大且能延長資產的耐用年限時，應將其借記：累計折舊，貸記：現金。

44 (C)。政府要求醫院未來須提供低收入戶做身體檢查，並不會產生收入。故此決定對兩年度損益均不受影響。

45 (A)。(1)題目未載明折舊方式即採直線法。
(2)X0年～X2年累計折舊＝〔（1,000,000－100,000）〕÷10×3＝270,000
(3)X3年初帳面價值＝1,000,000－270,000＝730,000
(4)X3年底提列折舊費用＝（730,000－100,000）÷5＝144,000

46 (D)。建築圍牆的費用應列為土地改良物，因有有限的耐用年限。

47 (C)。生物資產收成之「農產品」原始評價按其公允價值減去處分成本衡量，列於資產負債表「農產品」項下，並按照公允價值減去處分成本衡量所產生的利益和損失，列入當期損益，嗣後採成本與淨變現價值孰低法衡量。選項(C)正確。

48 (D)。土地成本包括現金購買價格、過戶相關之規費、代書費及手續費，以及經紀人佣金等「一切為使土地達到預期可使用狀態之支出」。是本題土地之入帳金額＝1,000,000＋20,000＝1,020,000。

49 (A)。處分該項資產分錄如下：

	借	貸
累計折舊	250,000	
現金	2,000	
報廢資產損失	48,000	
機器		300,000

145 **50 (B)**。可回收金額＝MAX（淨公允價值，使用價值）＝MAX（60,000，45,000）
本題可回收金額＝60,000，減損損失＝100,000－60,000＝40,000

51 (A)。

	淨　利
原列淨利	120,000
原列折舊	140,000
正確折舊	
建築物	（50,000）
土地改良物	（20,000）
正確淨利	190,000

52 (B)。記調整機器的折舊分錄，將使機器帳面價值高估，淨利高估及股東權益高估。

53 (B)。倍數餘額遞減法、年數合計法這二個方法會使每年所提折舊遞減。

P.146 **54 (D)**。(1)天然資源的折耗及天然資源的有形開採設備之折舊，亦屬產品成本，應轉入銷貨成本或存貨成本。選項(A)、(C)有誤。(2)天然資源的折耗屬於產品成本，應轉入銷貨成本或存貨成本。選項(D)正確。(3)天然資源蘊藏量估計變動不須追溯調整。選項(B)有誤。

55 (C)。收益支出一經濟效益僅及於當期或金額不大者，選項中只有更新舊卡車之火星塞符合此定義，答案為(C)。

56 (C)。設該設備原始成本為X

$$\frac{(X-30{,}000)}{10}\times 3=180{,}0000 \Rightarrow X=630{,}000。$$

57 (B)。企業於認列減損損失之後，應於往後各年的資產負債表日，重新評估該減損損失是否已不存在或已減少。若有證據顯示，應即估計該資產的可回收金額，並將以前年度所認列的累計減損損失，予以轉回並認列為轉回當期的累計減損轉回利益。就此而論，企業在認列累計減損轉回利益之後，資產的帳面價值將會增加至可回收金額。不過，增加後的資產帳面價值，不得超過在不考慮減損損失情況下的應有帳面價值。

故甲公司減損損失轉回利益＝3億元－2.8億元＝0.2億元。

58 (D)。$500{,}000-\left(500{,}000\times\frac{2}{5}\times\frac{6}{12}\right)=400{,}000$

59 (C)。漏記折舊費用將會造成當期費用少計，淨利多計。

P.147 **60 (C)**。$105{,}000\div 5=21{,}000$。

61 (B)。公司已經報廢之機器設備，留待備用未出售時，在資產負債表上應列作其他資產，故答案為(B)。

62 (A)。$\frac{(5{,}000{,}000+4{,}000{,}000-1{,}000{,}000)}{800{,}000}\times 100{,}000=1{,}000{,}000$

63 (A)。機器之成本包括現金購買價格、運費、運送途中之保險費用、安裝費、試車、仲介介紹費等，「一切使設備達到可供使用之地點與狀態之必要支出」。

是本題機器入帳成本＝$\frac{121{,}000}{(1+10\%)^2}+5{,}000=105{,}000$。

64 (C)。為建屋而購入的土地，應將拆除土地上舊屋之費用及土地的清理、整平費用等列為土地成本的一部分，而相關廢料的售價則可作為土地成本中，拆除舊屋費用的減少。

148 **65 (D)**。200,000－150,000－35,000＝15,000（交換利益）

66 (A)。(1)回收可能性測驗：
可回收金額＝Max（資產之淨公允價值，使用價值）
＝Max（700，750）＝750（萬元）
(2)計算減損損失＝800－750＝50（萬元）。
(3)計算可認列減損損失＝減損損失－未實現資產重估增值
＝50－10＝40（萬元）。

67 (C)。興建廠房期間發生的火災損失不屬廠房的成本，應列為非常損失。

68 (A)。資產重估後公允價值高於帳面金額，則將帳面金額調整至公允價值，其差額貸記「重估價增（減）值」屬其他綜合損益的一種。重估增值對本期損益無影響，期末保留盈餘無影響。

69 (D)。至X3年初累計折舊＝（91,000－1,000）$\times \frac{1}{5}$＝18,000
X3年折舊＝（91,000－18,000－1,000）$\times \frac{4}{10}$＝28,800

70 (B)。(1)移除復原成本係指企業結束礦產開採後，可能依法令或契約規定必須將土地等資產復原至開採前狀態之成本。
(2)每噸煤的折耗費用＝（煤礦購價＋估計開採後復原成本－殘值）÷預計開採量＝（6,300,000＋900,000－200,000）/200,000＝35
X3年度銷貨成本＝35×10,000＝350,000。

149 **71 (C)**。設該機器成本為X，（X－40,000）÷5＝80,000⇒X＝440,000。

72 (A)。(1)移除復原成本係指企業結束礦產開採後，可能依法令或契約規定必須將土地等資產復原至開採前狀態之成本。
(2)每噸煤的折耗費用＝（煤礦購價＋探勘成本＋估計開採後復原成本－殘值）÷預計開採量＝（4,000,000＋1,000,000＋1,200,000＋300,000－500,000）/600,000＝10
(3)20X2年度的折耗金額＝10×120,000＝1,200,000

73 (C)。(1)第三年初該機器設備＝6,000,000×$\frac{4}{6}$＝4,000,000

(2)可回收金額＝Max（資產之境公允價值，使用價值）
＝Max（2,800,000，3,500,000）＝3,500,000

(3)國大公司第三年初應認列之減損損失＝4,000,000－3,500,000＝500,000

74 (C)。不動產、廠房及設備耐用年限之估計變動為估計變動，應採推延調整法，以前年度報表均不作任何變更。

75 (C)。甲、乙、丁三項屬房屋的成本。

76 (B)。不動產、廠房及設備之折舊提列方法自年數合計法變更為直線法，屬會計估計變動。

P.150 **77 (B)**。機器入帳成本＝200,000＋2,000＋8,000＝210,000
94年該機器應提列之折舊費用＝〔（210,000－10,000）÷10〕＋（14,000÷8）＝21,750。

Unit 08 無形資產

小試身手

主題1 無形資產之意義及內容

152 **1 (D)**。無形資產應以成本減去估計殘值的餘額，應在耐用年限內按合理而有系統的方法攤銷，攤銷方法應符合未來經濟效益的消耗型態，若無法決定消耗型態時，應採用直線法攤銷，而非以直線法與其他種攤銷方法孰低採之。

2 (C)。所謂無形資產係指除金融商品以外，具備下列要件的非貨幣性資產：
(1)可被企業控制。
(2)欠缺實體存在。
(3)可以長期提供經濟效益。
(4)直接供營業使用。
(5)正常程序下無意出售。

主題2 無形資產之一般會計處理

54 **1 (A)**。企業按合理而且有系統的方式，將有限耐用年限之無形資產的成本分攤於耐用期間，此過程稱為「攤銷」。

2 (B)。自行研發成功的專利權，只有申請及登記費可資本化。

3 (A)。公司因維護無形資產而發生訴訟，不論勝訴或敗訴，均列為費用。

主題3 研究發展成本

55 **(A)**。(1)專利權應按取得成本入帳，如自行發展應以申請及登記費用入帳，並以法定年限或經濟年限兩者較短者提列攤銷。
(2)本題專利權成本＝250,000。
(3)X13年度專利權的攤銷金額＝250,000÷5＝50,000。

主題4 電腦軟體成本

56 **(D)**。(1)電腦軟體成本在建立技術可行性前所發生之成本列為「費用」，一旦達到技術可行性後的支出，則應資本化，認列「無形資產」。

(2)雲山公司於X1年應資本化之電腦軟體成本
＝$800,000＋$800,000＝$1,600,000。

試題演練

P.156 **1 (D)**。 150,000/15＋甲專利權剩餘成本/15＝50,000⇒甲專利權剩餘成本＝600,000
X1年初購入之甲專利權成本－X1年初購入之甲專利權成本×5/15＝600,000
X1年初購入之甲專利權成本＝900,000

2 (D)。 設X5年初入帳之專利權的成本為A

X6年初帳面價值＝$A-\left(A\times\frac{1}{8}\right)=\frac{7}{8}A$

$\frac{7}{8}A-\left(\frac{7}{8}A\times\frac{1}{4}\right)=63{,}000$

A＝96,000

3 (B)。 (1)企業創業期間之廣告支出，應認列當期費用。a.有誤。
(2)研究階段之支出均應於發生時認列為費用。b.正確。
(3)企業自行建立客戶名單資料庫之支出，應認列當期費用。c.有誤。

P.157 **4 (C)**。 (1)在建立技術可行性前所發生之成本列為「費用」，一旦達到技術可行性後的支出，則應資本化，認列為「無形資產」。
(2)本題應認列研究發展費用＝90,000＋40,000＋20,000＝150,000

5 (A)。 當專利權受侵害而提起訴訟時，不論勝訴或敗訴，訴訟費用應作為當期費用。
X4年底該專利權之帳面金額＝$160{,}000-160{,}000\times\frac{4}{8}=80{,}000$

6 (D)。 (1)2011～2014年專利權攤銷＝$160{,}000\times\frac{3}{8}=60{,}000$。

(2)該專利權2014年1月1日帳面價值＝160,000－60,000＝100,000。
(3)2014年1月1日發現該專利權因新技術的產生，其經濟效益僅剩4年，屬於估計變動，應採推延調整法，不作更正分錄，將剩餘應提之攤銷額以剩餘經濟效益由未來各期分攤。

(4)2014～2016年專利權攤銷＝$100{,}000\times\frac{2}{4}=50{,}000$。

(5)2016年1月1日應列計損失＝100,000－50,000＝50,000。

7 (C)。企業內部產生之無形資產，如專利權應按取得成本入帳，並以法定年限或經濟年限兩者較短者提列攤銷。故選項(C)有誤。

8 (A)。電腦軟體：向外購買者資本化並分年攤銷。自行製造者，在建立技術可行性前所發生之成本列為「研究發展費用」，建立技術可行性至完成產品母版時所發生之支出列為「無形資產」，母版完成時至對外銷售前所發生之成本列「存貨」。年春公司應列入存貨金額＝160,000＋110,000＝270,000

58 **9 (B)**。商譽：企業未來預期利潤超過正常利潤部分的價值。凡無法歸屬於有形資產及可個別辨認無形資產的獲利能力，都稱為商譽。商譽不具可辨認性，但仍歸類為無形資產。

10 (C)。200,000＋500,000＝700,000。

11 (D)。依照財務會計準則公報25號公報「企業合併購買法的會計處理」規定，收購公司收購成本大於所取得可辨認淨資產的公平價值時，該超額部分應認列為商譽。

12 (C)。本題公司原始認列其自行向外購買之研究活動可能認列無形資產。

13 (D)。財務會計準則第37號公報所稱的無形資產，必須具有「個別可辨認性」，不包含商譽。

59 **14 (A)**。(A)(B)企業內部自行發展之商譽不得入帳，僅向外購買之商譽可以入帳。
(C)我國財務會計準則規定，商譽不得攤銷，但每年須作減損測試。
(D)企業清算解散時，商譽不可個別出售。

15 (B)。(A)若無形資產之耐用年限不確定時，期末不得攤銷，但得進行資產減損測試。(C)政府免費授與企業之無形資產，按公允價值入帳。(D)資產交換所取得之無形資產，視是否具商業實質，按公允價值或帳面價值入帳。

16 (A)。專利權、特許權、版權均屬於無形資產，選項(A)為廣告費。

17 (A)。(1)商標權若是自行設計而取得，其可資本化成本僅為「商標登記之支出」。
(2)至於其設計成本，屬於商標權取得前的支出，在發生皆列為費用，不作商標權成本。

18 (B)。(1)專利權應按取得成本入帳，如自行發展應以申請及登記費用入帳，並以法定年限或經濟年限兩者較短者提列攤銷。
(2)本題專利權成本＝250,000。
(3)X5年度專利權的攤銷金額＝250,000÷5＝50,000。

19 (C)。將無形資產成本轉為費用之過程稱為攤銷。

P.160 **20 (B)**。因專利權受侵害所發生之訴訟支出，無論勝訴或敗訴，均不得資本化。若敗訴，除認列為費用外，並將專利權自資產負債表中刪除。

21 (B)。我國SFAS＃37號公報規定，所有研究階段之支出均應作為當期費用，不得資本化。是選項(B)有誤。

22 (B)。30,000,000－（50,000,000＋10,000,000）×40%＝6,000,000。

23 (B)。應在發生時當作費用，除非有契約規定可以歸墊。

24 (D)。特許權如果是有償的，且需要預付或約定在以後某個時日支付，則應當在取得之日按取得的買價或現金等價加上與取得有關的一切支出作為特許權的實際取得成本入帳，將該項特許權確認為一項無形資產，並在合同期間內以直線法攤銷。

特許權每年攤銷金額＝200,000÷10＝20,000

每年所認列與該項特許權有關之費用＝20,000＋10,000＝30,000

25 (A)。商標權自行設計者不列入資產，委由他人設計者列入資產。將以極小成本無限展期的商標權，毋須攤銷。

26 (D)。(D)專利權的攤銷年限，應選擇經濟年限與法定年限較短之年限攤銷。

P.161 **27 (D)**。本題應以可公平衡量的價值入帳，是以股票的市價入帳。

入帳成本＝500×70＝35,000。

28 (C)。電腦軟體自行製造者，在建立技術可行性前所發生之成本列為「研究發展費用」，建立技術可行性至完成產品母版時所發生之支出列為「無形資產」，母版完成時至對外銷售前所發生之成本列「存貨」。

29 (A)。因專利權受侵害所發生之訴訟支出，無論勝訴或敗訴，均不得資本化。若敗訴，除認列為費用外，並將專利權自資產負債表中除列。是108年底專利權的帳面價值＝60,000÷10×7＝42,000。

30 (B)。(1)企業購買顧客名單的成本，如果金額重大，應列為無形資產，在預期受益期間內攤銷。

(2)丙公司X2年對該組客戶名單應提列的攤銷費用＝$180,000\times\frac{10}{18}=100,000$

31 (D)。特許權或執照之年限可能為確定期限、不確定期限或永久存續。年限有限之特許權（或執照）成本應於特許權年限內攤銷為營業費用。若其年限為不確定或永續年限者，則不須攤銷。

P.162 **32 (D)**。（15,000÷10%）－100,000＝50,000。

Unit 09／負債

小試身手

主題1 負債之意義及內容

163
1 (D)。流動負債係指企業因營業而發生之債務，預期將於企業之正常營業週期中清償者，主要為交易目的而發生者，需於報導期間結束日後12個月內清償之負債。

2 (C)。(A)將於一年內到期之長期負債，需轉列為流動負債。
(B)「應付現金股利」列為公司的流動負債。
(D)公司的「銀行透支」與「銀行存款」分屬二個不同銀行時，二帳戶不可以互相抵銷後列帳。

主題2 流動負債

68
1 (D)。長期負債一年內到期部分應轉列為流動負債。

2 (D)。負債準備指符合下列條件的或有事項，必須估計入帳：
(1)過去事項的結果使企業負有現時義務。
(2)企業很有可能要流出含有經濟利益的資源以履行該義務。
(3)該義務的金額能可靠估計。
本題應認列負債準備＝1,500,000。

3 (C)。本題保固負債準備＝$1,500,000×2%＋$1,500,000×4%－$20,000
＝$70,000。

4 (B)。負債準備指符合下列條件的或有事項，必須估計入帳：
(1)過去事項的結果使企業負有現時義務。
(2)企業很有可能要流出含有經濟利益的資源以履行該義務。
(3)該義務的金額能可靠估計。
故負債準備的特徵為不確定時點或金額之負債。

主題3 長期負債

P.171 **1 (B)**。

公司債發行價格	市場利率及票面利率的關係	發行價格及債券面額的關係
平價發行	市場利率＝票面利率	發行價格＝債券面額
折價發行	市場利率>票面利率	發行價格<債券面額
溢價發行	市場利率<票面利率	發行價格>債券面額

2 (B)。 104,212×6%＝6,253

P.172 **3 (C)**。 出售當日應作分錄如下：

現金　101,250
　應付公司債　100,000
　應付利息　1,250

100,000×5%×3/12 ＝1,250

4 (C)。 公司債折價發行，則隨著時間經過公司債之攤銷後成本將會逐漸增加。

5 (D)。 1,000,000×0.98－（1,500＋8,500）＝970,000。

主題4 其他負債

P.172 **(A)**。 80,888－（5,000,000×12%×1/12）＝30,888。

主題5 應付員工休假給付

P.173 **X1/12/31**

薪資費用　250,000
　應付員工休假給付　250,000

X2年實際支付時

薪資費用　35,000
應付員工休假給付　250,000
　銀行存款　285,000

試題演練

.173

1 (C)。產品售後服務保固屬於負債準備，因過去事項負有現時義務且很有可能要留出經濟利益的資源以履行該義務且金額能可靠衡量，應認列為負債。故答案為(C)。

.174

2 (D)。(A)應付公司債折價應列為應付公司債的減項。
(B)公司債的發行成本應作為應付公司發行所得價款之減少。
(C)企業支付現金股利給股東是屬於企業盈餘之分派，會造成保留盈餘減少，因此，應付現金股利在財務報表中應在負債項下表達。故答案為(D)。

3 (B)。$8{,}000\times 12\%\times\frac{4}{12}=320$

4 (C)。長期負債一年內到期部分應轉列為流動負債。

5 (C)。X7年銷貨的售後服務支出＝（1,200,000×4%）－20,000＝28,000
X8年實際售後服務支出金額＝80,000＋28,000＝108,000

6 (A)。公司債溢折價的攤銷：

	攤銷方法	直線法		利息法	
		溢價	折價	溢價	折價
特性	各期攤提數	相等	相等	遞增	遞增
	各期利息費用	相等	相等	遞減	遞增
	各期實利率	遞增	遞減	相等	相等
	各期帳面價值	等額遞減	等額遞增	逐期加速遞減	逐期加速遞增

7 (A)。企業因過去事件所產生之現時義務，當該義務很有可能使企業為了履行義務而造成具有經濟效益之資源流出，且與義務相關之金額能可靠估計時，應予以認列。本題乙公司之法律顧問判斷應有70%之敗訴可能性，且賠償金額應為$400,000，故應認列$400,000負債準備。

75

8 (C)。2014年底估計產品保固之負債準備餘額
＝3,000,000×1%－20,000＝10,000。選項(C)有誤。

9 (B)。X1年底發行分錄如下：

現金	103,000	
公司債發行成本	2,000	
應付公司債		105,000

上述分錄會使甲公司X1年底負債增加103,000。

10 (A)。本題票面利率5%＞市場利率5.468%→折價發行，故第一年應攤銷的溢價金額$0。

11 (D)。100年12月31日攤銷分錄如下：

利息費用	5,177	
應付公司債溢價	823	
應付利息		6,000

$103,546 \times 10\% \times \frac{6}{12} = 5,177$

101年6月30日攤銷分錄如下：

利息費用	5,136	
應付公司債溢價	864	
應負利息		6,000

$(103,546 - 823) \times 10\% \times \frac{6}{12} = 5,136$

故答案為(D)。

P.176 **12 (A)**。該公司債帳面價值＝1,060,000－（60,000÷6×4）＝1,020,000

清償利得＝1,020,000－1,000,000＝20,000

13 (D)。流動負債係指企業因營業而發生之債務，預期將於企業之正常營業週期中清償者，主要為交易目的而發生者，需於報導期間結束日後12個月內清償之負債。

14 (C)。(A)(B)「應付現金股利」列為公司的流動負債。

(C)不附息票據不代表無需支付利息，已隱含了利息在內。

(D)為符合充分揭露原則，或有損失，若很有可能發生，且金額可合理估計，應估計其金額並予以入帳，若其不太可能發生，即使金額可合理估計，也不入帳，但可附註揭露。

15 (B)。25,000÷50×60%×30＝9,000

16 (C)。(A)基於成本原則，資產的公允價值高於帳面價值，不可估計利益。
(B)或有利得不可估計入帳。
(D)訴訟可能敗訴，但損失金額無法合理估計，是無法估計入帳。

P.177
17 (C)。(1)負債準備指符合下列條件的或有事項，必須估計入帳：
A.過去事項的結果使企業負有現時義務。B.企業很有可能要流出含有經濟利益的資源以履行該義務。C.該義務的金額能可靠估計。
(2)故本題於X1年不入帳，亦不揭露認列賠償收入，於X2年認列賠償收入$8,000,000，答案為(C)。

18 (C)。

公司債發行價格	市場利率及票面利率的關係	發行價格及債券面額的關係
平價發行	市場利率＝票面利率	發行價格＝債券面額
折價發行	市場利率＞票面利率	發行價格＜債券面額
溢價發行	市場利率＜票面利率	發行價格＞債券面額

本題發行市場利率>公司債的票面利率→屬折價發行。

19 (D)。本題為折價發行，98年12月31日付息分錄如下：

利息費用	96,528	
應付公司債折價		16,528
現金		80,000

981,812－965,284＝16,528

20 (A)。應付公司債溢價帳戶在資產負債表上應列於長期負債的加項。

21 (A)。所謂溢價發行係指應付公司債之票面利率高於發行日市場利率。

P.178
22 (C)。X8/4/1該應付票現值＝650,000（1＋4%）＝625,000
X8/12/31該應付票帳面值＝625,000＋625,000×4%×$\frac{9}{12}$＝643,750

23 (B)。應以現值作為入帳基礎。

24 (B)。票面利率＞市場（有效）利率→溢價發行。

25 (C)。50×500－10,000＝15,000

26 (C)。我國負債準備應以最允當金額認列。故本題雲端公司應以可能性最大金額$7,000,000認列負債準備。

27 (D)。應收票據貼現是「或有負債」。

P.179 **28 (A)**。決定發行公司每期支付的現金利息金額之利率是票面利率。

29 (D)。(A)(B)「估計服務保證負債準備」科目，非屬於費用、權益科目，而是屬於負債。(C)銷貨發生時，應貸記此科目；實際發生售後服務費用時，應借記此科目。

30 (B)。本題為溢價發行
總利息費用＝總固定付息金額－溢價總額＝
（500,000×6%×5）－〔500,000×（1.0433－1）〕＝128,350。

31 (B)。票面利率＝80,000÷1,000,000＝8%
總溢價金額＝16,792＋17,800＋18,868＝53,460
該公司債發行金額＝1,000,000＋53,460＝1,053,460
市場利率＝63,208÷1,053,460＝6%。

32 (B)。96年年底應作分錄如下：

利息費用	150,000	
公司債溢價	100,000	
現金		250,000
應付分期還本公司債	1,000,000	
現金		1,000,000

5,000,000×5%＝250,000
$(5,300,000-5,000,000)\times\frac{5}{15}=100,000$。

P.180 **33 (A)**。國際會計準則第37號「負債準備、或有負債及或有資產」之規定，負債準備指符合下列條件的或有事項，必須估計入帳：
(1)過去事項的結果使企業負有現時義務。
(2)企業很有可能要流出含有經濟利益的資源以履行該義務。
(3)該義務的金額能可靠估計。

34 (B)。(B)發行公司債於物價下跌時期，有利投資，對債權人較有利。

35 (D)。（2,000,000×0.861667）＋（2,000,000×2%×6/12×9.222185）＝1,907,778。

36 (D)。或有損失很有可能發生且金額可以合理估計者，其損失應估計入帳，在估計損失金額時如具有上下限，應取最允當的金額，如無法選定，則宜取下限金額予以認列並揭露尚有額外損失發生之可能性。或有利益很有可能發生僅附註揭露其性質及金額或金額之上下限。是本題甲公司可在財務報表中揭露；乙公司需入帳，記$ 5,000,000 或有訴訟損失。

181 **37 (C)**。X1年12月31日財務報表中該銀行借款應表達長期負債金額＝

$$\frac{\$19,702}{(1+5\%)}+\frac{\$19,702}{(1+5\%)^2}=\$36,633$$

38 (C)。104,212×6%＝6,253

39 (A)。購入時分錄：

不動產、廠房及設備－機器	$85,734	
應付票據折價	$14,266	
應付票據		$100,000

X2年底分錄：

利息費用	6,859	
應付票據折價		6,859

$85,734×8%＝6,859

40 (C)。該專利權侵權糾紛，台風公司很有可能面臨敗訴，是台風公司在96年底對此一專利權侵權訴訟案件應認列應付訴訟賠償負債。

41 (B)。本題應付帳款、銀行透支，二項屬流動負債。

82 **42 (C)**。採直線法攤銷公司債折價，債券利息費用各期均相等。

43 (C)。年底資產負債表上估計服務保證負債＝（3,000×2%×500）－12,500＝17,500。

44 (B)。依IFRS規定，或有負債為不可認列或有負債指因下列二者之一而未認列為負債者：(1)屬潛在義務，企業是否有會導致須流出經濟資源的現時義務尚待證實。(2)或屬於現時義務，但未符合IAS37所規定的認定標準（因其並非很有可能會流出含有經濟利益的資源以履行該義務，或該義務的金額無法可靠地估計）。

45 (D)。25,000÷50×60%×200＝60,000。

46 (B)。本題在X1年12月31日資產負債表上，該借款剩100,000－（26,380－100,000×10%）＝83,620，其中X2年12月31日屬須於資產負債表日後十二個月內清償者，應列為流動負債，故X1年12月31日資產負債表流動負債＝26,380－83,620×10%＝18,018，長期負債＝83,620－18,018＝65,602。

83 **47 (B)**。或有負債發生之可能性相當大，且金額可合理估計時，企業應或有負債發生之可能性相當大，且金額可合理估計時，企業應依估計金額予以入帳。

48 (D)。公司債溢價攤銷在借方，是本題為溢價發行。
該公司債之售價＝200,000＋（1,250×5×2）＝212,500。

49 (A)。（30×20%×600）＋（30×10%×2,200）－8,500＝1,700。

50 (D)。有效利率＝$\frac{10,000}{90,000}$＝11.11%

Notes

Unit 10／公司的基本認識

小試身手

主題1 公司的意義與特性

84 **(B)**。 公司係以營利為目的，依公司法組織、登記、設立之社團法人。分為無限公司、有限公司、兩合公司及股份有限公司。

主題2 權益的內容

85 **(A)**。 資本公積包括：股票發行溢價、庫藏股交易利益、他人的贈與……等等。

主題3 股本種類及股票發行

88 **(C)**。 20,000×10＝200,000

主題4 保留盈餘及股利發放

91 **1 (D)**。X1年底每股帳面價值＝$\frac{2,000,000+500,000+300,000+400,000}{200,000}$＝16

2 (C)。 (1)特別股股利＝10,000×\$10×10%＝\$10,000。
(2)期末保留盈餘＝期初保留盈餘＋本期淨利－發放股利＝
\$340,000＋\$250,000－\$10,000＝\$580,000。

主題5 庫藏股票之會計處理

92 **(C)**。 公司以高於原先買回之價格出售庫藏股，會使股東權益的資本公積增加，使資產負債表中的權益增加。

主題6 簡單每股盈餘及本益比

93 **1 (B)**。 本益比＝普通股每股市價／每股盈餘。

2 (C)。 每股盈餘=N（本期稅後淨利－特別股股利）／普通股流通在外加權平均股數。

試題演練

P.193 **1 (C)**。普通股股數＝（20,000＋20,000×10%＋6,000）×2＝56,000，故答案為(C)。

2 (B)。普通股流通在外加權平均股數＝（20,000＋20,000×10%＋6,000×6/12）×2＝50,000
每股盈餘＝$30,800÷50,000＝$0.616。
故答案為(B)。

P.194 **3 (D)**。10,000×50＝500,000

4 (B)。每股帳面價值＝$\frac{(100,000+350,000)}{100,000 \div 10}$＝45

5 (C)。（400,000＋100,000×9/12）×2－購入庫藏股股數×3/12＝800,000
購入庫藏股股數＝600,000（股）

6 (D)。普通股股利率＝$211,200/（$10×30,000）＝0.704
特別股股利＝$10×20,000×8%＋$10×20,000×0.704＝$156,800
當年度分配的現金股利總金額＝$211,200＋$156,800＝$368,000

7 (A)。普通股每股帳面價值＝$\frac{\text{股東權益總額}-\text{特別股權益}}{\text{普通股流通在外股數}}$

8 (B)。分割後普通股股本仍為10,000，股本溢價仍為15,000，保留盈餘仍為20,000。

9 (C)。X1年度之期末未分配盈餘＝（100,000）＋1,000,000×（1－20%）－（1,000,000×0.8－100,000）×10%－150,000＝480,000。

P.195 **10 (B)**。計算每股盈餘時，本期淨利應減除本期已發放之股利，選項(B)有誤。

11 (C)。當宣告與發放股利日不同時，宣告現金股利會減少保留盈餘，但發放時則無影響。選項(C)有誤。

12 (B)。公司的資本來自非政府的無償贈與，應列收入歸屬於保留盈餘。

13 (C)。(1)股東權益變化的科目內容有：股本、資本公積、保留盈餘、權益調整項目以及庫藏股交易。組成股本的會計科目有：普通股、待分配股票股利、特別股等。
(2)在編製財務報表時，「已認購普通股股本」科目屬於權益。

14 (C)。(1)現金增資、(3)發放股票股利、(5)買回庫藏股三項交易會影響權益總額。

96 **15 (D)**。(1)普通股每股盈餘＝(本期淨利－特別股股利)／普通股流通在外加權平均股數
(2)本題普通股流通在外加權平均股數
$=10,000+2,400\times\frac{10}{12}-1,200\times\frac{3}{12}=11,700$
(3)普通股每股盈餘
＝（本期淨利－特別股股利）／普通股流通在外加權平均股數
$=\frac{23,400}{11,700}=2$

16 (B)

17 (A)。公司宣告發放現金股利時分錄如下：
保留盈餘　　　　　xxx（股東權益減少）
　　應付現金股利　　　　xxx（負債增加）

18 (C)。股票分割對公司的資本結構不會產生任何影響，一般只會使發行在外的股票總數增加，資產負債表中股東權益各帳戶（股本、資本公積、保留盈餘）的餘額都不影響。選項(C)有誤。

19 (A)。特別股積欠股利＝$100\times1000\times10\%=10,000$
2012年綜合股利率＝$\frac{(85,000-10,000)}{150,000+100,000}=30\%$
2012年特別股股東總共可分得現金股利＝積欠股利＋當年股利
$=10,000+100,000\times30\%=40,000$

20 (C)。股票股利比率5%，表示將應分配給股東之股利轉增資，按持股比例，發放原有流通在外股數5%新股給股東，因此造成流通在外股數增加5%，但股東權益總金額不變，故答案為(C)。

21 (D)。股票股利的影響如下：

項目	股票股利的影響
股票面額	不變
流通在外股數	增加
保留盈餘	減少
投入資本	增加
股東權益總額	不變
各股東持股比例	不變
股票市價	降低

P.197 **22 (A)**。102年庫藏股票交易相關分錄如下：

1月20日

庫藏股票	420.000	
現金		420.000

2月25日

現金	300,000	
庫藏股票		210.000
資本公積－庫藏股票交易		90.000

3月12日

普通股股本	100,000	
資本公積－普股發行價	30,000	
資本公積－藏股票交易	10,000	
庫藏股票		140,000

經過上述分錄後，102年底大安公司股東權益內容如下：

普通股股本每股面值$10，發行並流通在外500,000股	$4,900.000
資本公積－普通股溢價	1,470,000
資本公積－庫藏股票交易	80,000
保留盈餘	2,000.000
小計	8.450.000
減：庫藏股票	(70,000)
股東權益總額	$8,380,000

23 (B)。$\frac{97,200}{(4.000\times50+100.000\times10)}=8.1\%>7\%$

是特別股只能參加至7%

是本題特別股股東可獲配股利＝4,000×50×7%＝14,000

24 (D)。累積特別股積欠之特別股股利不需入帳，只需附註説明，答案為(D)。

P.198 **25 (A)**。加權平均流通在外股數＝$40,000+6,000\times\frac{9}{12}-10,000\times\frac{3}{12}=42,000$

甲公司100年度之每股盈餘＝$\frac{(150,000-24,000)}{42,000}=3$

26 (A)。$1,000,000+1,000,000\div10\times1=1,100,000$

27 (C)。(1)資產重估增值之增加數應認列為「重估價盈餘」，應列於其他綜合損益之下，不會影響資本公積的增減。

(2)接受政府捐贈土地，應認列為收入，不會影響資本公積的增減。

(3)接受股東贈與公司股票，為借記：庫藏股票；貸記：資本公積－受贈，會使資本公積增加。

(4)根據IAS#8規定，會計原則變動累積影響數應列為「前期損益調整」。

28 (C)。僅選項(C)為保留盈餘表的組合項目之一。

29 (C)。設第三次發行股份每股發行價格為X

150,000×（12−10）−100,000×（10−9）+（X−10）×100,000=500,000 X=13

30 (C)。每股盈餘$=\dfrac{-100,000-50,000\times10\times10\%}{100,000}=-1.5$

31 (D)。出售庫藏股時分錄：

現金	2,500,000	
庫藏股		2,000,000
資本公積－庫藏股交易		500,000

甲公司資本公積餘額=1,500,000+1,000,000+500,000=3,000,000

99 **32 (B)**

33 (B)。(1)股東權益變化的科目內容有：股本、資本公積、保留盈餘、權益調整項目，以及庫藏股交易。組成股本的會計科目有：普通股、增資準備、待分配股票股利、債券換股權利正數、特別股等。

(2)財務報表不報導公司本身發行之普通股的清算價值。

34 (D)。宣告並發放普通股現金股利，只會造成股東股益減少，但對流通在外股數不生影響，故不影響企業的每股盈餘。

35 (C)。10,000+30,000+60,000−1,000=99,000

36 (C)。企業宣告並發放普通股股票股利，不影響股東權益總額，但因為流通外股數增加，故普通股每股帳面價值會減少。

37 (D)。加權流通在外股數$=(120000+60000\times\dfrac{9}{12})\times1.3-54,000\times\dfrac{1}{12}=210,000$

每股盈餘$=\dfrac{420,000}{210,000}=2$

99年底本益比$=\dfrac{11}{2}=5.50$

38 (B)。丁丁公司於X1年發行公司債，會使負債增加。庫藏股交易為股東權益的減項，從事庫藏股交易會使股東權益減少→此項交易的淨效果為負債增加及股東權益減少。

P.200 **39 (A)**

40 (C)。5月25日（宣告日）應作分錄如下：
保留盈餘　　　xxx
　應付現金股利　　xxx
7月10日（發放日）應作分錄如下：
應付現金股利　　xxx
　現金　　　　　　xxx

41 (A)。(1)庫藏股票為公司與股東間之交易，對於公司之損益不會產生影響。選項(A)正確。(2)庫藏股票無分配股利及剩餘財產權。選項(B)有誤。(3)庫藏股票交易，若再出售之價格低於原購入之成本，其差額應借記保留盈餘。選項(C)有誤。(4)期末的庫藏股票，應作為股東權益的減項。選項(D)有誤。

42 (B)。公司因解散而清算時，特別股股東必須待債權人受清償後才可受清償，因此(B)敘述錯誤。

43 (B)。股票發行，若股東或他人繳入公司資本會超過法定資本，超過的部份，稱為資本公積。

44 (A)。本題丙公司加權平均流通在外股數

$$=200{,}000\times\frac{3}{12}+180.000\times\frac{1}{12}+160.000\times\frac{3}{12}$$

$$+180{,}000\times\frac{4}{12}+195{,}000\times\frac{1}{12}=181{,}250\text{（股）}$$

P.201 **45 (A)**。現金股利自宣告日（通過日）起成為公司的負債。

46 (D)。特別股股利＝100,000×4%×4＝16,000
普通股股利＝50,000－16,000＝34,000

47 (D)。公司宣告股票股利時，會作以下分錄：
保留盈餘
　應付股票股利
此分錄只是將保留盈餘移至應付股票股利，應付股票股利為股東權益減項，因此整體股東權益不變，資產、負債也都不變。

48 (B)。　　　特別股股利　　普通股股利

基本	240,000	80,000
參加	190,000	20,000
	420,000	100,000

剩餘股利分配率＝$\frac{(530,000\times240,000-80,000)}{(3,000,000+1,000,000)}$＝5.25%＞（10%－8%）

49 (D)

50 (A)。永大公司6月25日應作下列分錄：

保留盈餘	1,500,000	
應付股票股利		1,500,000

500,000×30%×10＝1,500,000

51 (D)。公司帳上的「償債基金準備」屬於股東權益。

52 (D)。每股股票之帳面價值＝$\frac{(5,000\times10,000+40,000)}{5,000}$＝20

202 **53** (C)。關於認購普通股的認列，應將認購部分全數列為「已認普通股股本」。

54 (A)。特別股應得股利＝\$100×10,000×3%×3＝\$90,000。
X3年特別股可得股利＝\$70,000。
X3年普通股可得股利＝\$70,000－\$70,000＝\$0。

55 (D)。本題註銷分錄如下：

普通股股本	3,000	
資本公債－普通股發行溢價	12,000	
保留盈餘	6,000	
庫藏股票		21,000

56 (C)。保留盈餘視其用途是否有限制，已指撥保留盈餘不影響股東權益總額。

57 (A)。(1)庫藏股：公司買回庫藏股時，相當於買回價值之公司股本暫時退還給股東。庫藏股為股東權益的減項。
(2)資本公積包括：股票發行溢價（包含普通股發行溢價）、庫藏股出售溢價、股票收回註銷利益、捐贈資本等。
(3)綜上，庫藏股不屬於資本公積。

Unit 11 全真模擬考

第一回

閱讀下文，回答第1～2題

P.203

1 (C)。該交換不具商業實質，將新資產視為舊資產帳面價值的延續，不認列交換損益，處理原則如下：
(1)新資產成本＝舊資產帳面價值－收現數＋付現數
(2)處分損益＝0
是本題新資產成本＝1,000,000＋100,000＝1,100,000。

2 (B)。該交換具商業實質，將新舊資產交換視為一種買賣來處理，處理原則如下：
(1)換入（新）資產成本＝新資產公平市價
(2)換出（舊）資產→視為出售，認列處分損益。
處分損益＝舊資產公平市價－舊資產帳面價值
是本題交換資產的損益＝1,000,000－500,000＝500,000（損失）。

3 (A)。借貸法則可以下列內容表示之：

借方	貸方
資產增加	資產減少
負債減少	負債增加
權益減少	權益增加
費用增加	費用減少
收入減少	收益增加

4 (B)。本題在記實轉虛下分錄如下：
預付保險費 xxx
　　現金 xxx
本題在記虛轉實下分錄如下：
保險費 xxx
　　現金 xxx
是本題無論採那一種記帳方式，貸方分錄必為現金。

5 (A)。5,000＋6,000＋1,800＝12,800

6 (C)。50,400＋500－1,500＝49,400

7 (B)。該筆進貨為目的地交貨，買方於年底尚未收到，是無需作分錄。

204 **8 (D)**。500×1,000×0.99＝495,000

9 (D)。20,000＋8,000＋6,000＋13,000＋16,000＝63,000（流入）。

10 (C)。當不動產、廠房及設備發生大修時，若此支出金額重大且能延長資產的耐用年限時，應將其借記：累計折舊，貸記：現金。

11 (B)。500,000－400,000×40%＋1,000,000×40%＝740,000

12 (A)。(1)資產負債表係表達公司從企業成立至報表日所累積的資產、負債及股東權益。現金流量表係以現金的流入與流出，來說明一個公司在特定的期間內，有關營業、投資、籌資的活動。綜合損益表係表達企業在會計期間內的獲利能力及經營成果。試算表係彙列分類帳的各帳戶之總額或餘額之試算性質的表。

(2)綜上，小新欲得知不同公司特定期間的經營成果以為投資決策的判斷，綜合損益表最能提供其直接資訊。

13 (A)。（120,000－6,000）×1%＝1,140，1,140－300＝840

14 (D)。到期值＝12,000＋（12,000×10%×$\frac{3}{12}$）＝12,300

貼現息＝12,300×12%×$\frac{1}{12}$＝123

則仙山公司可得多少現金＝12,300－123＝12,177

05 **15 (C)**。設第三次發行股份每股發行價格為X

150,000×（12－10）－100,000×（10－9）＋（X－10）×100,000＝500,000，X＝13。

16 (B)。因專利權受侵害所發生之訴訟費用，無論勝訴或敗訴，均不得資本化。專利權攤銷金額：48,000÷6年＝8,000/年

X1年12月31日專利權帳上餘額：

（48,000－8,000）＝40,000

40,000＋15,000＝55,000

17 (B)。期末存貨少計，會造成銷貨成本高估，進而使本期淨利低估。

18 (C)。50×500－10,000＝15,000

19 (A)。此交易成本作為當期費用，甲公司X1年本期淨利之差異數＝1,003,000－1,000,000－1,000＝2,000。此交易成本作為成本，甲公司X1年本期淨利之差異數＝1,003,000－（1,000,000＋1,000）＝2,000。該兩項不同選擇下，甲公司X1年本期淨利之差異數為0。

20 (A)。試算表平衡只能確定所有交易的借貸均相等，但不能證明帳務處理完全正確。

P.206 **21 (B)**。債券投資的目的係依合約約定，定期收取固定的現金流量，以回收投資的本金與利息宜按攤銷後成本衡量。

22 (A)。銷貨毛利率＝$\frac{25\%}{1+25\%}$＝20%

估計期末存貨＝200,000＋2,000,000－2,500,000×（1－20%）＝200,000

23 (D)。持股比率＝3,000÷10,000＝30%

台北公司長期股權投資的期末餘額＝

（40×3,000）－（2×3,000）＋（100,000×30%）＝144,000。

24 (C)。〔210,000÷（1＋5%）〕－100,000＝100,000。

25 (B)。減少零用金時，應做以下分錄：

	借	貸
銀行存款（現金）	xxx	
零用金		xxx

是選項(B)正確。

第二回

P.207 **1 (B)**。應計基礎（權責基礎）為一般公認會計原則。

2 (A)。營業週期是指由現金、購貨、賒銷迄收款之循環，至於選項(B)為會計循環。

3 (B)。調整分錄不單是為了調整錯誤，例如折舊。

4 (A)。現金保管人員以外之人須定期編製銀行往來調節表。

5 (B)。

	成本	零售價
期初存貨	1,000	600
本期進貨	2,000	3,000
可銷進成本	3,000	3,600

成本率＝3,000÷3,600＝83.33%

淨加價	200
淨減價	(200)
減：銷貨	(3,000)
期末存貨零售價	600

期末存貨成本＝600×83.33%＝500。

6 (B)。本期成本率＝2,000÷3,000＝66.67%
107年度期末存貨成本＝600×66.67%＝400
107年度銷貨成本＝1,000＋2,000－400＝2,600。

.208

7 (C)。（5,400,000×5%）＋530,000＝800,000

8 (D)。(1)營業活動之現金流量：營業活動是指所有與創造本業營業收入有關的交易活動及其他不屬於投資或籌資活動之收入，如進貨、銷貨等。投資活動的現金流量：投資活動是指為創造營收所進行之各項資產投入活動。籌資活動之現金流量：指為了支應營業活動與投資活動所需資金而向外籌措（償還）的各種籌資性活動。
(2)根據國際財務報導準則（IFRS）之規定，企業支付現金股利，可表達於營業活動或籌資活動。

9 (D)。(1)本題含稅銷售額為$162,750，未稅銷售額為
$162,750÷（1＋5%）＝$155,000。
(2)本題銷項稅額＝$162,750－$155,000＝$7,750。
(3)本題出售商品分錄如下：
應收帳款$162,750
　　銷貨收入　　　$155,000
　　銷項稅額　　　$7,750

10 (C)。本題為記實轉虛。
百盛公司4月底的調整分錄如下：
辦公用品費用　1,400
　　辦公用品　　1,400
600＋1,800－1,000＝1,400。

11 (B)。300,000＋（300,000×$\frac{0.5}{10}$）＝315,000（股）

12 (D)。80,000＋（7,000－700）＋20,000＝106,300

13 (C)。97,000＋〔（100,000－97,000）÷5〕＝97,600。

209

14 (D)

15 (B)。120,000－116,000＝4,000（處分金融資產損失）

16 (C)。該建築物對甲公司X1年本期淨利之影響
＝（180,000－100,000）＋60,000＝140,000（增加）。

17 (A)。至X2年初累計折舊＝1,200,000÷6＝200,000
X2年折舊費用＝（1,200,000－200,000）÷4＝250,000

18 (B)。負債準備指符合下列條件的或有事項，必須估計入帳：(1)過去事項的結果使企業負有現時義務。(2)企業很有可能要流出含有經濟利益的資源以履行該義務。(3)該義務的金額能可靠估計。故負債準備的特徵為不確定時點或金額之負債。

19 (A)。到期值＝$\left(1{,}000{,}000\times 7\%\times\frac{6}{12}\right)+1{,}000{,}000=1{,}035{,}000$

貼現息＝$1{,}035{,}000\times 9\%\times\frac{4}{12}=31{,}050$

貼現可得＝1,035,000－31,050＝1,003,950

應認列＝$1{,}000{,}000+\left(1{,}000{,}000\times 7\%\times\frac{2}{12}\right)-1{,}003{,}950=7{,}717$

20 (C)。公司債買回之損失＝買回價格－該公司債之帳面金額
＝（$100,000×1.03）－$93,500＝$9,500。

21 (D)。原則上：有減損跡象，才須估計可回收金額。
例外：下列資產除外，無論是否有減損跡，減象企業仍應進行減損測試；
(1)非確定耐用年限之無形資產。
(2)尚未可供使用之無形資產。
(3)企業合併所取得之商譽。

P.210 **22 (C)**

23 (A)。甲公司X1年底應做之會計分錄如下：

金融資產－按公允價值衡量	5,500	
其他綜合損益－金融資產公允價值變動		5,500

24 (C)。(1)流動資產是指預計在一個正常營業週期內或一個會計年度內變現、出售或耗用的資產和現金及現金等價物。
(2)故將於報導期間後逾十二個月用以清償負債之現金或約當現金不屬於流動資產。

25 (D)。設乙公司對甲公司的持股比例為X
25×2,000＋（15,000－10,000）×X＝54,000
X＝80 %。

第三回

P.211

1 (D)。實帳戶科目屬資產負債表的內容。{資產－(1)應收票據、(2)辦公設備；負債－(6)預收收入；權益－(3)股東投資}

2 (D)。該承租機器設備，米奇公司得於租賃期限屆滿時，以優惠價格買下，是該筆應為資本租賃，米奇公司卻以營業租賃方式認列，違反忠實表達。

3 (A)。應計項目可作轉回分錄，預計項目僅採「記虛轉實」者方可轉回分錄。選項(A)為「記實轉虛」不可作期初轉回分錄。

4 (C)。期末剩餘尚未出售的庫藏股票，應作為股東權益的減項，同時並限制保留盈餘的分派。
本題出售庫藏股票張數＝$48,000/（$20－$16）＝ 12,000（張）。
剩下庫藏股票張數＝35,000－12,000＝23,000（張）。
剩下庫藏股票金額＝23,000×$16＝$368,000。

5 (B)。現金及其帳務處理交由特定一個專人負責，容易產生舞弊，是現金及其帳務應由不同的人處理才對。

6 (D)。（2,000×100×6%×3）＋（10,000×3）＝66,000

7 (B)。本益比＝普通股每股市價÷每股盈餘，故答案為(B)。

P.212

8 (B)。48,000＋31,500＋1,000－80,000＝500（貸記現金缺溢）。

9 (C)。到期值＝200,000＋200,000×0.5%×3＝203,000
貼現可得現金＝$203{,}000-203{,}000\times12\%\times\frac{60}{360}=198{,}940$

10 (A)。(1)加權平均單價＝可售商品總成本÷可售商品總數量
＝（600×$12＋600×$10）÷1,200＝$11。
(2)期末存貨數量＝1,200－300－600＝300。
(3)期末帳上之存貨金額＝期末存貨數量×加權平均單價
＝300×$11＝$3,300。

11 (D)。可銷售商品＝5,000＋250,000－20,000－30,000＋10,000＝215,000
火災損失＝215,000－〔（350,000－50,000）×（1－40%）〕＝35,000

12 (D)。36,000＋3,000＝39,000。

13 (B)。美國公司於X1年12月31日該投資公允價值
＝$80×1,000＝$80,000＜成本$100,000。

美國公司應認列分錄如下：
透過損益按公允價值衡量之金融資產評價損失 $20,000
貸：透過損益按公允價值衡量之金融資產 $20,000

14 (B)。（900,000＋30,000）÷750,000×40,000＝49,600

P.213 **15 (C)**。下列各項屬於投資性不動產：
(1)為長期資本增值目的而持有的土地。
(2)目前尚未確定將來用途的土地。
(3)企業擁有或以融資租賃方式持有的建築物，並以營業租賃方式出租者。
(4)準備以營業租賃方式招租，但目前暫時空置尚未出租的建築物。
(5)目前正在建造或開發的不動產，以備將來完成後作為投資性不動產者。
(6)承租人以營業租賃的方式持有的不動產權益。

16 (C)。出售當日應做分錄如下

現金	101,000	
應付公司債		100,000
應付利息		1,000

$100{,}000\times 6\%\times \frac{2}{12}=1{,}000$

17 (D)。生物資產應於報導期間結束日，依當時公允價值減出售成本重新評價。
(A)農產品原始認列應按其公允價值減處分成本衡量。
(B)無法可靠衡量，按成本減累計減損與折舊衡量。
(C)不用遞延。

18 (C)。（30%×1）＋（50%×2）＋（20%×3）＝1.9
丁公司應認列的負債準備金額＝2,000×1.9＝3,800

19 (A)。本題為溢價發行，每期應負擔利息費用
＝1,000,000×10%－〔（1,100,000－1,000,000）÷5〕＝80,000＜1,000,000×10%，故該公司實際負擔之利率小於10%。

20 (D)。誤將資本支出作為費用支出，將造成當年度資產低估，費用高估。

21 (D)。X1年12月31日分錄如下：
其他綜合損益－金融資產公允價值變動$60,000
貸：透過其他綜合損益按公允價值衡量之金融資產$60,000
－股票投資

X2年12月31日分錄如下：
透過其他綜合損益按公允價值衡量之金融資產$120,000
－股票投資
　貸：其他綜合損益－金融資產公允價值變動$120,000

214 **22** (A)

23 (B)。(1)正南公司於20X1年1月1日～20X5年初，該機器設備已用直線法提列4年折舊＝（$54,000－$0）÷6×4＝$36,000。
(2)正南公司於20X5年初機器設備大修後認定該設備尚可使用4年，應採推延調整法，不作更正分錄將剩餘應提之折舊額以新估計的耐用年數或殘值由未來各期分攤。
(3)正南公司於20X5年初設備帳面價值＝$54,000－$36,000＋$12,000＝$30,000。
(4)正南公司於20X5年該設備應提列折舊＝（$30,000－$800）÷4＝$7,300。

24 (D)。107年期初存貨多計10,000，會造成銷貨成本多計10,000，進而使本期淨利少計10,000。是107年的正確損益＝10,000－1,000＝9,000（淨利）。

25 (C)。交換分錄如下：

（新）機器	70,000	
累計折舊	55,000	
處分損失	5,000	
（舊）卡車		120,000
現金		10,000

Unit 12 近年試題

106年 統測試題

P.215

1 (D)。(1)各項會計憑證，除應永久保存或有關未結會計事項者外，應於年度決算程序辦理終了後，至少保存五年。各項會計帳簿及財務報表，應於年度決算程序辦理終了後，至少保存十年。但有關未結會計事項者，不在此限。a.有誤。
(2)我國負責發佈與監督公開發行公司財務報告編製準則之單位為證券交易所。b.有誤。
(3)會計循環不等於企業之營業循環。d.有誤。

2 (B)。(1)分類帳為以科目為主體之帳簿。a.有誤。
(2)過完帳後，統制帳戶餘額＝所屬各明細帳餘額之和，統制帳戶不是實帳戶。c.有誤。

3 (A)。試算是根據借貸平衡原理編製試算表，以檢驗帳務處理是否正確無誤的會計處理程序。本題選項(A)借貸同樣誤記為$85，餘額式試算表借貸仍然平衡。

4 (C)。26,000－（25,000－21,000）＋（5,000－3,000）＝24,000。

P.216

5 (B)。記帳採權責發生基礎，漏作預收租金之調整分錄，將導致預收租金（負債）高估，本期淨利（租金收入）低估。

6 (B)。本期淨利記入工作底稿綜合損益表欄之借方，資產負債表欄之貸方。選項(B)有誤。

7 (D)。結帳分錄須過帳，結帳後試算表只有實帳戶。選項(D)有誤。

8 (C)。稅前純益率18%，已知本期營業利益為$200,000，營業外收支項目只有租金收入$50,000→銷貨淨額為250,000/18%＝1,388,889
所得稅費用＝250,000×17%＝42,500
稅後純益率＝（250,000－42,500）/1.388,889＝15%

P.217

9 (C)。進項＝1,000,000×0.98＝980,000
進項稅額＝980,000×5%＋200,000×5%＋500,000×5%＝84,000
銷項稅額＝500,000×5%＝25,000
應收退稅款＝84,000－25,000＝59,000

10 (D)。(1)期末對應收帳款提列壞帳損失，符合配合原則。
(2)不同資產類型採用不同之折舊方法，不違反一致性原則。
(3)業主以土地之公允價值作為業主資本之入帳基礎，符合成本原則。
(4)雜誌社於期末預收客戶訂閱費，並如數於當期綜合損益表中認列為收入，符合配合原則。

11 (A)。複式傳票是以每一交易為記錄單位的傳票，交易的所有科目記入同一張傳票。選項(A)有誤。

12 (D)。本題交易分錄如下：

土地	3,015,000	
股本		1,000,000
現金		25,000
資本公積－股本發行溢價		1,990,000

218 **13 (C)**。X1年度之期末未分配盈餘
＝（100,000）+1,000,000×（1－20%）－（1,000,000×0.8－100,000）×10%－150,000
＝480,000。

14 (C)。X5年庫藏股票交易使權益增加
＝〔（25－20）×4,000〕－〔（20－15）×6,000〕＋〔（20－10）×10,000〕
＝90,000。

15 (B)。計算每股盈餘時，本期淨利應減除本期已發放之股利，選項(B)有誤。

16 (D)。設調整前公司帳上存款餘額為X
2X＋500－1,000＝X＋2,000
X＝2,500
銀行存款調節表正確餘額＝2,500＋2,000＝4,500。

219 **17 #**。實際發生壞帳分錄如下：

備抵壞帳	xxx	
應收帳款		xxx

上述分錄對應收帳款淨額不生影響。依統測中心公告，本題答(A)(C)均給分。

18 (A)。期初存貨＋本期進貨－期末存貨＝銷貨成本
　　　　　　2,000少計
　　　　　　1,000多計
上述二項影響存貨錯誤若未更正，在不考慮所得稅因素下，期末存貨少計1,000，X1年銷貨成本少計1,000。

P.220 **19 (B)**。當採用先進先出法時，實地盤存制與永續盤存制所得之期末存貨結果相同。

20 (A)。(1)透過其他綜合損益按公允價值衡量之金融資產，於投資後續年度收到之現金股利，應列為營業外收入。選項(A)正確。
(2)「透過損益按公允價值衡量之金融資產」項（科）目有可能列在流動資產項下。選項(B)有誤。
(3)採透過損益按公允價值衡量時，當期公允價值變動需認列其他權益。選項(C)有誤。
(4)透過其他綜合損益按公允價值衡量之金融資產，於被投資公司發生虧損時，不需認列資產減少。選項(D)有誤。

21 (A)。分類為「持有供交易之金融資產」X1年淨利＝10,000×2＝20,000
分類為「透過其他綜合損益按公允價值衡量之金融資產」X1年淨利＝0
分類為「採用權益法之投資」X1年淨利＝0

P.221 **22 (D)**。公司於X3年初發現X1年記帳時誤將安裝費作為當期費用，在不考慮所得稅因素下，該項錯誤造成X1年安裝費多計20,000，X1年折舊少計20,000×4/10×6/12＝4,000，X2年折舊少計20,000×4/10×6/12＋20,000×3/10×6/12＝7,000，X2年底權益少計9,000（20,000－4,000－7,000）＝9,000。

23 (B)。(1)企業創業期間之廣告支出，應認列當期費用。a.有誤。
(2)研究階段之支出均應於發生時認列為費用。b.正確。
(3)企業自行建立客戶名單資料庫之支出，應認列當期費用。c.有誤。

24 (D)。X3年應認列之利息費用＝（500,000－100,000）×10%＝40,000。
X3年底該應付公司債之帳面金額＝500,000－100,000－100,000＝300,000。

25 (A)。企業因過去事件所產生之現時義務，當該義務很有可能使企業為了履行義務而造成具有經濟效益之資源流出，且與義務相關之金額能可靠估計時，應予以認列。本題乙公司之法律顧問判斷應有70%之敗訴可能性，且賠償金額應為$400,000，故應認列$400,000負債準備。

107年 統測試題

P.222 **1 (A)**。世界上兩個主要的企業會計準則制定機構為IASB（國際會計準則理事會）及FASB（美國財務會計準則委員會）。

2 (C)。現金及約當現金＝$48,056＋$400,000＋$180,000＋$260,000＋$84,000＝$972,056

3 (B)。 X3年期末負債餘額為X
X3年權益餘額為2X
X＝（X＋2X）×1/2－80,000
X＝160,000
X3年權益餘額為2X＝2×160,000＝320,000
又200,000－30,000＋100,000＋本期淨利＝320,000
→本期淨利＝50,000

4 (D)。 商業會計法第20條規定：「會計帳簿分下列二類：一、序時帳簿：以會計事項發生之時序為主而為記錄者。二、分類帳簿：以會計事項歸屬之會計項目為主而記錄者。」

5 (B)。 開辦費指企業在企業批准籌建之日起，到開始生產、經營（包括試生產、試營業）之日止的期間（即籌建期間）發生的費用支出。包括籌建期人員工資、辦公費、培訓費、差旅費、印刷費、註冊登記費等，財務會計準則第19號公報修訂，企業創業期間因設立所發生之必要支出，作當期營業費用處理。

6 (C)。 (1)過帳是指在會計程序裡的其中一個程序，簡單的定義就是將日記簿交易的過程，經處理後寫至另一本帳戶本（分類帳），選項(A)、(B)有誤。
(2)總分類帳與明細分類帳具統制與隸屬的關係，選項(C)正確。
(3)總分類帳是指做完分錄後，依各會計科目的借貸統計情形，總分類帳不是指日記簿。

7 (A)。 試算表不易發現的錯誤（不影響借貸平衡的錯誤）：
(1)原始憑證錯誤。 (2)借貸等額錯誤。
(3)一方等額抵銷。 (4)借貸同時未過帳。
(5)借貸同時重複過帳。 (6)過錯或記錯會計科目。

8 (C)。 在權責發生基礎之下，期末應作分錄，借記：預收收入（負債減少），貸記：收入（收入之增加）→資產增加。

9 (A)。 (1)期末應收帳款餘額＝$100,000
(2)調整前備抵壞帳餘額＝$500－$800＋$1,000＝$700（貸餘）
期末備抵壞帳餘額＝期末應收帳款餘額×預計壞帳率＝$100,000×1%＝$1,000
壞帳費用＝期末備抵壞帳應有餘額－（＋）調整前備抵壞帳貸（借）方餘額＝$1,000－700＝$300

10 (D)。所謂結帳，指本期內所發生的經濟業務全部登記入帳的基礎上，於會計期末按照規定的方法結算帳目，包括結計出本期發生額和期末餘額，各收入和費用賬戶的餘額都變成零，以便計算下一會計期間的淨損益。結帳係使虛帳戶餘額結清歸零，實帳戶餘額結轉下期。

11 (A)。企業遵循國際財務報導準則編製及表達一般目的財務報表。所謂一般目的財務報表，是指滿足通用目的的財務報表。完整的財務報表應包括為「財務狀況表」、「綜合損益表」、「現金流量表」、「權益變動表」、「附註揭露」。

P.224 **12 (D)**。加值型營業稅之稅率有5%及零稅率。

13 (C)。完整性：為使資訊具可靠性，財務報表在考量重要性與成本限制下應具完整性。資訊遺漏可能造成財務報表錯誤或誤導使用者，並使該資訊喪失可靠性及攸關性。選項(C)有誤。

14 (D)。電腦會計系統的處理速度有時並不會快於人工會計系統。選項(D)有誤。

15 (D)。普通股股利率＝$211,200／（$10×30,000）＝0.704
特別股股利＝$10×20,000×8%＋$10×20,000×0.704＝$156,800
當年度分配的現金股利總金額＝$211,200＋$156,800＝$368,000

16 (B)。

甲公司

銀行往來調節表

XX年XX月XX日

公司帳面金額	$104,000	銀行對帳單餘額	X
加：代收票據	14,400	加：在途存款	$16,000
減：退票 　　手續費	(20,000) (600)	減：未兌領支票	(108,000)
正確餘額	$97,800	正確餘額	$97,800

P.225 **17 (B)**。(1)期末備抵壞帳應有餘額＝期末應收帳款餘額×預計壞帳率＝62,500×2%＝1,250
(2)甲公司106年底資產負債表之應收帳款淨變現價值＝$62,500－$1,250＝$61,250

18 (D)。因為「銷貨成本＝期初存貨＋本期進貨－期末存貨」及「本期淨利＝銷貨收入－銷貨成本」，期初存貨多計$9,000與本期淨利多計$12,000，代表銷貨成本少計$12,000，期初存貨多計$9,000及多計$21,000，造成銷貨成本少計$12,000。

19 (B)。(1)銷貨數量＝$11,520／48＝240（件）

設X3年底期末存貨單位成本為A

→200A＋40×50＝11,000

A＝45

(2)設X4年度的進貨數量為B

（45×200＋50×B）／（200＋B）＝48

B＝300（件）

20 (B)。對採用權益法之關聯企業每年發生的損益，投資公司應按約當持股比例認列投資損益，且同額增加投資帳戶。投資當年度獲配現金股利，應做投資成本退回分錄。

21 (C)。交通設備之成本包括發票價格、運費、安裝、試車等，「使機器設備達到可使用之地點與狀態的一切必要支出」，不包括意外險保費。

22 (C)。設該設備原始帳列成本為A

$$\left(A - A\times\frac{4+3}{1+2+3+4}\right) - \left(A - A\times\frac{2}{4} - \frac{2}{4}A\times\frac{2}{4}\right) = 10{,}000$$

0.3A－0.25A＝10,000

A＝200,000

23 (D)。設X5年初入帳之專利權的成本為A

X6年初帳面價值＝$A - A\times\frac{1}{8} = \frac{7}{8}A$

$$\frac{7}{8}A - \frac{7}{8}A\times\frac{1}{4} = 63{,}000$$

A＝96,000

24 (A)。108年應提列產品保證費用＝90,000×（2%＋5%）＝63,000

25 (A)。公司債溢折價的攤銷：

攤銷方法		直線法		利息法	
		溢價	折價	溢價	折價
特性	1.各期攤提數	相等	相等	遞增	遞增
	2.各期利息費用	相等	相等	遞減	遞增
	3.各期實利率	遞增	遞減	相等	相等
	4.各期帳面價值	等額遞減	等額遞增	逐期加速遞減	逐期加速遞增

108年 統測試題

P.227 **1 (A)**。(A)根據加值型及非加值型營業稅法第8條規定，出售土地不必繳納營業稅。

(B)營業人在銷售階段免稅，無法減低其進貨的負擔，會造成進項稅額完全不能扣抵。

(C)零稅率指適用的稅率為零，有退稅問題。

(D)目前我國加值型及非加值型營業稅法。

2 (C)。107年銷貨的售後服務支出＝1,200,000×4%－20,000＝28,000

X8年實際售後服務支出金額＝80,000＋28,000＝108,000

3 (C)。（400,000＋100,000×9/12）×2－購入庫藏股股數×3/12＝800,000

購入庫藏股股數＝600,000（股）

4 (B)。(1)設稅前淨利＝X

X－45,000＝0.75X

X＝180,000

(2)設銷貨收入淨額＝Y

0.3Y－推銷管理費用＝180,000

Y－7×推銷管理費用＝0.3Y

Y＝900,000　推銷管理費用＝90,000

5 (B)。（4,000,000－250,000）/ 普通股流通在外加權平均股數＝5

普通股流通在外加權平均股數＝750,000（股）

6 (D)。(A)在會計期間假設下，乃有期末調整事項的產生。

(B)母子公司應編製合併報表，係根據企業個體假設。

(C)繼續經營假設，為會計上流動與非流動項目之劃分提供理論基礎。

(D)員工士氣是極有價值的人力資源，但傳統上基於貨幣評價假設，故不能入帳。

228 **7 (A)**。(A)不附息票據以票據現值入帳，係基於成本原則。
(B)期末作預付費用之調整分錄，係基於配合原則。
(C)收到客戶訂金以預收貨款入帳，係基於權責原則。
(D)會計準則規定僅購入的商譽可以認列，自行發展的商譽不能認列。

8 (C)。540,000－480,000－（70,000－60,000）＝50,000

9 (C)。企業以電腦處理會計資料後，須定期將傳票及帳簿列印。

10 (B)。內部憑證：凡由企業本身自行製存的憑證均屬之，係基於內部管理上需要而製存的各項證明單據。本題計有（丁）折舊分攤表，（己）領料單，（庚）請購單三種。

11 (D)。本期期初曾做過預付租金之轉回分錄，若本期無其他租金支出的交易，則期末調整前預付租金餘額為借餘。

29 **12 (A)**。負債準備是因過去事項而讓企業負有現時義務。

13 (B)。(A)企業公佈每月營收資訊，以強化財務報表之即時性。
(B)財務報表應避免遺漏重要資訊，此為完整性之品質特性。
(C)財務報表應具備之基本品質特性包含攸關性及可靠性。
(D)不同人員於期末同一時間盤點庫存現金，能得到相同結果，此為可驗證性之品質特性。

14 (D)。150,000/15＋甲專利權剩餘成本/15＝50,000
甲專利權剩餘成本＝600,000
X1年初購入之甲專利權成本－X1年初購入之甲專利權成本×5/15＝600,000
X1年初購入之甲專利權成本＝900,000

15 (C)。X8年底資產負債表上，「透過損益按公允價值衡量之金融資產」餘額應為$280,000。

16 (C)。(1)銷貨成本＝750,000×0.8＝600,000
(2)進貨淨額＝600,000/0.75＝800,000
(3)期初存貨＋進貨淨額－期末存貨＝銷貨成本
250,000＋800,000－期末存貨＝600,000
期末存貨＝450,000
(4)期末存貨/為期初存貨＝450,000/250,000＝1.8（倍）

P.230 **17 (A)**。

甲公司
銀行調節表

銀行對帳單餘額	$X	公司帳上餘額	$125,000
加：在途存款 減：未兌現支票	21,000 (88,000)	加：代收票據 減：手續費 　　退票	3,600 (800) (30,000)
正確餘額	$97,800	正確餘額	$97,800

X＝164,800
銀行對帳單餘額比正確餘額多$67,000（$164,000－$97,800）

18 (D)。(A)X8年底資產負債表，應認列「透過其他綜合損益按公允價值衡量之金融資產」$6,000,000。

(B)X9年底資產負債表，應認列「透過其他綜合損益按公允價值衡量之金融資產」$6,600,000。

(C)如對被投資公司無重大影響力，X8年底應承認該金融資產投資之公允價值變動損失$1,000,000，且應列入綜合損益表，作為其他綜合損益。

(D)被投資公司無重大影響力，X9年底應承認該金融資產投資之公允價值變動利益$600,000，且應列入綜合損益表，作為其他綜合損益。

19 (D)。公司發放股票股利前後所造成的影響，與執行股票分割前後所造成的影響，兩者不論實施前或實施後，股東彼此間相對的持股比例均不變，只是股數增加。

P.231 **20 (B)**。(1)期末設資產＝A　負債＝L
L＝1/2A－5,000……(1)
A－L＝1.5L
→A＝2.5L代入(1)
→L＝20,000　A＝50,000
A－L＝50,000－20,000＝30,000

(2)期初
L＝1/2A－4,000……(1)
A－L＝1.5L
→A＝2.5L代入(1)
→L＝16,000　A＝40,000
期初A－L＝40,000－16,000＝24,000

(3)業主於年中時提回的現金＝24,000＋（80,000－70,000）－30,000＝4,000

21 (A)。L＋舉債金額＝1.5×（A－L）
16,000＋舉債金額＝1.5×（40,000－16,000）
舉債金額＝20,000

22 (D)。X7年2月15日：
借記：現金　$400,000
　貸記：應收帳款　$392,000
　　顧客未享折扣　$8,000

23 (B)。X7年2月1日：
借記：應收帳款　$400,000
　貸記：銷貨收入　$400,000

24 (D)。X6年折舊＝1,200,000×2/5＝480,000
X7年折舊＝（1,200,000－480,000）×2/5＝288,000
X7年底該設備帳面價值＝1,200,000－480,000－288,000＝432,000
認列資產處分利益＝495,000－432,000－45,000＝18,000

25 (A)。若該交換不具商業實質，則甲公司不能認列資產處分利益。

109年 統測試題

232

1 (D)。(1)賒購設備於超過現金折扣優惠期間後才付款，該筆付款交易分錄將導致資產減少、費損增加、負債減少
分錄為：
　應付款項　$XXX
　利息費用　XXX
　　現金　$XXX
(2)在期末估計應收帳款預期信用減損金額小於調整前備抵損失餘額情況下，該筆調整分錄將導致資產增加、收益增加
分錄為：
　備抵損失　$XXX
　　預期信用減損轉回損益　$XXX
(3)權責發生基礎下，期末調整金額為本期已耗用辦公用品，該筆調整分錄將導致資產減少、費損增加
分錄為：
　辦公用品費用　$XXX
　　用品盤存　$XXX

(4)本期發現前期機器折舊多計錯誤，若不考慮所得稅之影響，該筆更正分錄將導致資產增加、 權益增加
分錄為：

累計折舊	$XXX	
前期損益調整		$XXX

故選(D)。

2 (A)。(1)一筆分錄借方或貸方其中一方重複過帳，此錯誤會影響試算表借貸平衡。故選(A)。

3 (C)。正確要做的分錄為：

期初轉回用品盤存	$1,000	
辦公用品費用	$1,000	
用品盤存		$1,000
期中現購辦公用品	$2,000	
辦公用品費用	$2,000	
現金		$2,000
期末辦公用品尚存	$800	
用品盤存	$800	
辦公用品費用		$800

漏作上述分錄將導致淨利高估
故選(C)。

4 (D)。$1,500－$1,000＋$300＝$800。故選(D)。

P.233 **5 (B)**。(A)存貨制度採定期盤存制，期末一次結轉銷貨成本，無存貨盤盈（虧）科目。
(C)為了前後期報表比較，存貨計價方法一經採用應前後各期一致，不得隨意變更。
(D)存貨制度採永續盤存制，可由進銷存明細表得知期末存貨，期末仍要實地盤點存貨。
故選(B)。

6 (B)。X1年12月31日資產總額為$500,000
(1)支付上個月的應付薪資$50,000

應付薪資	$50,000	
現金		$50,000

(2)認列服務收入$100,000，其中60%已收現

現金	$60,000	
應收帳款	40,000	
服務收入		$100,000

(3)收回X1年沖銷帳款$4,000

應收帳款	$4,000	
備抵壞帳		$4,000
現金	$4,000	
應收帳款		$4,000

(4)認列營業費用$80,000，其中65%已付現，10%為折舊費用，5%為預期信用減損損失，其餘20%尚未付現

折舊費用	$8,000	
累計折舊		$8,000
預期信用減損損失	$4,000	
備抵損失		$4,000
其他費用	$68,000	
現金		$52,000
應付費用		16,000

X2年1月底的資產總額＝$500,000－$50,000＋$60,000＋$40,000＋$4,000－$4,000＋$4,000－$4,000－$8,000－$4,000－$52,000＝$486,000
故選(B)。

7 (D)。資產＝負債＋權益
期末流動資產/期末流動負債＝2→1/3期末資產＝2期末流動負債→期末流動負債＝1/6期末流動資產
題目寫非流動負債不變，代入資產＝負債＋權益
資產＝1/6資產＋500＋（500＋500＋1,500）
資產＝3,600
3,600＝流動負債＋500＋2,500
流動負債＝600
故選(D)。

8 (D)。速動比率＝速動資產/流動負債
速動資產＝流動資產－存貨－預付費用
因折價現銷，會使現金增加，所以速動比率會提高
故選(D)。

P.234 **9 (C)**。外銷貨物適用零稅率，其產生進項稅額可以扣抵。故選(C)。

10 (B)。(3)財務資訊若能提供有關先前評估的回饋（確認或改變先前的預期）則具有確認價值。

(4)當財務資訊欠缺攸關性或忠實表述時，無法透過加強強化性品質特性提升資訊有用性。

故選(B)。

11 (A)。(2)電腦編製的傳票必須再列印紙本經相關人員簽章，以確定責任歸屬→並無此規定。

故選(A)。

12 (C)。股東權益因為分配現金股利減少$100,000以及分配股票股利減少$300,000，共減少$400,000。故選(C)。

13 (C)。X2年12月31日尚餘銀行借款本金$200,000於X3年支付屬流動負債

X2年12月31日應付利息為$200,000×5%×3/12＝$2,500

X2年12月31日流動負債金額為$200,000＋$2,500＝$202,500

故選(C)。

P.235 **14 (B)**。(B)X1年宣告發放股票股利時保留盈餘會減少。故選(B)。

15 (B)。X1年1月1日應收帳款$620,000，備抵損失－應收帳款$6,200，由此知壞帳率為1%

X1年12月31日備抵損失－應收帳款＝$800,000×1%＝$8,000

預期信用減損損失＝$6,200－$7,500＋預期信用減損損失＝$8,000

預期信用減損損失＝$9,300

故選(B)。

16 (C)。70%機率支付罰金$9,000,000。故選(C)。

17 (C)。X2年並無跌價，故將X2年初未做轉回分錄轉回。故選(C)。

P.236 **18 (C)**。(4)同一家銀行的銀行存款與銀行透支可合併列為流動資產或流動負債。

故選(C)。

19 (D)。X5年1月2日

採權益法之投資	$1,800,000	
現金		$1,800,000

X5年7月20日

現金	$60,000	
採權益法之投資		$60,000

備註：收到股票股利6000股，股數共66,000

X5年12月31日

採權益法之投資　　　　　$540,000

　　採用權益法認列之損益份額　　　　$540,000

X5年12月31日採權益法之投資＝$2,280,000

每股成本＝$2,280,000/66,000股＝34.55

故選(D)。

20 (A)。分類為透過其他綜合損益按公允價值衡量之金融資產股票投資，公允價值變動入其他綜合損益，結轉其他權益，出售時其他權益不重分類直接結轉保留盈餘。故選(A)。

21 (A)。待出售非流動資產在資產負債表上，列示於流動資產項下。故選(A)

237 **22 (A)**。$2,000,000＋$800,000－$500,000＝$2,300,000

故選(A)。

23 (B)。甲公司

X1年4月1日$105,000/（1＋5%）＝$100,000

處分資產損益＝$100,000－$80,000＝$20,000

X1年7月1日貼現

$105,000×8%×9/12＝$6,300

貼現可得金額＝$105,000－$6,300＝$98,700

乙公司

X1年12月31日

利息費用＝$100,000×5%×9/12＝$3,750

票據負債金額＝$100,000＋$3,750＝$103,750

故選(B)。

24 (D)。攤銷年限改變，屬會計估計變動應採推延調整法，不追溯重編以前攤銷費用。故選(D)。

25 (A)。(A)無形資產之未來經濟效益很有可能流入企業。故選(A)。

110年 統測試題

238 **1 (B)**。(A)結帳分錄指「期末」時，將收入、費用等虛帳戶結轉至本期損益帳戶，並將資產、負債及權益等實帳戶結轉下期所做的分錄。（題目為企業結束營運）

(B)財務報表有「資產負債表」、「綜合損益表」、「權益變動表」及「現金流量表」，只要編製工作底稿即可編製財務報表。

(C)將資產、負債及權益等「實帳戶」的餘額結轉下期繼續記錄。（題目為虛帳戶）

(D)將收益及費損等「虛帳戶」的餘額結清，轉入本期損益帳戶。（題目為實帳戶）

故本題答案為(B)。

2 (A)。觀念：會計的五大要素為「資產」、「負債」、「權益」、「收益」及「費損」。因此，凡使會計要素發生增減變化之事項，均屬交易事項或稱會計事項。

故甲和丙不屬於會計事項，而乙、丁及戊皆需製作會計分錄屬會計事項。

乙的會計分錄為：

借：其他損失

　　貸：設備成本

丁的會計分錄為：

借：現金

　　貸：銀行借款

戊的會計分錄為：

借：捐贈

　　貸：現金

故本題答案為(A)。

3 (A)。5月1日的會計分錄為：

借：進貨 $800,000（費損增加）

　　貸：應付帳款 $800,000（負債增加）

注意：銷貨成本＝期初存貨＋本期進貨－期末存貨，銷貨成本屬費損項目。

6月1日的會計分錄為

借：應付帳款 $800,000（負債減少）

　　貸：應付票據 $800,000（負債增加）

故6月1日交易對會計要素之增減影響為「負債總額不變」，本題答案為(A)。

4 (B)。(1)期初用品盤存餘額為期末餘額的四倍→期末餘額×4＝期初用品盤存餘額。

(2)本期耗用金額為期初餘額的兩倍→期初餘額×2＝本期耗用金額。

(3)設「期末餘額」為X，則「期初用品盤存餘額」為4X，「本期耗用金額」為8X。

公式：期初餘額＋本期購入－期末餘額＝本期耗用金額

　　4X＋$5,800－X＝8X

　　→ X＝$1,160 ……期末餘額

　　期初用品盤存餘額＝4X＝$1,160×4＝$4,640

故本題答案為(B)。

5 (D)。

$$流動比率=\frac{流動資產}{流動負債}\rightarrow 3=\frac{流動資產}{\$890,000}\rightarrow 流動資產=\$2,670,000$$

速動資產是指可以在短期內變現的資產，而題目中的存貨、用品盤存及預付租金皆無法在短期內馬上變現。

因此，速動產資＝流動資產－存貨－用品盤存－預付租金

＝$2,670,000－$120,000－$16,000－$309,000

＝$2,225,000

$$速動比率=\frac{速動資產}{流動負債}=\frac{\$2,225,000}{\$890,000}=2.5$$

故本題答案為(D)。

239 **6 (A)**。電腦化會計作業並非所有的會計作業程序皆由電腦處理，平時作業的會計事項和原始憑證仍需透過人工處理。

故本題答案為(A)。

7 (D)。

[作法1] 具商業價值	
換入資產的金額	依公允價值記帳 ・X公司以$1,800,000記帳 ・Y公司以$1,900,000記帳 故Y公司需支付$100,000給X公司。
處分損益	舊資產的 ・公允價值－帳面價值＞0→有處分利益 ・公允價值－帳面價值＜0→有處分損失 X公司汽車 帳面價值＝歷史成本－累計折舊 ＝$3,000,000－$1,600,000＝$1,400,000＜公允價值 處分損益＝公允價值－帳面價值 ＝$1,900,000－$1,400,000＝$500,000（利益）
處分損益	Y公司機器 帳面價值＝歷史成本－累計折舊 ＝$4,000,000－$2,000,000＝$2,000,000＞公允價值 處分損益＝公允價值－帳面價值 ＝$1,800,000－$2,000,000＝－$200,000（損失）

[作法2] 不具商業價值	
換入資產的金額	依雙方合意價值記帳，有二種情況： (1)換入資產的價值＞舊資產的帳面價值，則： 換入資產的金額＝舊資產的帳面價值＋支付給對方的金額 (2)換入資產的價值＜舊資產的帳面價值，則： 換入資產的金額＝舊資產的帳面價值－對方支付的金額。
處分損益	不依據公允價值進行交換，故無處分損益。

1.(A)和(B)皆為交換不具商業價值，則不認列處分損益。
2.(C)和(D)皆為交換具商業價值，則X公司認列處分利益$500,000，Y公司認列處分損失$200,000。

故本題答案為(D)。

8 (D)。甲公司之信用經個別評估後，並未發現有減損之客觀證據，故推斷甲公司之信用與非個別重大客戶之信用相接近。因此，甲公司的呆帳率為5%。

重大客戶名稱	應收帳款金額	預估減損金額	備註
甲公司	$900,000	$ 45,000	$900,000×5%＝$45,000
乙公司	1,200,000	400,000	
丙公司	700,000	50,000	
非重大客戶名稱	**應收帳款金額**	**預估減損金額**	**備註**
子公司	$120,000	$ 6,000	$120,000×5%＝$6,000
丑公司	80,000	4,000	$80,000×5%＝$4,000
寅公司	100,000	5,000	$100,000×5%＝$5,000
預估減損總金額（期末餘額）		$ 510,000	

備抵損失 — 應收帳款

	調整前餘額 $120,000
	提列減損額 400,000
	調整後應有餘額 510,000

故本題答案為(D)。

9 (B)。(A)收益及費損為虛帳戶→正確。
(B)淨值乃指收益減費損→錯誤。權益＝淨值＝淨資產＝資產－負債，故此選項錯誤。
(C)費損將造成權益減少→正確。此外，收益將造成權益增加。
(D)業主提取商品自用為對外交易 →正確。
對外交易：會計事項涉及企業本身以外的個體，例如：商品買賣、支付員工薪資等。
對內交易：會計事項不涉及企業本身以外的個體，例如：災害損失、文具用品等。
此選項容易因為「業主」二字而誤以為是對內交易。
故本題答案為(B)。

10 (D)。(A)分類帳是由明細帳彙集而成→錯誤。分類帳是由「帳戶」彙集而成，其可反映一個企業在某一特定期間內，某一會計項目的增減變動。
(B)過帳指從分類帳之金額轉記到日記簿→錯誤。過帳指將日記簿上借貸記錄轉登於分類帳之過程。
(C)將日記簿上借貸記錄轉登於分類帳之過程稱為結帳→錯誤。應為「過帳」。
(D)從分類帳可以瞭解企業在特定期間內會計項目的增減變化情形及餘額→正確。
故本題答案為(D)。

11 (D)。可作轉回分錄的調整項目有：
(1)應計項目：應收收入（A＋）、應付費用（L＋）。
(2)記虛轉實的遞延項目：預付費用（A＋）、預收收入（L＋）、用品盤存（A＋）。
因此，能使資產（A）或負債（L）增加，皆可作轉回分錄。（用借方為A或貸方為L判斷）
(A)借：應收利息（A＋）
　　貸：利息收入
(B)借：預付廣告費（A＋）
　　貸：廣告費
(C)借：租金費用
　　貸：應付租金（L＋）
(D)借：預收佣金（L－）
　　貸：佣金收入
故本題答案為(D)，此選項不可作轉回分錄。

P.241 **12 (C)**。「供本業及附屬業務使用」之貨物或勞務，可以抵扣。
得扣抵銷項稅額的進項稅額
＝（進貨$380,000＋進貨訂金$30,000＋購入辦公設備$35,000＋購入文具$5,000）×5%＝$22,500
購買土地$100,000→屬固定資產。
支付廠商聯誼之宴客餐費$20,000→屬交際費。
故本題答案為(C)。

13 (C)。銷貨成本＝期初存貨＋本期進貨－期末存貨，銷貨成本屬費損項目。
期初存貨少計$15,000→銷貨成本少計$15,000
本期進貨多計$4,000→銷貨成本多計$4,000
期末存貨多計$8,000→銷貨成本少計$8,000
銷貨成本少計$19,000→本期淨利多計$19,000
故本題答案為(C)。

14 (C)。公式：帳面金額＝成本－累計攤銷－累計減損
每年攤銷＝成本÷攤銷年限＝$200,000÷10＝$20,000
X3年底的累計攤銷＝$20,000×2.5年＝$50,000
X3年底的帳面金額＝$200,000－$50,000＝$150,000
X3年底該專利權的可回收金額為$120,000＜帳面金額$150,000→減損損失$30,000
X3年底該專利權的使用年限僅剩3年，則每年攤銷＝$120,000÷3＝$40,000（X4、X5及X6）
X4年底該專利權的累計攤銷金額＝X3年底的累計攤銷＋X4年底的攤銷金額
＝$50,000＋$40,000＝$90,000
(A)X3年底應認列減損損失$30,000→正確。
(B)截至X3年度該專利權的累計攤銷應為$50,000→正確。
(C)X3年底提列攤銷及減損後該專利權的帳面價值為$150,000→錯誤。
帳面價值為$120,000。
(D)X4年底該專利權的累計攤銷金額為$90,000→正確。
故本題答案為(C)。

15 (D)。

$$\text{平均股利率}=\frac{\text{可分配股利總額}-\text{積欠特別股股利}}{\text{普通股股本}+\text{特別股股本}}=\frac{\$200,000}{\$10\times 80,000+\$100\times 2,000}$$

$$=20\%$$

[情況1] 完全參加特別股
特別股股利＝$200,000×20%＝$40,000
普通股股利＝$200,000－$40,000＝$160,000

[情況2] 部份參加特別股

題目已知：完全參加特別股所取得股利比部分參加特別股多$20,000

特別股股利＝$40,000－$20,000＝$20,000→限制股利率＝$20,000÷$200,000
＝10%

普通股股利＝$200,000－$20,000＝$180,000

[情況3] 不參加特別股

題目已知：面額$100之5% 非累積特別股2,000股

特別股股利＝$200,000×5%＝$10,000

普通股股利＝$200,000－$10,000＝$190,000

(A)若為部份參加特別股時，普通股股利為$180,000→正確。

(B)若為全部參加特別股時，普通股股利為$160,000→正確。

(C)若為不參加特別股時，普通股股利比若為部份參加特別股時之股利多$10,000→正確。

不參加 $190,000－部份參加 $180,000＝$10,000

(D)若為全部參加特別股時，普通股股利比若為不參加特別股時之股利少$40,000 →錯誤。

全部參加 $160,000－不參加 $190,000＝－$30,000

故本題答案為(D)。

2 **16 (C)**。商業會計法第38條規定：

(1)各項會計憑證，除應永久保存或有關未結會計事項者外，應於年度決算程序辦理終了後，至少保存五年。

(2)各項會計帳簿及財務報表，應於年度決算程序辦理終了後，至少保存十年。但有關未結會計事項者，不在此限。

商業會計法第34條規定：「會計事項應按發生次序逐日登帳，至遲不得超過二個月。」

全國性內政財團法人會計處理及財務報告編製準則第2條規定：「財團法人會計應以新臺幣為記帳本位幣，並以元為單位，外幣應折合本位幣。」

(A)會計憑證至少保存十年→錯誤。應為五年（商業會計法第38條）。

(B)財務報表至少保存十五年→錯誤。應為十年（商業會計法第38條）。

(C)會計事項應按發生次序逐日登帳，至遲不得超過二個月→正確（商業會計法第34條）。

(D)記帳應以新臺幣「元」為單位，但可因交易性質而以萬元為單位→錯誤。

記帳應以新臺幣「元」為單位（全國性內政財團法人會計處理及財務報告編製準則第2條），故不可因交易性質而以萬元為單位。

故本題答案為(C)。

17 (A)。(A)作分錄時應貸記應付帳款$10,000，卻錯誤地貸記$10,000→無法發現。
除非借貸不平衡，否則在試算表無法發現錯誤。
(B)作分錄時正確地借記應收帳款$10,000，但卻錯誤地貸記銷貨收入$1,000→容易發現。
此為借貸不平衡之錯誤，故在試算表容易發現。
(C)過帳時將折舊費用$1,000錯誤地過入分類帳中該會計項目的貸方金額欄→容易發現。
折舊費用$1,000應記於借方，此為借貸不平衡之錯誤，故在試算表容易發現。
(D)過帳時將薪資費用$5,000正確地過帳，但卻錯誤地將現金$5,000重覆過帳→容易發現。
貸方多記一筆現金$5,000，此為借貸不平衡之錯誤，故在試算表容易發現。
故本題答案為(A)。

18 (A)。(A)現金→正確。屬資產，結帳後的金額仍相同。
(B)業主往來→錯誤。屬權益，但結帳時需加或減「本期損益」。
(C)銷貨收入→錯誤。結帳時，此收益虛帳戶餘額會結清，並列入「本期損益」。
(D)銷貨成本→錯誤。結帳時，此費損虛帳戶餘額會結清，並列入「本期損益」。
故本題答案為(A)。

19 (B)。每年可攤提折舊費用＝（$620,000－$20,000）÷5年＝$120,000（X3、X4、X5、X6及X7）
X5年7月1日的累計折舊＝$120,000×2.5年＝$300,000
X5年7月1日的帳面金額＝$620,000－$300,000＝$320,000
每年保險費用＝$24,000÷4年＝$6,000（X3、X4、X5及X6）
未過期預付保險費＝$6,000×（4年－2.5年）＝$9,000
火災損失金額＝帳面金額＋未過期預付保險費－賠償金額
＝$320,000＋$9,000－$300,000＝$29,000
故本題答案為(B)。

20 (D)。[提示] 8月1日股票分割1股分為2股，前期股數要×2。未知股數設為N。

日期	股數計算式	股數
X1年1月1日	N股×2 × 12/12	2N股
X1年4月1日	100,000股×2 × 9/12	150,000股
X1年8月1日	股票分割1股分為2股	
X1年10月1日	－800,000股× 3/12	－200,000股
加權平均流通在外股數	題目得知	750,000股

2N＋150,000股－200,000股＝750,000股
N＝400,000股
故本題答案為(D)。

21 (C)。進貨淨額＝進貨＋進貨費用－進貨退出－進貨折讓
＝進貨$580,000＋進貨費用$25,000－進貨折讓$15,000＝$590,000
銷貨淨額＝銷貨收入－銷貨退回－銷貨折讓
＝銷貨收入$720,000－銷貨退回$20,000＝$700,000
銷貨毛利＝$700,000×25%＝$175,000 ……(A)
銷貨成本率＝1－銷貨毛利率25%＝75%
銷貨成本＝$700,000×75%＝$525,000 ……(B)
銷貨成本＝期初存貨＋進貨淨額－期末存貨
→ $525,000＝$10,000＋$590,000－期末存貨
→ 期末存貨＝$75,000 ……(C)
以銷貨成本為基礎之平均毛利率＝銷貨毛利÷銷貨成本
＝$175,000÷$525,000＝33.33% ……(D)
故本題答案為(C)。

22 (D)。依持股比例決定會計處理方法

持有股份	影響力	會計處理	評價損益認列	減損認列
＜20%	無重大影響力	公允價值法	當期損益或其他綜合損益	不認列
20%～50%	有重大影響力	權益法	不認列	應認列
＞50%	有重大影響力或控制能力	權益法＋合併報表	不認列	應認列

<table>
<tr><th rowspan="2">方法
事項</th><th rowspan="2">權益法</th><th colspan="2">公允價值法</th></tr>
<tr><th>透過損益按公允價值法衡量之金融資產</th><th>透過其他綜合損益按公允價值法衡量之金融資產</th></tr>
<tr><td>購入成本</td><td>・成本（入帳金額）
＝購買價格＋交易成本
・會計分錄
借：採用權益法之投資
貸：現金</td><td>・成本（入帳金額）＝購買價格＋交易成本
・透過損益按公允價值衡量之金融資產縮寫為FV/PL
・會計分錄
借：強制FV/PL
手續費
貸：現金</td><td>・成本（入帳金額）＝購買價格＋交易成本
・透過其他綜合損益按公允價值衡量之權益工具投資縮寫為FV/OCI
・會計分錄
借：FV/OCI
貸：現金</td></tr>
<tr><td rowspan="2">現金股利</td><td rowspan="2">一律視為投資成本的收回（清算股利）
借：現金
貸：採用權益法之投資</td><td rowspan="2">借：現金
貸：股利收入</td><td>非清算股利時
借：現金
貸：股利收入</td></tr>
<tr><td>清算股利時
借：現 金
貸：FV/OCI</td></tr>
<tr><td>期末評價公允價值</td><td>不需按公允價值評價，故不作分錄。</td><td>列入綜合損益表的營業外損益</td><td>列入綜合損益表的其他綜合損益</td></tr>
</table>

(D)「透過其他綜合損益按公允價值衡量之金融資產」其公允價值變動→列入綜合損益表的其他綜合損益

「採用權益法之投資」其公允價值變動 →有重大影響力，不需按公允價值評價。

故本題答案為(D)。

23 (A)。公司債發行有下列三種情況

情況	利率和發行價格
[情況1] 平價發行	・票面利率＝有效利率 ・發行價格＝債券面額
[情況2] 溢價發行	・票面利率＞有效利率 ・發行價格＞債券面額

情況	利率和發行價格
[情況3] 折價發行	・票面利率＜有效利率 ・發行價格＜債券面額

此題採「溢價發行」，分錄只會出現「應付公司債溢價」。而題目問「應付公司債折價」，故本題答案為(A)。

24 (B)。

銀行調節表

公司帳面餘額	銀行對帳單餘額
加：銀行代收票據	加：在途存款
票據利息	減：未兌現支票
減：銀行手續費	加或減：錯誤更正
利息所得稅	
存款不足退票	
加或減：錯誤更正	
正確餘額	正確餘額

銀行調節表

公司帳面餘額	$23,419	銀行對帳單餘額	$31,815
加：銀行代收票據	2,070	加：在途存款	4,403
帳上誤記	72	減：未兌現支票	11,808
減：銀行手續費	300		
存款不足退票	851		
正確餘額	$24,410	正確餘額	$24,410

故本題答案為(B)。

25 #。公司補作分錄

(1)銀行代收票據 $2,070

　借：銀行存款 $2,070

　　　貸：應收票據 $2,070

(2)公司帳上誤記 $72

　借：銀行存款 $72

　　　貸：應付帳款 $72

(3)銀行手續費$300
借：手續費費用 $300
貸：銀行存款 $300
(4)存款不足退票 $851
借：應收帳款 $851
貸：銀行存款 $851
(A)$4,403為在途存款金額，公司分錄不調整。故此選項錯誤。
(B)手續費費用和利息費用有不同的會計項目，故此選項錯誤。
(C)$ 851為存款不足退票，應為分錄(4)。故此選項錯誤。
(D)$72為公司帳上誤記，應為分錄(2)。故此選項錯誤。
官方公告，本題一律給分。

111年 統測試題

P.245 **1 (D)**。收益是指企業因提供勞務或出售商品所獲得之代價，進而使公司業主權益增加者。故答案為(D)。

2 (C)。(A)試算表為公司的非正式報表，且不需定期向主管機關申報。
(B)調整前試算表的餘額無法允當且完整呈現企業財務狀況及績效，必須等調整後分錄入帳之後才可完整呈現企業財務狀況與績效。
(D)試算表可驗證借方與貸方金額是否平衡。但是借貸方平衡無法確認分錄與過帳程序並無發生任何錯誤。
故答案為(C)。

3 (B)。(1)正確分錄：

X8/7/1：

預付租金	240,000	
銀行存款		240,000

X8/12/31：

租金費用	60,000	
預付租金		60,000

錯誤分錄：

X8/7/1：

租金費用	240,000	
銀行存款		240,000

X8年底→資產低估，費用高估→淨利低估

(2)正確分錄：

X9/12/31：

租金費用	120,000	
預付租金		120,000

錯誤分錄：

X9/12/31：
未做分錄

X9年底→費用低估→淨利高估
故答案為(B)。

4 (D)。(1)應調整部分：

A 預收已實現→ 預收收入 2,500
　　　　　　　　　收入 2,500

B 折舊費用

C 已賺得但尚未入帳之收益→ 銀行存款 2,000
　　　　　　　　　收入 2,000

(2)調整後本期淨利

收入＝$30,000＋2,500＋2,000＝$34,500

費用＝$17,000＋$1,200＝$18,200

本期淨利＝$34,500－$18,200＝$16,300

故答案為(D)。

5 (D)。(1)X1/4/1：

	借	貸
銀行存款	18,000	
預收雜誌訂閱金收入		18,000

X1/7/1：

	借	貸
預付保險費	600	
銀行存款		600

(2)期末調整

	借	貸
預收雜誌訂閱金收入	9,000	
雜誌訂閱金收入		9,000

18000/1.5年×9/12＝$9,00

	借	貸
保險費	300	
預付保險費		300

600×6/12＝300

收入低估$9,000→淨利低估$9,000

費用低估$300→淨利高估$300

總淨利低估$8,700

故答案為(D)。

6 (D)。(1)X2 1/1 預付費用$7,000

X2 12/31預付費用$4,500

年底已實現費用為$2,500

	借	貸
租金費用	2,500	
預付租金		2,500

(2)X2 1/1　應付費用$2,000
X2 12/31 應付費用$2,500
年底應認列費用為$500

租金費用	500	
應付租金		500

(3)當年度租金費用為$15,000
須扣除已實現費用$2,500及年底認列費用$500。故答案為(D)。

7 (B)。(1)收入＝$65,000＋$15,000＝$80,000
(2)費用＝$10,000＋$20,000＋30,000＋$5,000＝$65,000
營業毛利（損）＝$80,000－$65,000＝$15,000
(3)在不考慮所得稅的情形，本期損益為$15,000
故答案為(B)。

8 (A)。(1)$50,000＋（$225,000－$45,000＋$20,000）－期末存貨＝銷貨成本
(2)銷貨淨額＝$315,000－$15,000＝$300,000
(3)銷貨毛利率＋銷貨成本率＝1
40%＋銷貨成本率＝1→銷貨成本率＝60%
故銷貨成本＝$300,000×60%＝$180,000
(4)$50,000＋（$225,000－$45,000＋$20,000）－期末存貨＝$180,000
期末存貨為$70,000
故答案為(A)。

9 (A)。(B)研究發展費用應於營業費用項下表達。
(C)功能別格式先表達營業毛利，再列示營業損益及本期損益。
(D)主要營業活動所產生之收入，於買賣業稱為銷貨收入。
故答案為(A)。

10 (C)。(A)現行統一發票有五種，有二聯式統一發票，三聯式統一發票，特種統一發票，收銀機統一發票，電子發票。
(B)二聯式統一發票係屬於稅額內含。
(D)電子統一發票屬於有實體電子發票。
故答案為(C)。

11 (C)。銷項稅額＝$20,000,000×5%＝$1,000,000
進項稅額＝$15,000,000－1,000,000－300,000－200,000＝$675,000
本期應付營業稅＝$1,000,000－$675,000＝$325,000
故答案為(C)。

247 **12 (A)**。①未兌現支票會造成銀行對帳單餘額較正確餘額為高。
④存款不足遭退票會造成公司帳載銀行存款餘額較正確餘額為高。
⑤銀行代扣手續費會造成公司帳載銀行存款餘額較正確餘額為高。
⑥未兌現的保付支票不需要做任何調整。
故答案為(A)。

13 (A)。(B)非因營業活動所產生之不附息票據不得按面值入帳。
(C)因營業活動所產生之應收票據，票據期間一年以內，按面值入帳；票據期間一年以上，按現值入帳。
(D)企業將票據貼現時，不應在貼現日除列該應收票據，因為銀行享有追索權，若付款人拒絕付款，公司有償還銀行之義務。
故答案為(A)。

14 (A)。(B)實際發生帳款無法收回時，應借記備抵損失。
(C)期末調整前備抵損失帳戶餘額有可能是借方餘額。
(D)企業若採準備矩陣法（帳齡分析法）估計預期信用減損損益時，依據應收帳款過期天數訂定不同的準備率（損失率），計算應收帳款的減損損失。
故答案為(A)。

248 **15 (B)**。錯誤分錄：
應收帳款
　　銷貨收入
→淨利高估、流動資產高估
銷貨成本
　　存貨
故答案為(B)。

16 (A)。銷貨收入＝$12×5,000＋$10×15,000＝$210,000
銷貨成本＝$5×5,000＋$5×2,000＋$6×13,000＝$113,000
銷貨毛利＝$210,000－$113,000＝$17,000
故答案為(A)。

17 (B)。(1)X7年淨利$100,000
X7年底存貨低估$5,000→銷貨成本高估$5,000
X7正確淨利為$100,000＋$5,000＝$105,000
(2)X8年初存貨低估$5,000→銷貨成本低估$5,000
X8年底存貨高估$8,000→銷貨成本低估$8,000
X8正確淨利為$100,000－$5,000－$8,000＝$87,000

(3)X9年初存貨高估$8,000→銷貨成本高估$8,000
X9年底存貨高估$10,000→銷貨成本低估$10,000
X9正確淨利為$100,000＋$8,000－$10,000＝$98,000
故答案為(B)。

18 (A)。(1)X1年初購入分錄：

金融資產－按公允價值衡量	250,000	
現金		250,000

$25×10,000股＝$250,000
X1年中收到現金股利：

現金	11,000	
股利收入		11,000

股票股利＝10,000股×10%＝1,000股 共11,000股
X1年底評價分錄：

交易目的金融資產評價調整	14,000	
交易目的金融資產評價利益		14,000

X1年底每股公允價值＝（$250,000＋$14,000）/11,000股＝$24
(2)X2年中收到現金股利：

現金	22,000	
股利收入		22,000

X2年底評價分錄：

交易目的金融資產評價損失	22,000	
交易目的金融資產評價調整		22,000

X2年底每股公允價值＝（$250,000＋$14,000－$22,000）/11,000股＝$22
交易目的金融資產評價調整＝$14,000－$22,000＝（$8,000）－貸餘
故答案為(A)。

P.249 **19 (B)**。(A)用於生產芒果的芒果樹，屬於生物性資產，應列入不動產、廠房及設備。
(C)羊毛、牛奶等農業產品應分類為農產品，收成時以淨公允價值衡量，後續衡量以存貨成本與淨變現價值孰低法衡量。
(D)應借記淨公允價值變動損益。
故答案為(B)。

20 (B)。每年折舊費用＝（$730,000－$10,000）/6＝$120,000
截至2021/6/1 累計折舊＝$120,000×3＋$120,000×5/12＝$410,000
截至2021/6/1 帳面價值＝$730,000－$410,000＝$320,000

除列分錄：

現金	120,000	
累計折舊－設備	410,000	
處分資產損失	200,000	
設備		730,000

故答案為(B)。

21 (C)。產品售後服務保固屬於負債準備，因過去事項負有現時義務且很有可能要留出經濟利益的資源以履行該義務且金額能可靠衡量，應認列為負債。
故答案為(C)。

22 (D)。(A)應付公司債折價應列為應付公司債的減項
(B)公司債的發行成本應作為應付公司發行所得價款之減少
(C)企業支付現金股利給股東是屬於企業盈餘之分派，會造成保留盈餘減少，因此，應付現金股利在財務報表中應在負債項下表達
故答案為(D)。

250 **23 (C)**。普通股股數＝（20,000＋20,000×10%＋6,000）×2＝56,000
故答案為(C)。

24 (B)。普通股流通在外加權平均股數＝（20,000＋20,000×10%＋6,000×6/12）×2＝50,000
每股盈餘＝$30,800÷50,000＝$0.616
故答案為(B)。

112年 統測試題

251 **1 (C)**。(1)會計師與會計人員因業務需要，須維持獨立性，王同學修正：會計師基於職業道德規範，不論何種情況均須維持獨立性，但會計人員面對維護公司利益或存亡危機時，仍要維持獨立性。(3)公開發行公司適用會計研究發展基金會公開之「企業會計準則公報及其解釋」林同學修正：公開發行公司適用金管會認可之IFRSs。

2 (B)。向供應商購買之美白面膜，起運點交貨，尚在運送途中。
若為起運點交貨，離開賣方處所，所有權就移轉給買方，所以運送途中所遇風險及運費應由買方負擔，為買方之進貨運費。
若為目的地交貨，要送到對方（買方）指定地點才算責任終了，所以運送途中所遇風險及運費應由賣方負擔，為賣方之銷貨運費。

3 (D)。(5)存貨採用成本與淨變現價值孰低衡量時，由逐項比較法改變為分類比較法，是屬於會計政策改變。

4 (C)。調整項目於期末漏作調整分錄一定會導致淨利低估之項目：

(2)記虛轉實下之預付佣金

發生時	期末調整未使用到的部分
借 佣金支出 XXX	借 預付佣金 XXX
貸 現金 XXX	貸 佣金支出 XXX

(4)記虛轉實下之文具用品未耗用部分

發生時	期末調整未使用到的部分
借 文具用品 XXX	借 用品盤存 XXX
貸 現金 XXX	貸 文具用品 XXX

以上期末漏作調整分錄，將導致費用高估，淨利低估。

P.252 **5 (C)**。X2年因原物料短缺以及全球通貨膨脹，導致甲公司的進貨成本持續上升，後面進貨的單價較高，使得先進先出法的期末存貨較高、銷貨成本較低、本期淨利較高，先進先出法不可適用永續盤存制度。

6 (A)。核准付款與開立支票的作業，分別由不同人擔任，可加強公司現金之內部控制制度。

7 (D)。1、2月份：銷貨收入$3,000,000，其中內銷$500,000（銷項稅額$25,000）、外銷$2,500,000（銷項稅額$0），進貨及費用$600,000（進項稅額$30,000）、購買土地、廠房一筆，其中廠房$500,000（進項稅額$25,000），土地$1,000,000（免稅），購買一台九人座汽車$1,000,000，作為員工交通車（不能扣抵營業稅）；購置電視$200,000（進項稅額$10,000），贈送某公立醫院附設護理之家。

銷項稅額$25,000

進項稅額$30,000＋$25,000＋$10,000＝$65,000

得退稅款上限（外銷$2,500,000＋廠房$500,000）×5%＝$150,000

上期留抵稅額 $100,000

分錄：

	借	貸
銷項稅額	$25,000	
應收退稅款	$140,000	
進項稅額		$65,000
留抵稅額		$100,000

8 (D)。$500,000＋$180,000＋$300,000－業主提取＝$750,000，業主提取＝$230,000

9 (B)。（$150,000＋$180,000＋$280,000）÷（30＋30＋40）＝$6,100/組
期末存貨成本＝（100－80）×$6,100＝$122,000

253 **10 (A)**。有附帶條件的捐贈要做遞延項目
政府捐贈的用公允價值入帳
借　土地$79,000
　　貸　遞延政府補助利益$79,000

11 (B)。X1年初累積虧損＝$300,000
員工酬勞＝（$800,000－$300,000）×10%＝$50,000
董監事酬勞＝（$800,000－$300,000）×3%＝$15,000
X1年所得稅＝（$800,000－$50,000－$15,000）×20%＝$147,000
X1年底累積盈虧＝$800,000－$50,000－$15,000－$147,000－$300,000＝$288,000（貸餘）。

12 (D)。借款取得現金為$1,000,000÷（1＋12%×6/12）＝$943,396
還款時應支付現金$943,396×（1＋12%×6/12）＝$1,000,000
該筆借款帳面金額為$943,396×（1＋12%×3/12）＝$971,698
借款之利息費用總額$1,000,000－$943,396＝$56,604

13 (A)。本期損益法直接沖銷商品帳戶，不貸記銷貨成本，故(A)選項錯誤。

14 (A)。(B)農業產品屬於存貨，採用成本與淨變現價值孰低法衡量，(C)生產性植物應於資產負債表中列報為不動產、廠房及設備科目，(D)生產性植物若生產農產品的期間超過一年，會計處理得比照不動產、廠房及設備處理。

15 (D)。X1年到X5年累計折舊＝$560,000÷10年×5年＝$280,000
X6年初帳面價值＝$560,000－$280,000＝$280,000
X6年折舊費用＝（$280,000－$20,000）÷10年＝$26,000
X7年設備停止運轉，但仍需要提列折舊，所以折舊費用為$26,000

54 **16 (D)**。(A)該設備應認列的成本為：
X1年拆除成本之長期負債準備現值＝$300,000÷（1＋5%）^{3}
＝$259,151
X1年認列設備成本＝$1,000,000＋$300,000＋$259,151
＝$1,559,151
(B)該設備之可折舊成本$1,000,000＋$300,000＝$1,300,000
(C)甲公司因購置該設備使X1年底權益不變

(D)甲公司X2年至X4年合計認列費損總金額
＝\$1,000,000＋\$300,000＋\$300,000＝\$1,600,000

17 (D)。X1年4月30日購入2,000股乙公司股票，每股面額\$10，每股成交價\$20
2,000×\$20＝\$40,000
X1年6月28日發放現金股利每股\$1，以及股票股利每股\$0.5
2,000×105%＝2,100股，金額\$40,000
X1年底以每股\$25出售全部股票，2,100股×\$25＝\$52,500
甲公司於出售日應認列的「透過損益按公允價值衡量之金融資產利益」為
\$52,500－\$40,000＝\$12,500

18 (C)。(1)X1年已完成之銷貨，尚有\$100,000未收現，應做分錄：
借 應收帳款 \$100,000
貸 銷貨收入 \$100,000
(2)進貨皆於當年度銷售，期末尚有進貨未支付款項\$20,000，應做分錄：
借 進貨 \$20,000
貸 應付帳款 \$20,000
(3)X1年預付一年期租金\$15,000，屬於本年者為 1/3，應做分錄：
借 預付租金 \$10,000
貸 租金費用 \$10,000
(4)以前年度購入機器設備應提列折舊\$20,000，應做分錄：
借 折舊 \$20,000
貸 累計折舊 \$20,000
(5)員工薪資固定於次月5日發放，X1年12月底尚未發放薪資\$50,000
借 薪資費用 \$50,000
貸 應付薪資 \$50,000
總資產少計＝\$100,000＋\$10,000－\$20,000＝\$90,000
流動負債少計＝\$20,000＋\$50,000＝\$70,000
營運資金少計＝流動資產－流動負債＝\$110,000－\$70,000＝\$40,000
本期損益低估=\$100,000－\$20,000＋\$10,000－\$20,000－\$50,000=\$20,000

19 (B)。應收利息\$1,000,000×6%×2/12＝10,000
發行價格是\$980,000－\$10,000＋\$50,000＝\$1,020,000

現金	1,030,000	
應付利息		10,000
應付公司債		1,000,000

應付公司債溢價　　　　　　20,000
支付公司債發行成本　　　$50,000
應付公司債溢價　　　　　　50,000
現金　　　　　　　　　　　50,000
該公司債係以溢價於交易市場發行
甲公司X1年3月1日之負債因發行該公司債增加$980,000
甲公司X1年12月31日資產負債表之流動負債中與該公司債有關金額為，一年度的應付利息＝$1,000,000×6%＝$60,000
扣除公司債發行成本$50,000，原溢價發行公司債會變成折價，故有效利率市場利率會高於6%。

255 **20 (B)**。X3年流通在外加權股數＝120,000×12/12－30,000×6/12＋6,000×2/12＝106,000股，每股盈餘＝$300,000－（100,000×$10×6%）÷106,000＝$2.26

21 (C)。甲公司購入資產若為設備，要扣除折扣2,000，故其成本為$98,000。

22 (B)。(1)銷貨商品給乙公司，收到一張面值$80,000，附息3%，九個月期的票據
$80,000×3%×1/2×3=$600
(2)出售成本為$100,000的土地給丙公司，收到一張面值$102,000，半年期不附息票據，有效利率為4%
$2,000÷6×3＝$1,000
應認列利息收入＝$600＋$1,000＝$1,600

256 **23 (A)**。預期X2年度銷貨收入將成長25%，流動資產、非流動資產與應付帳款也會隨著銷貨收入成長25%，純益率維持不變。
甲公司X2年需增加多少非流動負債＝原非流動負債$2,000,000×25%＝$500,000

24 (B)。若公司的政策改變為將當期淨利全部作為現金股利發放給股東，在此政策下，依原題會先籌措短期借款，降低流動比率也代表流動負債增加，因此這樣可以減少非流動負債資金籌措金額。

113年 統測試題

257 **1 (D)**。會計事務處理之各項法令及準則適用位階：
1.公開發行公司：
(1)證券交易法
(2)公司法
(3)商業會計法

(4)證券發行人財務報告編製準則
(5)商業會計處理準則
(6)金管會認可之IFRSs

*IFRSs：包括國際財務報導準則公報、國際會計準則公報及國際會計準則公報解釋及公告

2.非公開發行公司：
(1)公司法
(2)商業會計法
(3)商業會計處理準則
(4)企業會計準則公報
(5)企業會計準則公報之解釋

2 (A)。財務報表要素為資產、負債、權益、收益及費損，其定義如下：
(1)資產：係指企業所控制之資源，該資源係由過去交易事項所產生，並預期未來將產生經濟效益之流入。
(2)負債：係指企業現有之義務，該義務係由過去交易事項所產生，並預期未來清償時將產生經濟資源之流出。
(3)業主權益：係指企業之資產扣除負債後之剩餘權益。
(4)收益：企業因提供勞務或出售商品所獲得之代價，進而使公司業主權益增加者。
(5)費損：企業為取得收入所付出之成本或其他原因所負擔之開支，進而使企業業主權益減少者。

選項(B)(C)(D)團隊精神、員工學歷及地點方便係屬於無法量化的項目，未符合上述財務報表要素之定義。選項(A)企業研究發展支出，係企業為達到未來取得收入而研發新產品所投入之成本，使企業流出經濟資源，符合費損之定義，故此題答案為(A)。

3 (A)。混合交易：部分現金部分轉帳之交易。
轉帳交易：非使用現金收付之交易。
現金轉帳傳票：亦稱收付轉帳傳票，用以記載部分現金部分轉帳的混合交易事項。
分錄轉帳傳票：記載全部轉帳的交易。
該交易分錄如下：

借：存貨（或進貨）	11,000	
貸：應付票據		8,000
貸：應付帳款		3,000

上述分錄非現金收入及現金支出，非屬收入及支出傳票，係屬於轉帳交易／分錄轉帳傳票。

4 (C)。 $2,000＋$7,350÷（1－2%）＋$9,900＝$19,400
$19,400÷0.8＝$24,250

5 (B)。 選項(A)錯：編製財務報表根據係分錄→過帳→試算→調整→結帳→編表。非僅有日記簿。
選項(C)(D)錯：分類帳係依會計事項所隸屬之會計項目而記錄者，可用來反應一個企業在某一特定期間內會計項目的增減變動，或是某一特定時點內會計項目的餘額。分類帳中的每一會計項目帳戶為用來彙總同科目交易的金額。

6 (C)。 正確分錄：
借：存貨　　　2,000
　貸：現金　　　　　2,000
錯誤分錄：
借：應付帳款　2,000
　貸：現金　　　　　2,000
存貨漏記→借方低估$2,000
應付帳款多計→貸方低估$2,000
∴試算表仍平衡，但借貸方同時低估$2,000

7 (B)。 期末備抵呆帳餘額＝$3,000＋$6,000＋$2,000－$7,000＝$4,000
預期信用損失率＝$4,000÷$400,000＝1%

8 (D)。 (A)提列專利權攤銷，將使資產減少。故少提列專利權會使資產多計。
　借：攤銷費用
　　貸：累計攤銷－專利權（專利權）
(B)提列機器折舊費用，將使資產減少。故少提列折舊會使資產多計。
　借：折舊費用
　　貸：累計折舊－機器設備
(C)提列應付利息，將使負債增加，淨利減少。故多提列將負債多計，淨利少計。
　借：利息費用
　　貸：應付利息
(D)提列預期信用減損損失，將使資產減少，淨利減少，權益減少。故多提列將淨利少計→權益少計。
　借：預計信用減損損失
　　貸：備抵損失

9 (B)。 銷貨成本＝$20,000＋$100,000－$30,000＝$90,000
本年文具用品費用＝$7,000－$2,000＝$5,000
本期損益＝$300,000－$90,000－$80,000－$5,000－$15,000＝$110,000

10 (B)。假設貨車成本＝X

$$X-〔（X-\$10,000）\div 10\times\frac{1}{2}〕=\$485,000$$

X＝510,000

貨車買價＝$510,000－$6,000－$4,000－$10,000＝$490,000

11 (C)。預計信用減損損失多計$1,000→淨利少計$1,000

折舊費用少計$2,000→淨利多計$2,000

利息費用誤計租金費用→不影響淨利

薪資費用漏列$4,000→淨利多計$4,000

預收租金$5,000誤計租金收入→淨利多計$5,000

上述錯誤對X2年度淨利影響－$1,000＋$2,000＋$4,000＋$5,000＝$10,000（淨利多計$10,000）

P.259 **12 (A)**。完整的財務報表應包括「財務狀況表」、「綜合損益表」、「現金流量表」、「權益變動表」、「附註」。數字以外的重要資訊可採附註說明。

功能別損益表：係將損益表的內容作多項分類，產生一些中間性的資訊。由於從銷貨收入到本期損益，經過好幾道中間性的計算，故稱多站式損益表，又稱功能別損益表。普遍都以功能別損益表編製綜合損益表。

②錯誤：處分不動產、廠房及設備損失係屬營業外損失。

③錯誤：普遍係以功能別編製綜合損益表。

⑤錯誤：按功能別損益表係從銷貨收入到本期損益，可瞭解收益或費損產生的原因。

故此題①④正確。選(A)。

13 (D)。營運資金＝流動資產－流動負債＝$8,000

$$流動比率=\frac{流動資產}{流動負債}=5$$

→可得出流動資產＝$10,000、流動負債＝$2,000

$$速動比率=\frac{速動資產}{流動負債}=3.5\ \therefore 速度資產=\$7,000$$

一筆定價$3,000，進貨成本$1,000的賒銷漏列入帳→將使應收帳款低估$3,000，期末存貨高估$1,000。

$$故正確速動比率=\frac{\$7,000+\$3,000}{\$2,000}=5$$

14 (A)。①正確：營業稅法第八條規定，出售土地免徵營業稅。

②錯誤：現行營業稅法可區分加值型及非加值型營業稅。

③錯誤：加值型營業稅計算係採稅額相減法計算應課徵之營業稅。

④正確：營業稅法第十條：營業稅稅率，除本法另有規定外，最低不得少於百分之五，最高不得超過百分之十；其徵收率，由行政院定之。

⑤錯誤：免稅係指銷售貨物或勞務時免課徵營業稅，但其進項稅額不能扣抵或退還；零稅率係指銷售貨物或勞務所適用的營業稅率為零，由於銷項稅額為零，如有溢付進項稅額，得在退稅限額內由主管稽徵機關查明後退還。

故僅①④正確，此題答案為(A)

15 (D)。進項稅額分析如下：

進貨：$2,100,000×5%＝$105,000

購買機器：$300,000×5%＝$15,000

可扣抵營業費用$600,000×5%＝$30,000

得扣抵進項稅額合計＝$105,000＋$15,000＋$30,000＝$150,000

本期可扣抵進項稅額＝得扣抵進項稅額$150,000＋上期累積留抵稅額$50,000＝$200,000

*自用乘人小客車$1,000,000、職工福利康樂活動支出$50,000及取得小規模營業人收據之雜項支出$20,000無法扣抵進項稅額。

得退稅額上限＝購買固定資產進項稅額＋外銷零稅率之稅額

由於已知溢付稅額大於退稅限額，應收退稅款為$40,000，故可得出$40,000為本期得退稅額上限。

得退稅額上限＝$300,000×5%＋外銷貨物得退稅額＝$40,000

∴外銷貨物得退稅額＝$25,000 →外銷金額＝$25,000÷5%＝$500,000

國內銷貨＝$500,000×4＝$2,000,000

銷貨總額＝$2,000,000＋$500,000＝$2,500,000

本期銷項稅額＝$2,000,000×5%＝$100,000

本期溢付稅額＝$100,000－$200,000＝$(100,000)

本期得退稅額＝$40,000

本期累積留抵稅額＝$100,000－$40,000＝$60,000

故此題答案為(D)。

16 (A)。正確餘額＝公司帳上餘額＋利息收入＋託收票據－手續費－存款不足退票－代付款項±錯誤更正

正確餘額＝銀行對帳單餘額＋在途存款－未兌現支票±錯誤更正

銀行調節表編製如下：

銀行對帳單餘額	$7,200	公司帳上餘額	$6,500
減：未兌現支票	(850)	減：存款不足退票	(150)
正確餘額	$6,350	正確餘額	$6,350

故此題答案為(A)。

17 (B)。應收票據現值＝$\frac{\$618,000}{(1+4\%\times\frac{9}{12})}$＝\$600,000

應收票據折價＝\$618,000－\$600,000＝\$18,000

X3/10/1~12/31三個月應認列利息及攤銷折價＝\$600,000×4%×$\frac{3}{12}$＝\$6,000

X3年底應收票據之帳面金額＝\$600,000＋\$6,000＝\$606,000

18 (C)。①正確：個別認定法係將特定成本歸屬至所辨認之項目，實務上個別成本之認定有困難且處理成本高，故最容易受人為操縱損益。

②錯誤：定期盤存制下係適用加權平均法，永續盤存制下係適用移動平均法。

③正確：在定期盤存制或永續盤存制均可適用個別認定法。

④⑤錯誤：先進先出法的期末存貨成本會最接近市價，在物價下跌時，期末存貨金額低，物價上漲時期末存貨金額高，銷貨成本會較低。

⑥正確：採用先進先出法不論採永續或定期盤存制，二者之存貨成本與銷貨成本都相同。因為永續盤存制下在存貨出售時即決定銷貨成本，定期盤存制下是在期末才由可供出售商品總成本減去期末存貨以決定銷貨成本，其轉銷商品批次均相同，故列為銷貨成本者亦相同。

故①③⑥正確，此題答案為(C)。

19 (B)。該股票投資X2年相關分錄如下：

5月1日

借：透過損益按公允價值衡量之金融資產	47,000	
借：手續費	1,000	
貸： 現金		48,000

8月1日

借：現金	2,000	
貸： 股利收入		2,000

12月31日：

借：透過損益按公允價值衡量之金融資產評價調整	4,000	
貸： 透過損益按公允價值衡量之金融資產利益		4,000

上述淨利影響＝－\$1,000＋\$2,000＋\$4,000＝\$3,000（淨利益\$3,000）

20 (A)。X4年底專利權帳面價值＝（\$250,000＋\$50,000）×$\frac{3.5}{5}$＝\$210,000

X5年專利權攤銷費用＝\$210,000÷3＝\$70,000

X5年底專利權帳面價值＝\$210,000－\$70,000＝\$140,000

261 **21 (D)**。相關分錄如下：

借：消耗性生物資產　　12,000
借：原始認列生物資產及農產品之損失　　10,000
　貸：現金　　22,000

*應認列生物資產價值＝$100×200－$3,000－$5,000＝$12,000
*原始認列生物資產及農產品之損失＝$100×200＋$2,000－$12,000＝$10,000

22 (A)。X3年6月30日公司債相關分錄如下：

借：利息費用　　22,820
　貸：公司債折價　　2,820
　貸：現金　　20,000

X3年7月1日公司債帳面價值＝$380,328＋$2,820＝$383,148
X3年7月1日公司債未攤銷折價＝$400,000－$383,148＝$16,852
故此題答案為(A)。

23 (C)。加權流通在外股數＝$30,000\times2\times\frac{4}{12}$＋（30,000＋現金增資）$\times2\times\frac{5}{12}$＋〔（30,000＋現金增資）×2〕$\times\frac{1}{12}$＋〔（30,000＋現金增資）×2－12,000〕$\times\frac{2}{12}$＝66,000

∴現金增資＝6,000股

24 (D)。加權流通在外股數：

$100{,}000\times1.2\times2\times\frac{2}{12}+120{,}000\times2\times\frac{1}{12}+100{,}000\times2\times\frac{5}{12}+200{,}000\times\frac{1}{12}+260{,}000\times\frac{3}{12}=225{,}000$

普通股每股盈餘＝$\frac{\$225{,}000}{225{,}000}=\$1$

25 (C)。X1年度進貨總金額＝20×$100＋40×$110＋60×$120＋80×$130＝$24,000
X1年度進貨總數量＝20＋40＋60＋80＝200

單位成本＝$\frac{\$24{,}000}{200}=\$120$

X1年底期末存貨＝（200－110）×$120＝$10,800
X1年底應認列之備抵存貨跌價＝$10,800－$9,900＝$900

Notes

學習方法 系列

如何有效率地準備並順利上榜，學習方法正是關鍵！

榮 登 新 書 快 銷 榜

連三金榜 黃禕

翻轉思考
破解道聽塗説

適合的最好
調整習慣來應考

一定學得會
萬用邏輯訓練

三次上榜的國考達人經驗分享！
運用邏輯記憶訓練，教你背得有效率！
記得快也記得牢，從方法變成心法！

作者線上分享

網 路 書 店

作者在投入國考的初期也曾遭遇過書中所提到類似的問題，因此在第一次上榜後積極投入記憶術的研究，並自創一套完整且適用於國考的記憶術架構，此後憑藉這套記憶術架構，在不被看好的情況下先後考取司法特考監所管理員及移民特考三等，印證這套記憶術的實用性。期待透過此書，能幫助同樣面臨記憶困擾的國考生早日金榜題名。

最強校長 謝龍卿

榮登博客來暢銷榜

作者線上分享

經驗分享＋考題破解
帶你讀懂考題的know-how!

open your mind！
讓大腦全面啟動，做你的防彈少年！

108課綱是什麼？考題怎麼出？試要怎麼考？書中針對學測、統測、分科測驗做統整與歸納。並包括大學入學管道介紹、課內外學習資源應用、專題研究技巧、自主學習方法，以及學習歷程檔案製作等。書籍內容編寫的目的主要是幫助中學階段後期的學生與家長，涵蓋普高、技高、綜高與單高。也非常適合國中學生超前學習、五專學生自修之用，或是學校老師與社會賢達了解中學階段學習內容與政策變化的參考。

最狂校長帶你邁向金榜之路

15 招最狂國考攻略

謝龍卿 / 編著

獨創 15 招考試方法，以圖文傳授解題絕招，並有多張手稿筆記示範，讓考生可更直接明瞭高手做筆記的方式！

榮登博客來暢銷排行榜

贏在執行力！吳盼盼一年雙榜致勝關鍵

吳盼盼 / 著

一本充滿「希望感」的學習祕笈，重新詮釋讀書考試的意義，坦率且饒富趣味地直指大眾學習的盲點。

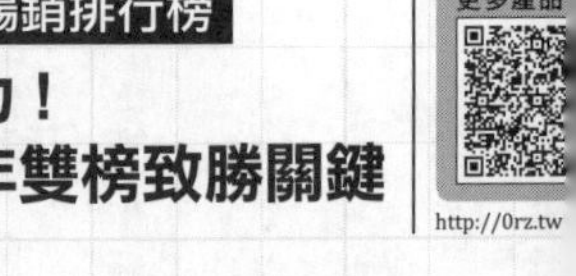

好評2刷！

金榜題名獨門絕活大公開

國考必勝的心智圖法

孫易新 / 著

全球第一位心智圖法華人講師，唯一針對國考編寫心智圖專書，公開國考準備心法！

熱銷2版！

江湖流傳已久的必勝寶典

國考聖經

王永彰 / 著

九個月就考取的驚人上榜歷程，及長達十餘年的輔考經驗，所有國考生的 Q&A，都收錄在這本！

熱銷3版！

雙榜狀元讀書秘訣無私公開

圖解 最省力的榜首讀書法

賴小節 / 編著

榜首五大讀書技巧不可錯過，圖解重點快速記憶，答題技巧無私傳授，規劃切實可行的讀書計畫！

國考網紅 Youtuber

請問，國考好考嗎？

開心公主 / 編著

開心公主以淺白的方式介紹國家考試與豐富的應試經驗，與你無私、毫無保留分享擬定考場戰略的秘訣，內容囊括申論題、選擇題的破解方法，以及獲取高分的小撇步等，讓你能比其他人掌握考場先機！

推薦學習方法 影音課程

每天 10 分鐘！斜槓考生養成計畫

立即試看

斜槓考生 / 必學的考試技巧 / 規劃高效益的職涯生涯

看完課程後，你可以學到

講師 / 謝龍卿

1. 找到適合自己的應考核心能力
2. 快速且有系統的學習
3. 解題技巧與判斷答案之能力

國考特訓班 心智圖筆記術

立即試看

筆記術 + 記憶法 / 學習地圖結構

本課程將與你分享

講師 / 孫易新

1. 心智圖法「筆記」實務演練
2. 強化「記憶力」的技巧
3. 國考心智圖「案例」分享

國家圖書館出版品預行編目(CIP)資料

會計學完全攻略/梁若涵編著. -- 第三版. -- 新北市：千華數位文化股份有限公司, 2024.07

面； 公分

升科大四技

ISBN 978-626-380-570-5 (平裝)

1.CST: 會計學

495.1 113010163

[升科大四技] 會計學 完全攻略

編 著 者：梁 若 涵

發 行 人：廖 雪 鳳
登 記 證：行政院新聞局局版台業字第 3388 號
出 版 者：千華數位文化股份有限公司
地址：新北市中和區中山路三段 136 巷 10 弄 17 號
電話：(02)2228-9070　　傳真：(02)2228-9076
客服信箱：chienhua@chienhua.com.tw

法律顧問：永然聯合法律事務所
編輯經理：甯開遠
主　　編：甯開遠
執行編輯：尤家瑋
校　　對：千華資深編輯群
設計主任：陳春花
編排設計：邱君儀

出版日期：2024 年 8 月 5 日　　　　**第三版／第一刷**

本書如有勘誤或其他補充資料，
將刊於千華官網，歡迎前往下載。